碳市场机制与应用

刘亦文 / 主 编

清华大学出版社
北 京

内 容 简 介

本书系统全面地探讨了全球气候变化下碳市场的构建与运行机制,从应对全球气候变化的急迫性出发,逐步引出碳市场理论基础、国际发展经验,以及我国碳市场发展现状。在此基础上,探讨我国碳市场的框架设计,运行机制,衍生工具市场,环境、经济与福利效应,以及运行的保障体系等多方面内容。本书秉持理论与实践并重的原则,既阐述理论基础,又剖析国际经验与本土实践,内容全面且具有前瞻性。本书注重启发式教学,激发学生思考低碳转型的未来趋势与路径。

本书适合作为低碳相关专业入门学习的教材,通过系统的知识体系与深入浅出的讲解方式,帮助学生建立对碳市场的初步认识,并快速掌握相关知识,为未来的进一步学习与研究奠定坚实的基础。

图书在版编目(CIP)数据

碳市场机制与应用 / 刘亦文主编 . -- 北京:清华大学出版社 , 2025. 5. -- ISBN 978-7-302-68955-3

Ⅰ. X511

中国国家版本馆 CIP 数据核字第 2025AQ7929 号

责任编辑:强 溦
封面设计:傅瑞学
责任校对:刘 静
责任印制:宋 林

出版发行:清华大学出版社
    网   址:https://www.tup.com.cn, https://www.wqxuetang.com
    地   址:北京清华大学学研大厦 A 座   邮   编:100084
    社 总 机:010-83470000   邮   购:010-62786544
    投稿与读者服务:010-62776969, c-service@tup.tsinghua.edu.cn
    质量反馈:010-62772015, zhiliang@tup.tsinghua.edu.cn
    课件下载:https://www.tup.com.cn, 010-83470410
印 装 者:三河市龙大印装有限公司
经 销:全国新华书店
开 本:185mm×260mm   印 张:12.25   字 数:281 千字
版 次:2025 年 6 月第 1 版   印 次:2025 年 6 月第 1 次印刷
定 价:49.00 元

产品编号:099870-01

在全球气候变化的严峻挑战下，低碳转型已成为全球共识和行动方向。作为应对这一全球性议题的关键工具，碳市场通过市场机制控制温室气体排放，助力经济社会绿色低碳转型，具有显著的环境效益、经济效益和社会效益。中国作为世界上最大的发展中国家和负责任大国，积极承担符合自身发展阶段和国情的国际义务，全力推动低碳转型进程，并高度重视全国碳市场建设。

建设全国统一碳市场，是利用市场机制控制和减少温室气体排放、推动经济发展方式绿色低碳转型的一项重要制度创新，也是实现"双碳"目标的核心政策工具。加快全国碳市场建设，充分发挥市场在资源配置中的决定性作用，对落实主体减排责任、实现碳排放控制目标、降低行业减排成本具有重要意义。党的二十大报告明确提出健全碳排放权市场交易制度。本书正是基于这一现实背景和实践需求编写，旨在通过全面而系统的阐述，深入剖析碳市场的构建逻辑与运行机制，为读者揭开碳市场的神秘面纱，激发社会各界对碳市场重要性的广泛认知与高度重视。

本书共分为 10 章，具体内容如下。

第 1 章概述了全球气候变化的严峻形势，分析了导致气候变化的主要因素，并详细阐述了气候变化的危害，对生态环境、人类社会产生的不利影响。在此背景下，提出了缓解气候危机的多种措施，由此引出了本书的重点——碳市场。

第 2 章运用经济学原理解释了碳市场的形成原因，归纳总结了碳市场运行特点；通过典型案例，阐释了碳市场运行的价格决定机制和履约机制。

第 3 章分析了欧盟、美国、澳大利亚、新西兰、日本、韩国、加拿大等组织和国家建立的国际主要碳市场的发展现状；根据全球碳市场的发展历程，总结了法律制度体系的优势，形成了可供借鉴的先行经验。

第 4 章详细梳理了中国碳交易沿革，从清洁发展机制到区域性碳市场，再到全国性碳市场的逐步发展；通过构建成熟度评价体系评价了中国碳市场的成熟度；具体分析了中国参与国际碳市场的碳排放权交易现状和对国际市场的潜在影响。

第 5 章围绕中国碳市场框架设计展开，详细阐述了碳排放总量测算和不同层级间的配额分配；通过对比国际、国内现行碳市场总体框架，阐释我国碳市场框架的构建模式与限制，并提出了区域性市场向全国性市场的过渡路径。

第 6 章重点分析了中国碳市场运行机制，涵盖了我国碳产品的开发和不足之处、市场主体的构成等方面，并详细介绍了碳交易模式和价格机制、碳市场运行激励机制与监管机制及反馈机制。

第 7 章介绍了中国碳衍生工具市场运行机制，通过总结国际经验，为国内碳衍生工具市场的深化和拓展提供了新思路。

第 8 章探讨了碳市场有效运行的市场环境条件，着重分析了市场法规支撑、碳排放基础数据核算、检测报告核查体系等，在此基础上，梳理总结中国碳市场基础能力建设的关键问题。

第 9 章提供了衡量碳市场的环境、经济与福利效应的评估方法，为评估碳市场的综合效益提供了科学依据。

第 10 章总结了中国碳市场运行的保障体系，具体探讨了我国碳市场法律与监管保障、资金与人才保障、信息与技术保障，以及环境保障如何发挥各自的作用。

本书由湖南工商大学刘亦文教授主持编写，袁亮博士、黎晓青博士，陈熙钧、高京淋、宁晨、邓楠、王堉茜、刘惠等硕士研究生参与了各章内容的编写。在本书编写过程中，编者结合自身的研究方向和专业特长，深入研究、广泛交流，力求使本书的内容全面而深入。希望通过本书的出版，能够搭建起碳市场领域学术交流的新桥梁，促进理论知识与实际应用的深度融合，激发更多读者对该领域知识的浓厚兴趣进而深入学习，培育出一批具备高度专业素养的复合型人才，为我国环境保护事业的持续进步与高效治理贡献智慧与力量。同时，也期待广大读者提出宝贵意见和建议，共同推动碳市场领域的研究与发展。

感谢所有在研究和编写过程中给予帮助和支持的同行和朋友。衷心希望本书能够对从事碳市场服务相关工作的研究者和工作者有所启发与帮助。由于编者水平有限，书中不当之处在所难免，恳请广大读者批评指正。

编　者
2025 年 1 月

全球气候变化与低碳转型策略

1. 了解全球气候变化进程及其主要外在表现形式；
2. 探究当前影响全球气候变化的主要因素，了解气候变化带来的危害；
3. 熟悉国际国内为了应对气候变化采取的一系列具体措施。

1. 使学生充分认识到气候变化的速度之快、范围之广、影响之大；
2. 使学生深刻理解构建完善的碳市场对于实现碳达峰碳中和目标的重要意义，以及碳市场构建的必要性。

1.1 全球气候变化

气候是指地球上某一地区在某段时间内各种天气过程的综合表现，是人类社会生产和发展所需要的自然基础。气温、降水量、日照时间、风力等气象要素是用以描述地区气候的基本要素，气候反映了某地区该时间段内的气候要素的一般状态。世界气象组织（World Meteorological Organization，WMO）将气候统计状态的基本时段规定为 30 年。

气候变化是指地区气候平均值随时间变化出现的变化，即地区气候平均值和极端值在统计学意义上发生显著的变化。气候平均值发生改变说明地区的一般气候状态发生改变；气候的极端值增加则说明地区气候状态的不确定性增大，反之则说明地区气候状态稳定性强。联合国政府间气候变化专门委员会（Intergovernmental Panel on Climate Change，IPCC）在使用"气候变化"一词时，将其定义为由自然变化和人类活动所引起的气候变化。而《联合国气候变化框架公约》（*United Nations Framework Convention on Climate Change*，UNFCCC）中"气候变化"是指经过相当一段时间的观察，在自然气候变化之外由人类活动直接或间接地改变全球大气组成所导致的气候改变，即 UNFCCC 将由自然环境变化引起的气候变率与由人类活动产生的"气候变化"分离开来，重点关注由人类活动带来的气候变化，尤其是由于工业化、化石燃料的燃烧、森林砍伐和大气污染等导致的大规模温室气体排放。这些温室气体，如二氧化碳（CO_2）、甲烷（CH_4）和氮氧化物（NO_x），能够在大气中形成温室效应，导致地球表面温度升高，从而引发气候变化。

描述气候变化需要紧密联系时间维度，根据时间尺度的不同和影响因素的不同可将气候变化分为地质时期气候变化、历史时期气候变化和现代气候变化。地质时期气候变化是指万年以上时间维度的气候变化，是时间跨度最大、变化周期最长的气候变化，主要表现为冰期和间冰期的交替，这个时期的气候变化通常与地球的地质、地壳运动、火山活动和天文因素有关；历史时期气候是距今一万年以来的气候变化；现代气候变化则通常是指19世纪下半叶以来的气候变化，该时期气候变化主要受到自然因素（如火山喷发、太阳活动变化），以及一定程度上的人类活动（如农业、土地利用变化）的影响，比如人类活动引发的温室气体排放，尤其是二氧化碳的排放。

IPCC在2021年发布的第六次评估报告也显示，自1850年以来，过去40年里的每一个10年的平均气温都比之前的任何10年更高。2001—2020年，全球表面温度比1850—1900年高0.84～1.10℃。2011—2020年，全球表面温度比1850—1900年高0.95～1.20℃，其中，陆地表面温度升高1.34～1.83℃，海洋表面升高温度0.68～1.01℃。相比1850—1900年，2010—2019年人类活动引起的全球表面温度升高0.8～1.3℃，温室气体排放导致变暖1.0～2.0℃，气溶胶等其他人类驱动因素则导致0.0～0.8℃的温度降低，自然驱动因素使全球表面温度变化−0.1～0.1℃，内部变率使其变化−0.2～0.2℃。《气候变化中的海洋和冰冻圈特别报告》估计，自1970年以来，海洋持续变暖，并吸收了全球变暖产生90%以上的过剩热量；自1993年以来，海洋变暖的速度可能增加了一倍多；1982—2016年，海洋热浪的频率很可能翻了一倍，强度也在增加。冰冻圈几乎所有组成部分都在普遍持续缩小，2007—2016年，南极冰盖的质量损失比1997—2006年增加了两倍，而格陵兰岛冰盖的质量损失则可能增加了一倍。全球海平面上升加速，2013—2021年，全球海平面以平均每年4.5毫米的速度升高，是1993—2002年的上升速度的两倍多，并在2021年达到了历史新高。

我国气候也表现出与全球气候变化相同的趋势。《中华人民共和国气候变化第四次国家信息通报》显示，1901—2020年，中国年平均地面气温升高1.6℃，升温速率为0.15℃/10年，与全球大陆平均增温趋势接近，但增温幅度略高。20世纪中期以来，中国年平均气温上升趋势不断加快，1961—2020年，中国年平均地面气温上升速率达到0.26℃/10年，最明显的气候变暖始于20世纪80年代中期。

中国气象局发布的《2023年中国气候公报》和《中国气候变化蓝皮书（2023）》指出，2023年全国平均气温10.71℃，较常年偏高0.82℃，为1951年以来历史最高；全国平均高温日数较常年偏多4.4天，为1961年以来第二多；极端高温事件为历史第四多，127个国家站日最高气温突破历史纪录或与历史纪录持平；降水方面，2023年，全国平均降水量615.0毫米，比常年偏少3.9%，为2012年以来第二少。

全球气温普遍呈现出升高趋势的同时，雨雪冰冻等极端天气的不确定性也在不断增强。2008年年初，受拉尼娜现象影响，我国遭遇了中华人民共和国成立以来最严重的雨雪冰冻天气，20多个省受灾，南部地区省份受灾最为严重。湖北省连续雨雪日数达到18～22天，平均气温为−2.4～−0.3℃，比常年同期低4～6℃，极端最低气温

为 −11~−5℃。广东省最低气温在 5℃ 以下天数长达 33 天，低温值同比降低 3~5℃，粤北山区出现雨夹雪天气，极端气温在 0℃ 以下，并持续出现大范围冰冻。2018 年年初，湖北省多地遭遇雨雪冰冻天气，全省 75 个县市出现积雪，22 个县市积雪深度达 10 厘米以上，襄阳地区最低温度为 −9.1℃，武汉地区最低温度为 −8.5℃。

2021 年 2 月中旬，北美各国遭遇强寒流和极端暴风雪天气，多地气温跌破历史纪录，美国俄克拉荷马城气温（−26℃）打破 1899 年以来最低纪录，得克萨斯州（−22℃）为 1895 年以来罕见，美国全境至少 100 人丧生，超过 550 万个家庭断电停电；墨西哥北部最低气温至 −18℃，致使至少 10 余人死亡。7 月下旬，南非受极端寒流影响，国内 19 个地区的气温突破冰点，首都约翰内斯堡最低气温为 −7℃，打破了 1995 年 7 月出现的最低气温纪录（−6.3℃），金伯利最低气温更是跌至 −9.9℃。

根据 IPCC 第六次评估报告，北半球中纬度陆地地区的平均年降水量总体呈增加趋势，1950—2018 年，中高纬度欧亚大陆、北美大部分地区、南美东南部和澳大利亚西北部的降水有所增加，而非洲大部分地区、澳大利亚东部、地中海地区、中东、东亚部分地区、南美洲中部和加拿大太平洋海岸的降水量有所减少。根据 1961—2018 年全球 1875 个雨量纪录，每天超过 50 毫米降水的概率普遍增加，说明全球降雨强度的总体增强。根据我国国家气象科学数据中心报道，自 1961 年以来，我国小雨日数减少了 13%，暴雨日数增加了 10%，大城市百年一遇的小时降水量重现期显著缩短。同时，区域性干旱正在不断加重。21 世纪以来，中等以上干旱日数东北增加 37%，华北增加 16%，西南增加 10%。1961—2021 年，中国平均年降水量呈增加趋势，平均每 10 年增加 5.5 毫米。2012 年以来，年降水量持续偏多。2021 年，全国平均降水量较常年值偏多 6.7%，其中华北地区平均降水量为 1961 年以来最多，而华南地区平均降水量为近 10 年最少。1973—2016 年，中国全年降水总量变化不大，但降水强度显著增加。可见全球降雨量呈现出“干者越干，湿者越湿”的趋势，且降雨强度不断增加。

总的来说，全球气候变化总体呈现出平均气温升高的趋势，无论陆地还是海洋表面，升温速度都在加快，海平面上升、冰川融化，降水强度增加。与此同时，全球极端天气的发生次数也在增加，局部会出现极其严重的雨雪冰冻灾害，降雨量呈现出两极分化趋势。

1.2　气候变化的主要因素

一般气候变化的原因可分为自然原因和人为原因两方面。自然原因主要包括海洋、陆地、火山活动，太阳活动的变化及自然变率等；人为原因主要包括化石能源的燃烧及毁林引起的大气中温室气体浓度的增加、燃料不完全燃烧引起的气溶胶浓度升高，以及工业化、城市化进程中土地利用引起的变化等。越来越多的观测数据和研究证明，人类活动极大地加速了全球变暖，人类活动产生的温室气体排放是导致全球极端气候事件产生的主要原因。

1990 年以来，IPCC 发布了六次评估报告。1990 年发布的第一次评估报告（FAR）指出，人类活动排放显著增加了大气温室气体的浓度。第二次评估报告（SAR）提出，人为气候变化是可辨别的。第三次评估报告（TAR）进一步明确过去 50 年的大部分变暖现象可能（66% 以上）归因于人类活动。第四次评估报告（AR4）明确提出过去 50 年的气候变化很可能（90%以上）归因于人类活动。第五次评估报告（AR5）则解析了人类活动和全球变暖之间的因果关系，强调了减缓气候变化、减少温室气体排放的紧迫性，提出了全球温升不超过2℃所需的条件。AR5还强调全球变暖的趋势并未改变，并且发生了史无前例的变化，最近的3个10年要比1850年以来的任意一个10年都要更暖和。自前工业时代（1850—1900年）以来，二氧化碳浓度已经增加40%，其排放主要来自化石燃料的排放，其次是土地的开发利用。第六次评估（AR6）指出，1850—1900年，全球地表平均温度已上升约1℃，未来20年全球平均气温预计将至少升高1.5℃。而全球温升1.5℃时，热浪将增加，暖季将延长，冷季将缩短，全球温升2℃时，极端高温将更频繁地达到农业生产和人类健康的临界耐受阈值，AR6还指出，47%的动植物灭绝原因与气候变化相关。由于气温升高和干旱，全球约1/4的自然土地出现了更长的火灾季节。有证据表明，自20世纪80年代以来，人为造成的气候变化导致美国西部被野火烧毁的面积增加了一倍。在全球温升4℃时，超过1/3（35%）的全球陆地表面可能会发生生物群落变化，温升如果保持在2℃以下，这一变化可能会限制在15%以下。

1.2.1　温室气体

温室气体（greenhouse gas）是指会吸收和释放红外线辐射并存在于大气中的气体，如水蒸气、二氧化碳、甲烷等。温室气体的存在会温暖地球表面，对地球能量收支起着重要作用，若无温室气体，地球表面温度将是零下19℃，但一段时间内温室气体浓度过高，就会破坏气候系统原有的稳定和平衡。

从组成地球大气的成分来看，空气中占比最大的两种气体氮气（78%）、氧气（21%）均不是温室气体，即大气中99%以上的气体都不是温室气体，这些非温室气体既不会吸收也不会放射红外线辐射，对地球气候环境的影响极小。温室气体主要包括二氧化碳（CO_2）、臭氧（O_3）、水蒸气（H_2O）、一氧化碳（CO）、氧化亚氮（N_2O）、甲烷（CH_4）、氢氟氯碳化物类（CFCs、HFCs、HCFCs）、全氟碳化物（PFCs）及六氟化硫（SF_6）等。二氧化碳的含量在温室气体中占比最大，且温室效应最显著，二氧化碳能阻碍红外线传播热量，若大气中聚集过多的二氧化碳，太阳照射到地球表面产生的热量就无法向外散发，这导致地球表面的温度升高，形成温室效应。

二氧化碳浓度过高除了产生温室效应导致全球变暖外，还会引起一系列其他气候变化问题，如海洋酸化等。海洋能吸收部分大气中多余的二氧化碳，二氧化碳溶解在海水中形成碳酸（H_2CO_3），大部分的碳酸分解成氢离子（H^+）和碳酸氢盐离子（HCO_3^-），大量二氧化碳的吸收改变了海洋原有的化学平衡，碳酸、氢离子和碳酸氢盐离子的浓度迅速增加，从而影响海水原有的化学状态，导致海洋酸化问题。由二氧化碳等温室气体浓度急剧增加导致的全球气温上升，通过影响大气和海洋循环，改变降水模式，导致干旱、洪水和风暴等极端事件的增加。

1.2.2　气溶胶

大气中的气溶胶是指在气体介质中悬浮的固态和液态颗粒物组成的混合体，是大气中唯一的非气体成分。大气气溶胶主要包括沙尘气溶胶、碳气溶胶（黑碳气溶胶和有机碳气溶胶）、硫酸盐气溶胶、硝酸盐气溶胶、铵盐气溶胶、海盐气溶胶。

大气气溶胶主要源于人类活动和自然界的排放。人类活动产生的气体可以通过化学或光化学反应转化为气溶胶粒子。自然界中的气溶胶主要源于地表、大气自身产生和外部空间注入，如森林、沙漠、海洋的自然排放。黑碳气溶胶和有机碳气溶胶主要源于燃料不完全燃烧所排放的细颗粒物和沉积在固体颗粒物上的气态碳化合物。黑碳气溶胶对于太阳辐射有强烈的吸收作用，它可以吸收的波长范围从可见光到近红外光，其单位质量的吸收系数比沙尘高两个量级（100 倍），因此，尽管大气气溶胶中黑碳气溶胶所占的比例较小，但是它对区域和全球气候的影响很大。

大气气溶胶可以通过直接和间接两种效应改变地球上的辐射平衡来影响地球的气候。直接效应是指气溶胶通过对短波和长波辐射的散射或吸收，直接影响地气系统的辐射平衡。其辐射强度大小与气溶胶的光学特性、垂直和水平方向上的分布密切相关。气溶胶的间接效应是指通过气溶胶改变大气中云的微物理过程，从而改变云的辐射特性、云量和云的寿命，进而影响地气系统的辐射平衡，并进一步影响气候变化。云对气候系统的影响非常复杂，一方面，云可以有效地反射太阳辐射，减少地球表面接收到的太阳辐射量，起到对地表降温的作用；另一方面，云也会吸收这些短波辐射并产生长波辐射，产生升温作用。因此，云和气溶胶对气候系统的影响具有很大的不确定性，降低这些不确定性在气候变化基础科学研究中具有重要意义。

1.2.3　海洋

海洋是全球气候系统中的一个重要环节，它在水循环和与其他生态系统交换能源物质等方面的作用对稳定和调节气候变化发挥着决定性作用。

海洋对气候变化具有重要而复杂的影响，它的调节作用使地球的温度和湿度保持在适合人类居住的条件下。海洋是大气热量和水蒸气的主要供应者。由于海洋的热惯性比较大，同样体积的海水能储存的热量是大气的 2000 多倍，如果全球 100 米厚的表层海水降温 1℃，放出的热量就可以使全球大气增温 60℃。海水蒸发时会把大量的水汽从海洋带入大气，海洋的蒸发量大约占地表总蒸发量的 84%，每年可以把 36 000 亿立方米的水转化为水蒸气，充足的水汽使得空气变得比较湿润。海洋表面和深层之间的水循环（热带气候带、深层水上升等）还会带来全球气温和降水模式的变化，产生厄尔尼诺和拉尼娜现象等。同时海洋吸收了 25%~30% 的二氧化碳（CO_2）排放，有助于降低大气中的 CO_2 浓度。

海洋调节全球天气和气候体系的同时，气候变化也影响着海洋。大部分温室气体积累产生的多余的能量会被海洋吸收，增加的能量使海洋变暖，海水热膨胀、海平面上升，进而导致陆地冰的融化。海洋表层的升温速度要比内部快，致使全球平均海表温度上升，并增加了海洋热浪的发生频率。随着大气中二氧化碳浓度的增加，海洋二氧化碳浓度也随之增加，水的平均 pH 值降低、海洋酸化。自 20 世纪 80 年代以来，亚热带海洋表层 pH 值极有可能以每 10 年 0.016~0.020 的速度下降，亚极地和极地海洋表层 pH 值则极有可能以每 10 年 0.002~0.026 的速度下降。海洋酸化已经扩散到海洋深处，北大西洋北部和南大洋的深度超过了 2000 米。海洋酸化可能打破海洋生态系统的平衡，损害各种生物的生存和繁衍。这可能导致生态系统的不稳定，增加生态系统的脆弱性，对生态多样性产生负面影响，同时也对沿海地区的渔业、珍珠养殖、海洋旅游等产业造成潜在经济损失。

《气候变化中的海洋和冰冻圈特别报告》（*Special Report on the Ocean and Cryosphere in a Changing Climate*，SROCC）估计，自 1970 年以来，海洋吸收了全球变暖过程中 90% 以上的过剩热量，海洋持续变暖。2021 年海洋热含量是有记录以来最高的。预计海洋 2000 米以上的深度继续变暖，且这一变化在百年到千年的时间尺度上是不可逆转的。作为全球最大的冰盖覆盖区，南极洲和格陵兰岛仅在 2021 年到 2022 年上半年冰川与冰层融化的质量就高达 2891 亿吨，未来这一数字仍将呈现急剧上升的趋势。整体而言，冰川消融速度的急剧上升始于 1970 年，在此之前一直保持相对稳定。

1.2.4 土地利用变化

土地利用变化也是影响全球气候变化的重要因子。土地利用主要通过三条途径影响气候变化：一是土地利用引起了土地覆被的变化，进而引起了地表反照率、粗糙度、植被叶面积指数和地表植被覆盖度发生明显改变，从而影响降水模式和大气环流；二是土地利用的变化，如森林的过度砍伐、城市化、工业化建设和农业生产活动等，改变了大气中的温室气体收支平衡，加剧了温室效应；三是城市的热岛效应，由于城市建筑群密集、人口密度高、工厂及车辆排热、居民生活用能的释放等原因，使得城市地区较周围郊区升温更快。

人类活动对大范围植被特性的改变会影响地球表面的反照率。不同类型的土地表面，如森林、草原、城市和水体，具有不同的反照率。例如，草地和水体通常反射更多的太阳辐射，具有冷却效应。而森林地表的反照率则比开阔地低，这是因为森林中有很多较大的叶片，入射的太阳光会在森林的树冠层中经历多次的反射、折射，从而导致反照率降低，因此，地表温度较高。反照率的变化造成地表对太阳辐射吸收的变化，大气中原有的热量分布平衡及气压分布遭到破坏，影响大气边界层的稳定性和湍流运动，从而影响大气混合和传热。这对气温和湿度分布产生影响，进而影响降水模式和大气环流。

土地利用变化还会引起地表一些其他物理特性的变化，如地表向大气的长波辐射率、土壤湿度和地表粗糙程度等物理特征，它们可以通过陆地和大气之间的各种能量交换来改变地表能量和水分平衡，直接影响到近地面的大气温度、地表温度、降水和风速等，进而对区域气候产生一定程度的影响。例如，南美洲的亚马孙森林对该区域的地表温度和水循环具有重要影响，亚马孙河流域的降水大约有一半是由森林水分蒸发而来的，如果亚马孙森林受到破坏，将改变河流径流和蒸发的比率，使区域水循环发生重大改变。土地利用变化对我国的区域降水和温度也有明显影响，例如，我国西北地区的荒漠化和草原退化将会造成大部分地区的降水减少，华北和西北的干旱加剧，气温升高。

城市化进程导致城市地区的大面积建筑铺装，这些建筑表面能够吸收和储存太阳辐射，使城市的温度升高。城市热岛效应可以导致城市比周围农村地区更热，增加了冷却需求，提高了暑热风险，这可能改变周围地区的气温和降水模式，导致局部气候的变化。

1.3 气候变化的危害

IPCC 在《气候变化 2023》中强调,一个多世纪以来,化石燃料燃烧和土地利用等人类活动导致了全球变暖,使得当前的全球平均温度比工业化前高 1.1℃,极端天气事件也因此变得更加频繁和强烈,对全球每个地区的自然环境和人员造成了越来越危险的影响。全球气温每升高一点,都会导致各种危害迅速升级。更强烈的热浪、更强的降雨和其他极端天气进一步增加,给人类健康和生态系统带来巨大风险。

前美国气候特使斯特恩表示:"气候问题不是被夸大,而是被低估了。"毋庸置疑,人为影响已造成大气、海洋和陆地变暖,大气、海洋、冰冻圈和生物圈都发生了广泛而迅速的变化。气候变化可能成为驱动生物多样性丧失的最重要因素之一,全球变暖已经影响到世界各地的物种和生态系统,特别是珊瑚礁、山脉和极地生态系统等最脆弱的生态系统。同时,它还影响到与人们生存、生活息息相关的农业生产,例如,通过降雨量和土壤肥力等影响农作物产量。另外,气候变化可以增加传染性疾病的传播,使得人类、动物和植物健康受到影响。此外,气候变化带来的一系列危害或多或少都会影响社会正常进行。

1.3.1 减少生物多样性

根据《生物多样性公约》(*Convention on Biological Diversity*, CBD),生物多样性(biological diversity, biodiversity)是指所有来源的形形色色生物体,这些来源除生物(动物、植物、微生物)外,还包括陆地、海洋和其他水生生态系统及其所构成的生态综合体。它具体包括了生态系统多样性、物种多样性和基因多样性三个层次的内容。联合国在 2019 年发布的《生物多样性和生态系统服务全球评估报告》显示,相比工业化之前,人类活动已经改变了 75% 的陆地环境和 66% 的海洋环境;超过 1/3 的全球陆地表面和近 75% 的淡水资源被用于农业和畜牧业生产;到 2000 年,1700 年时存在的湿地已经丧失 85%(按面积计算)。此外,该报告还指出,自 1500 年以来,在地球上大约800 万种动植物物种中,多达 100 万种物种面临灭绝的威胁,预计许多物种将在未来数十年内灭绝。也有许多科学家表示,所谓的"第 6 次大规模灭绝事件"即将发生。

1. 全球气候变化影响着生态系统多样性

生态系统由无机非生物(阳光、空气、水等)和生物环境(动物群落、植物群落和微生物群落等)组成,如沙漠、森林、湿地、山脉、湖泊、河流和农业景观中的生态系统。在每个生态系统中,包括人类在内的生物都形成了一个群落,彼此之间以及与周围的空气、水和土壤都存在相互作用关系。稳定的生态系统物种丰富,具有极强的自愈能力;健康的生态系统能为人类提供许多好处,包括燃料、清洁的水、药品和食物等,它们还可以形成物理屏障,抵御飓风和风暴潮等极端天气事件。但全球气候变化为生态系统结构和功能带来了较大的不确定性。AR6 第二组工作报告《影响、适应和脆弱性》指出,全球 33 亿 ~36 亿人生活在气候变化高度脆弱的环境中,大部分物种都展现出其脆弱性,区域间和区域内不同群体的脆弱性存在一定的差异，人类和生态系统的脆弱性是相互依赖的。联合国《生物多样性公约》表示，森林、湿地、珊瑚礁和其他生态系统的破碎化、退化和完全消失对生物多样性造成了严重威胁。

根据《全球湿地展望：2021 年特刊》，自 1970 年以来，全球自然湿地损失了 35%，全球各地区的湿地或正在丧失或被转化为其他土地利用类型，湿地面积不断减少，依赖内陆湿地的物种数量也在不断减少，且减少速度远远超过依赖其他生物群落的物种数量减少速度，越来越多的物种因此面临灭绝的危机。而湿地受到气候变化的影响很大，尤其是海平面的上升、海洋表面温度升高导致的珊瑚白化、内陆水域的水文变化。

森林生态系统是陆地上面积较大、结构最复杂、对其他生态系统产生最大影响的一个系统，不仅能够为人类提供大量的木材和其他林副业产品，还有助于维持生物圈的稳定、改善生态环境等。但全球气候变化影响了森林类型分布，温度、降雨量、日照时间等的变化，使得森林植被类型分布发生大范围的移动，如北方森林转化为寒温带森林、寒温带森林转变为暖温带森林等，森林类型分布的变化又进一步迫使森林中物种进行迁移，以寻找适合的栖息地，有些物种甚至面临着灭绝的危险。

草原生态系统是众多生物赖以生存的自然生态系统之一，但现在许多草原生态系统面临一个共同的难题，植被覆盖率急剧减少，这使得许多地方出现了沙漠化迹象。导致这一现象的原因，一方面是人口密集造成的过度放牧、耕地开发、矿业开采，另一方面是自然气候变化。乔文斌和常煜在研究气候变化对呼伦贝尔草原沙漠化的影响时指出，干旱是影响草原沙漠化最主要的自然因素，干旱最直接的表现是降水稀少而蒸发强烈，这使得地表自然生态环境系统失去水分的协调功能。而水又是生物生存所必需的要素，水的缺失导致生物链中断，地表植被覆盖率降低，进而影响整条生物链，造成生态系统的脆弱。此外，在缺少植被保护和疏松沙质条件下，易受强风冲击形成扬沙、浮尘等现象，暴雨也会进一步破坏地表植被，造成大量的水土流失，从而使得该地区生态系统变得十分脆弱。

2. 全球气候变化影响着物种多样性

世界自然基金会（WWF）发布的《地球生命力报告2022》显示，1970—2018 年，世界各地受监测的野生动物种群的相对丰度平均下降了 69%。其中，拉丁美洲的平均种群数量下降幅度最大，达到 94%；淡水物种的总体下降幅度最大，达到 83%。联合国《生物多样性公约》指出，物种消失速度是自然灭绝速度的 50~100 倍，而且预计这一速度还将急剧上升。根据目前的趋势，估计有 34000 种植物和 5200 种动物面临灭绝，其中，世界上 1/8 的鸟类面临着这一危机。虽然生物种类的减少与世界人口的急剧增加，以及人类对化石能源的过度开采和不充分利用造成的一系列环境污染问题密切相关，但气候变化在其中也作出了不少"贡献"。IPCC 第六次评估报告中一项对 976 种植物和动物的研究发现，47% 的动植物灭绝原因与气候变化相关，如果年平均气温保持 1.1~6.4℃的增长速度，到 2050 年，约 30% 的现有动植物将面临灭绝的威胁。

3. 全球气候变化影响着基因多样性

根据《生物多样性公约》，自 20 世纪以来，全球已经损失了 75% 的植物基因多样性。气候变化对植物多样性影响最大的地区是那些物种的栖息地相对固定、无法迁移的地区，因此，种群较小且栖息地破碎的物种，或者呈岛屿型分布的物种面对气候变化更加脆弱。2019 年 5 月，英国谢菲尔德大学一项研究发现，气候变化能够对物种的基因多样性产生长远影响。该校与英国弗朗西斯·克里克研究所学者领衔的团队通过分析不同地点阿尔卑斯山土拨鼠的基因组，并与最后一个冰期土拨鼠化石对比后发现，在多次适应气候变化过程中，其基因多样性逐渐降低。研究表示，大约 1.2 万年前最后一个冰期结束时，土拨鼠等动物为躲避气候变暖而转移到高山上栖息，生存下来的土拨鼠在基因上变得更加相似。而恰恰是这一让土拨鼠成功生存下来的适应性变化导致它们陷入了基因多样性偏低的状态中。基因多样性不足让土拨鼠在未来面对诸如新疾病及气候进一步变化等挑战时变得难以适应。

1.3.2　降低农业生产率

农业是对气候变化反应最为敏感的系统之一。无论农业生产技术实现了怎样的突破，目前都无法将大规模农业生产与自然环境分离开来，因此，粮食产量一定程度上也就取决于气候变化。气候变化对农业生产的影响是多层次的，但总体来说弊大于利。气象灾害事件增多，干旱、洪涝灾害等频发，日照时间变化，土地退化，虫害加剧，外来物种入侵等极大破坏了农产品生长所需的条件，增加了农业生产的不稳定性，使农业产量波动较大。

长期以来，我国北部地区多干旱、南部地区多洪涝，干旱使得农作物缺乏生长必需的水资源，洪涝又使得土壤中水分长期处于过饱和状态，空气与水分比例失调，造成农作物根部缺氧，并加快地表营养物质的流失，这都不利于农作物健康生长和我国粮食持续稳定供给。2021 年 7 月，我国河南省多地遭遇暴雨天气，郑州市局部一小时雨量突破 200 毫米，相当于将 150 个西湖的水灌进去，郑州周围各市降雨量也都突破历史极值，而河南作为我国的粮食大省，此次暴雨也造成 750 平方千米作物受灾，受灾面积达到 252 平方千米，47 平方千米绝收。

2020 年 2 月，东非地区蝗灾肆虐，从也门传入后，迅速蔓延至索马里、埃塞俄比亚、肯尼亚、乌干达、南苏丹等国家，这次蝗灾是东非近几十年最严重的蝗虫灾害，在肯尼亚更是 70 年一遇。每平方千米可聚集 1.5 亿只蝗虫，即使是小型虫群，每天也能吃掉 3.5 万人的食物，所到之处农作物基本被吃光。肯尼亚还出现过长 40 千米、宽 60 千米的蝗虫群。根据陈永林等此前的研究，蝗灾的产生与全球气候变暖有着密切关系。全球气候变暖使得春季气温回暖早，夏季炎热，冬季为暖冬，蝗虫卵越冬死亡率下降，加上蝗虫繁衍能力强，生殖后代多等自身特点，易形成大量蝗虫聚集，对农业生产的危害时间、强度都有所增加。

总而言之，气候变化改变了农业生产的适宜条件，增加了农业生产的风险，严重影响了农产品的稳定产出，对农业生产造成了相当大的损害。

1.3.3　危害人类健康

气候变化能通过多条途径影响人类健康，大体可以分为以下两类。

（1）直接影响，即通过热浪、洪水、山火等直接威胁人类生存环境和条件。2021

年，世界卫生组织发布的《气候变化与健康特别报告》指出，每年有超过 500 万人的死亡可归因于异常的高温和低温。基于我国多个城市人群死亡数据的研究，热浪和寒潮分别会导致人群死亡率提升 7% 和 27%。2022 年夏季，我国多地持续高温，吐鲁番地区最高温度达到 46.6℃，重庆市、四川省多地最高温度在 43℃ 以上，高温天数在 40 天以上，8 月长江流域的降水量也比正常情况少 60%；78 人感染热射病，其中 13 人因此去世。除我国遭遇极端天气影响外，全球多地也都遭遇不同程度的干旱。根据全球环境与安全检测计划的监测，2022 年夏季的干旱可能是欧洲大陆 500 年以来所经历的最为严重的干旱，在 8 月下旬的干旱高峰期，近一半欧洲地区出现了土壤湿度不足的问题，莱茵河航运甚至因此中断。这次干旱更直接导致美国好几个州发生森林火灾和储水量下降。

（2）间接影响，即通过蚊虫、水、空气等介质传播。洪水、干旱的高温天气，给病毒的传播创造了良好的生长环境，蚊子、扁虱、老鼠等能够携带病毒的生物愈发繁盛，这增加了病毒传播的可能，如鼠疫、血吸虫病等；另外，世界范围内空气、水等资源已经遭受不同程度的污染，人类健康不可避免地会受到影响。空气、水等具有极强的流动性，容易导致负外部性的产生，因此气候变化的间接影响往往会导致区域性疾病的发生，严重时甚至会导致全人类共同生存生活的环境遭到破坏。

1.3.4　扰乱经济和社会秩序

气候变化对人类经济和社会秩序的影响是多方面的。首先，气候变化会导致气候极端事件增加，例如，干旱、洪水、热浪和飓风发生的频率和概率显著上升，这些极端天气会导致公共基础设施与居民个人财产的损坏。其次，气候变化对生态系统的影响也是不容忽视的，森林面积减少、草原退化和物种灭绝都会影响生物的多样性，降低生态服务能力。再次，民以食为天，气候变化带来的各种自然灾害影响农作物收成，破坏了正常的农业生产，因而气候变化在经济方面主要通过提高企业生产成本，增强企业外部不确定性影响经济增长。最后，气候变化还会通过加剧社会不平等，激化社会矛盾，影响人民的生活质量与社会稳定。

拓展案例

厄尔尼诺与拉尼娜现象是最初发生在太平洋地区后在全球范围内产生影响的自然气候现象。

"厄尔尼诺"一词源于西班牙语"小男孩"，从 19 世纪初，在南美洲的厄瓜多尔、秘鲁等国家每隔几年，从 10 月到次年 3 月，南太平洋东岸的海水温度都会出现明显的升高，而该区域本应出现秘鲁寒流。温度的升高使得随着寒流移动的冷水鱼群不耐高温而大量死亡，严重影响当地渔民的生活来源。因太平洋东部海区受寒流影响气温较低，而西部海区受暖流影响气温较高，形成了沃克环流，推动了太平洋上空大气循环。而东太平洋海区出现异常高温之后，破坏了上空的沃克环流，形成了与沃克环流圈相反的运动模式，这导致太平洋两岸地区气候发生深刻变化：东太平洋海区由干燥少雨变成多雨，引发一系列洪涝灾害的发生，西太平洋海区由湿润多雨变成干燥少雨，大批浮游生物、鱼类、鸟类死亡，造成了严重的生物灾害。厄尔尼诺现象除了对太平洋地区造成严重危害外,还危及全球。1982—1983 年的厄尔尼诺现象是近几个世纪以来最严重的一次,太平洋中东部水面温度比正常高出 4~5℃,造成了全世界 1300~1500 人丧生和近百亿美元的损失。厄尔尼诺现象对我国气候的影响也很明显,它使得北方地区夏季高温干旱、南方地区夏季低温洪涝,1954 年和 1998 年长江中下游地区的洪水灾害就发生在厄尔尼诺现象发生的第二年。

"拉尼娜"一词则源于西班牙语"小女孩",是与厄尔尼诺现象相反的气候现象,即太平洋东岸海区气温降低,加强了沃克环流,进而导致东太平洋地区干旱加重,而西岸降水增多。拉尼娜现象与厄尔尼诺现象往往交替出现,发生频率要比厄尔尼诺现象低,影响强度和范围也比厄尔尼诺现象要小,但依旧会给全球许多地区带来灾害。从全球角度来看,2021 年美国南部多地遭遇罕见低温和暴雪,造成当地相当长一段时间停水停电,当地部分居民生活保障出现问题,得克萨斯州进入重大灾害状态。最终导致 210 多人死亡,至少 200 亿美元的经济损失。同年 7 月上旬,欧洲西部出现极端性强降水,德国部分地区日雨量达 100~150 毫米,超过了当地常年 7 月的总降雨量,德国中部山地日雨量达 162 毫米,波恩-科隆气象站最高日雨量为 88.4 毫米,打破了该站的历史纪录;伦敦部分地区 90 分钟降水量接近 80 毫米,其西南部一座植物园小时雨量达到 47.8 毫米,超过了当地常年 7 月的总降雨量,打破了 1983 年以来的历史纪录。此外,拉尼娜现象对国内造成的影响也不可小觑。拉尼娜现象的出现使我国北方秋季降水增多,冬季气温明显降低,部分地区出现严寒,2008 年南方雨雪冰冻灾害就与拉尼娜现象的出现有关。

1.4　缓解气候危机的措施

1.4.1　提升碳汇能力

碳吸收是实现碳中和的重要手段,其可分为两类:一是自然过程,也可称为"碳汇",是通过森林或其他植被的光合作用将二氧化碳吸收和固定的过程,主要指陆地生态系统的碳汇,包括植被、土壤及水体等;二是人为过程,是依靠各种技术手段将游离的二氧化碳等温室气体进行固化存储的过程。虽然利用自然的方法对二氧化碳进行固定可以有效改善环境、缓解温室效应,以及保护生态系统多样性等,但时效慢,难以在短时间内遏制高排放量的二氧化碳。因此,仅依靠大自然本身的固碳能力无法承担人类在经济飞速发展下的各种碳排放行为,这就需要借助技术手段加以干预,如生物能源与碳捕集和储存(BECCS)、大气二氧化碳去除技术(DACCS),以及二氧化碳捕集利用与封存(CCUS)等,当前固碳技术的方向主要有以下三个方面:一是碳捕集与储存,在完成二氧化碳捕捉后,再通过管道将其注入一定深度的地下岩层封存起来;二是碳捕集与能源化利用,将捕捉到的二氧化碳再次用来获取能量;三是碳捕集与资源化利用,将捕捉的二氧化碳作为生产的原料使用。

1. 提升生态系统碳汇功能的关键技术

(1)利用分子生物学原理研发高新生物固碳技术,包括利用生物学的技术改良光合生物的捕光、固碳及代谢途径，提升生物光合固碳效率；改良筛选出更高效的固碳、抗盐碱或抗干旱的树种和草种；有可能培育出高效固碳且减污的微生物或水生植物等。

（2）将现代生物合成原理应用于开发人工模型光合作用新技术。潜在技术突破领域包括发展化学与生物催化相耦合技术，构建形成简单的固碳淀粉人工合成途径；挖掘生物酶催化剂、开展模块组装优化与时空分离，解决人工固碳途径中的底物竞争、产物抑制等问题。

（3）利用污染或废弃地等土地资源，发展生态固碳技术，针对污染性土地资源可以用于种植高光效的高生物量植物，这些植物生产的生物量既可以作为生物源和生物化工原料，也可以将收获物压缩为颗粒或炭化后直接埋藏，实现长期的碳封存。

（4）利用农业和林业残余生物量，发展生态固碳技术。森林和农田生态系统每年会产生大量的废弃物或秸秆生物质，是巨大的生物资源。

2. 提升固碳能力的关键技术

CCUS 是指在二氧化碳排放前对其进行捕集，主要从工业生产、能源消耗或大气中进行分离，然后通过两种途径实现减排和二氧化碳资源化利用：一是利用管道或船舶将其转移到新的生产流程并进行提纯、循环再利用；二是输送到封存地进行压缩并注入地下使其发挥作用。捕集是通过多种类型的二氧化碳捕捉方式将二氧化碳从工业生产过程中分离出来，再通过罐车、管道等方式将其收集的过程。利用是指通过技术手段实现二氧化碳的资源化利用。封存是指将收集的二氧化碳压缩并注入地下深处进行储存，以实现二氧化碳与大气隔绝的过程。碳捕集、利用与封存技术是最直接的一种控制二氧化碳排放的措施，被科学家认为是碳存量治理最具潜力和最具实效的减排手段，是未来减缓温室气体排放的重要技术路径之一。图 1-1 展示了 CCUS 技术过程。

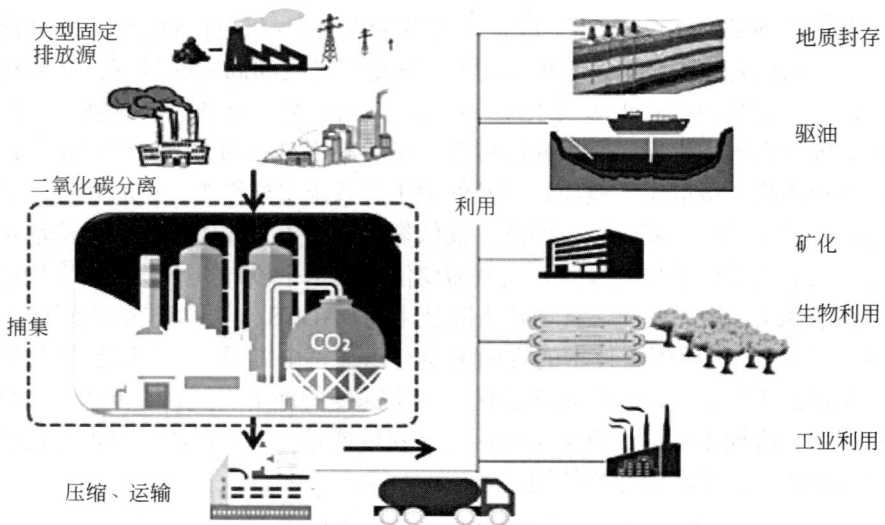

图 1-1　CCUS 技术过程

1.4.2　低碳生活

1. 低碳消费

1）政府部门要为低碳消费做表率

政府消费作为社会消费的重要组成部分，其消费行为对社会消费有很大的影响。公众能否树立低碳消费观念，在一定程度上受到政府消费行为的影响，因此政府部门低碳消费的表率作用胜过口头说教。政府机关应从自身做起，积极树立低碳观念，推行政府节能采购、低碳采购，对政府机构能耗使用和用能支出制定标准和限额，对政府内部日常管理制定节能细则，建设低碳政府。对政府机构中的奢侈浪费现象进行严惩，实施公款消费的公开透明并接受舆论和公众的监督。

2）加强宣传教育和舆论引导

加强低碳消费理念的普及与推广，使低碳消费理念深入人心，切实提高社会公众的低碳消费意识。大力提倡树立崇尚自然、环保、节约的社会风尚，养成节能、节水、节材、垃圾分类回收等低碳行为习惯，利用媒体进行宣传以吸引广大公众积极参与到低碳消费行动中，逐步形成全民参与的低碳消费文化氛围。

3）将低碳消费教育纳入国民教育体系

低碳消费不仅是一种生活态度，同时也是一种生活习惯，而这种习惯的养成要从小抓起、从教育抓起，要高度重视教育中灌输低碳消费理念。把低碳消费教育融入普通国民教育体系，纳入学校教材，在幼儿园、中小学及高等院校开展适龄化节约教育、环保教育和低碳教育。

4）完善低碳消费政策与制度体系

制定相关低碳消费政策和制度，使消费者在重新考虑消费成本与收益时，自愿选择更加经济的低碳消费模式。通过价格杠杆来引导低碳消费，如实施阶梯水价、电价等，以使公众减少不必要的能源浪费，逐渐形成低碳习惯。通过税收、财政补贴等政策及法律制度来抑制各种高碳消费方式并鼓励低碳消费行为。建立碳标签制度，通过科学地核算产品在生产、运输、消费环节所产生的碳排放量设定标准，对符合标准的产品进行低碳标记，供消费者选择。

2. 低碳供给

首先，实施多措并举的方式，加快低碳供应链的发展，数量和价格控制措施协调配合、互补使用以避免碳交易价格和碳排放的波动，以更好地在降低供应链碳排放的前提下实现经济发展。考虑与其他环境政策的兼容与协调，以防止削弱碳税或碳交易的实施效果，更好地发挥各种环境政策的减排作用以加快实现"双碳"目标。

其次，将区块链技术引入低碳供应链管理。区块链上透明、可靠和实时的信息和智能合约，能够使低碳供应链各主体之间的信息实现共享，促进相互之间的碳减排协作，也为供应链各主体之间厘清碳排放责任提供了更有效的保障。同时，政府可以依靠区块链技术构建数字化低碳管理平台，对企业实施灵活的动态碳补贴和征收动态碳税。区块链技术不仅可以帮助企业开发和管理碳资产，还可以为碳交易定价提供有效的依据，并提高碳交易效率，降低碳交易成本。

　　最后，推动全球碳减排协调与合作。尽管不同国家碳市场的目标、功能及实施机制等存在差异，但现有研究表明，协调不同国家碳市场配额、价格制定及市场管理等机制，可以实现全球碳市场的连接，从而更好地为全球供应链的碳减排服务。此外，还有研究指出，开征碳税更有利于国际协同，增强企业的低碳贸易竞争力。我国企业应该将低碳理念深入企业管理中，采用更为清洁环保的低碳技术和设备，以实现生产过程的低碳化，学习其他国家物流管理经验，引入低碳运输工具，提高运作效率，减少运输过程的碳排放。我国政府应积极参与全球碳减排政策制定，对碳减排的计算标准加以修订，提高国际贸易气候政策的有效性，承担大国碳减排责任。

1.4.3　低碳农业

1. 低碳农业概念

　　低碳农业是指在可持续发展理念指导下，通过技术创新、能源优化配置、产业结构调整等途径，以降低农业生产供销过程中的能源消耗，从而减少温室气体排放。同时在保证食品安全和正常供给的前提下，实现绿色、低碳的农业发展新模式。低碳农业作为绿色低碳生态建设的必然选择，对农业生产方式转型和农业可持续发展具有重要意义。低碳农业具备"促汇抑源"的特征，通过科学技术手段提高农业生产中的温室气体减排能力，实现农业经济发展与温室气体的有效"脱钩"，推动传统农业向低碳农业转型。就低碳农业的功能作用而言，汇集经济、社会、生态功能于一体的新型农业生产模式，主要表现在以下三个方面：一是保障粮食稳产增产的经济功能；二是农业投入与产出的高效循环利用，减弱农业碳源、增强碳汇功能、削弱气候变暖压力的生态功能；三是农产品生命周期"低碳化"，即低碳农业实际上是农产品从"摇篮到墓地"整个产品周期全程践行低碳化、清洁能源化，旨在推动温室气体减排、应对人类能源危机、改善农民生活质量和建设生态农业文明。

2. 低碳农业发展模式

　　我国在推进低碳农业发展过程中，形成了不少集合经济效益与环境效益的农业发展新模式，如"四位一体""猪沼果""桑蚕菜沼"等立体种养结合模式等。低碳农业发展强调"三高三低"，因地制宜，根据自然地理条件、资源禀赋等确定相应的发展模式，综合起来可以选择三大类型：一是减少农业资源投入的减源型农业模式，二是增汇固碳型农业模式，三是以休闲观光为主的农业体验经济模式。

　　减源型农业模式大体分为两个方面：一方面是碳排放源的减量化，其关键是减少农业化肥、农药等化学农资品施用量，阻隔农业温室气体排放源对自然环境的影响，实现农业创收与碳减排；另一方面是循环农业，该农业模式主要以沼气为主的"四位一体""畜—沼—果""一池三改""六个一"工程等反馈式流程的循环生产系统为主，农业生产过程产生的有机废弃物可用于返田肥料、食用菌培育、生物质能利用等。

　　增汇固碳型农业模式可分为两方面：一是推广免耕、休耕措施，发展有机农业，减少耕作对土壤物理性的干扰，保证农业生态的可持续性；二是推广富碳农业模式。富碳农业可以处理工业生产中排放的过剩二氧化碳，实现工业废气转化为农业生产资源，使二氧化碳在工农业之间进行循环利用，从而减轻工业废气污染、农村面源污染及水资源短缺等环境压力，推进工农业之间的互补。

农业体验经济模式是基于都市农业发展新形势，随着农业多元化发展，耕地利用以农业生产经营为基础，融入农业观光休闲元素，调整、改变农作物生产规模、开垦农业旅游资源并着重增强"回归田园"的农业生产体验功能，最终获得农产品、观光休闲收益的经济活动过程。

3. 低碳农业生产技术

1）垄作免耕技术

免耕是现代农业生产的一项新耕作技术，它不需要进行播种前的犁地，而是直接播种，并在播种后作物生长期间不需要进行中耕。过度耕作会使碳素释放增加，这是农业碳排放的主要路径。垄作免耕可以从多个方面减少温室气体排放。首先，采用免耕代替传统的犁铧翻耕方式，可以避免土壤中碳物质的流失，有助于土壤对碳的固定。其次，采取免耕技术可以通过减少农业机械使用，减少化石燃料燃烧。减少化石燃料燃烧和化肥使用均有益于控制全球气候变暖趋势。

2）灌溉节水技术

农田灌溉节水技术方法较多，主要包括地面灌溉、喷灌、微灌及地下灌溉，其中地面灌溉是今后相当长时期的主要灌溉方式，改进地面灌溉技术主要从以下几个方面入手：一是采用新的沟畦灌水工艺；二是波涌灌溉，就是使放入沟畦的流量保持"间歇性"特征；三是尾水回收系统，是在沟尾安装集水系统把泄水收集起来用于更低地块的灌溉，或用水泵抽到高处重新灌溉；四是膜孔灌溉，在地膜上做成沟状，使水流到作物长出孔处渗入土地，提高灌水效率。

3）生物防治技术

生物防治是指在不损害生物、植物抗性基因的前提下对病虫害进行防治的方法。与传统化学农药防治相比，生物防治对病虫害的作用时效长，对农业生态危害小，更有利于绿色农业发展。在具体应用时，可以根据不同农作物习性，综合运用多种生物防治方式，提高植物对病虫害的抵御能力，以此促进绿色农业的产业化、高效化防治。

4）新型农业种植技术

新型农业种植技术是我国的农业技术水平从粗放型向集约型发展的典型技术，融合了工业和第三产业，主要包括五种：无土栽培、立柱式栽培、墙体栽培、生态餐厅和设施农业。

5）畜禽健康养殖技术

畜禽养殖是温室气体排放的主要来源，根据国家政策、法规、标准要求，转变畜禽养殖业的养殖方式，实现养殖方式的清洁化和绿色化，严格按照《畜禽养殖业污染物排放标准》，建设畜禽养殖场，对畜禽粪便和污水进行无害化处理和肥料化利用，使规模化畜禽养殖场粪便综合利用率超过 90%，有利于减缓温室气体排放。畜禽健康养殖技术主要包括以下三个方面：一是畜禽养殖场改造；二是建设固体粪便池有机肥厂；三是建设液体粪污大中型沼气工程。

1.4.4　低碳工业

低碳工业是基于生态经济学原理和清洁生产理论对传统的"高投入、高污染、高能耗、低利用"工业生产模式的一种改进,以节约资源、清洁生产和废弃物多层次循环利用为特征,应用先进的绿色生产工艺和废弃物多层次循环利用技术来减少工业污染物排放,结合生态规律、经济规律及系统工程理论对工业生产进行管理,建立一种层次、结构和功能多元化、废弃物资源化,以低能耗、低污染和高利用为基础的工业生产模式。

1. 完善相关法律法规,规范低碳产业发展

制定和完善环境立法是发展低碳产业的基础,完善低碳经济法律法规政策支持体系要从以下五个方面入手:一是法律制定要体现低碳理念,相关法律规范要与碳排放付费相结合;二是将低碳经济发展指导原则充分体现在法律法规的制定上;三是将低碳经济的实践经验作为基本制度加以规范;四是加强执行监督,加大执法力度,保障与低碳经济相关的法律规范得到有效执行;五是充分调动企业、消费者及政府三个主体的积极性,加快低碳产业发展。

2. 深入推进节能降碳

调整优化用能结构,控制对化石能源的使用,有序推进各种工业行业煤炭的减量替代,持续推进现代工业的清洁生产,促进煤炭分质分级高效利用。推动工业绿色电网建设与节能降碳改造升级。增强源网荷储协调互动,加强能源系统优化和梯级利用,落实碳排放总量和强度双控制,加大工业节能改造工程投资力度。聚焦高排放、高耗能、高污染工业行业,逐渐完善绿色电价政策。帮助钢铁、石油化工等重金属化工行业实现能效"领跑者"行动。提升重点用能设备能效并强化节能监管。持续开展国家工业专项节能监察,制订节能监察工作计划,依法依规查处违法用能行为。

3. 积极推进绿色制造

推动绿色低碳工厂建设,构建绿色低碳工业园区。推动绿色制造技术创新集成应用,打造绿色新工厂。对工厂采取绿色动态化管理措施,加强对第三方评价机构监督管理,完善绿色制造公共服务平台。引导绿色工厂的改造升级,对标国际先进水平,建设一批"超级能效"和"零碳"工厂。通过"横向耦合、纵向延伸",构建园区内绿色低碳产业链条,促进园区企业采用能源资源综合利用生产,推进工业废弃物资源化利用,实施园区"绿电倍增"工程。促进中小微企业绿色低碳转型发展,全面提高清洁生产水平。

4. 大力发展循环经济

推动低碳原料替代,加强再生资源循环利用。支持发展生物质化工,推动石化原料多元化。实施可再生资源回收利用行业规范管理,鼓励符合规范条件的企业公布碳足迹。延伸可再生资源精加工产业链条,促进各种金属资源的可再生循环利用。推进机电产品再制造,强化工业固废综合利用。围绕航空发动机、工业机器、服务器等高值关键组件再制造,打造再制造创新载体。推进增材制造、特种材料、无损检测等关键再制造技术创新和产业化应用。加大综合利用税收优惠政策力度,激发地方企业技术创新活力,深入推动工业资源综合利用基地建设，探索形成区域产业符合固废特点的工业固废综合利用产业发展新路径。

5. 加快工业绿色低碳技术变革

加大对绿色低碳技术的投资与创新研发力度，科学部署工业低碳前沿技术研究，实施低碳零碳工业流程再造工程，研究实施氢冶金行动计划。布局"减碳去碳"基础零部件、基础工艺、关键基础材料颠覆性技术研究，突破推广一批高效储能、能源电子、碳捕集利用封存等关键核心技术。加快形成以企业为主体，产学研深度融合、上下游协同的低碳零碳负碳技术创新体系。发布工业重大低碳技术目录，组织制定技术推广方案和供需对接指南，促进工业绿色低碳新技术创新研发，推进生产制造工艺革新和设备改造，减少工业生产过程中的温室气体排放。鼓励各地区、各行业探索绿色低碳技术推广新机制。

1.4.5　绿色交通

1. 统筹"车、油、路"，降低污染排放

绿色交通的本质是建立维持城市可持续发展的交通体系，以满足人们的交通需求，以最少的社会成本实现最高的交通效率。通过"车、油、路"统筹，采用经济、行政、技术等综合措施，减少机动车的使用强度，提高交通运行效率，实现交通系统的节能减排。逐步严格执行机动车排放标准，保证车辆达标排放，从源头有效控制机动车温室气体排放。自 2016 年 4 月 1 日起，中国按照分区、分时、分类的原则，逐步实施第五阶段机动车排放标准，2016 年 12 月，《轻型汽车污染排放限值及测量方法（中国第六阶段）》标准发布，并在 2020 年在全国实施。随着新车排放标准要求更加严格，我国高排放机动车限量标准也逐渐提高，为新清洁型汽车发展创造更宽阔的空间。相比于传统汽车，新能源汽车可以减少 20% 的碳排放，有效降低空气污染指数，因此新能源汽车市场备受政府和新兴产业的支持与关注。早在 2010 年 10 月，新能源汽车产业就被纳入我国战略性新兴产业中，推进插电式混合动力汽车、纯电动汽车、燃料电池汽车的应用和产业化。同时，为了推广新能源汽车的使用，国家还通过制定财政补贴的方式提高大众对新能源汽车的购买意愿。此外，油品质量是影响机动车污染排放的关键，因此，为了保障油品质量，2017 年年初，国 V 标准车用汽油、柴油开始在全国售卖，以减少温室气体排放。同时，为了合理控制机动车保有量，一些城市实施了汽车限购政策，以优化交通出行结构，实现交通系统的节能减排。

2. 促进交通绿色低碳可持续发展

1）科学调控机动车保有量及结构

结合城市经济发展与规划、城市环境可承载能力等现状，科学制定交通车辆发展规划，避免车辆保有量的过快增长。通过经济手段对车牌进行高效管控，增加车辆拥有成本，以降低公众对汽车的购买意愿，促进交通车辆的合理发展。同时部分城市所实施的汽车限购政策也为减少机动车保有量作出了重要贡献。此外，在控制汽车保有量增速的同时，还需积极调整交通车辆保有结构，通过税收优惠鼓励公众购买新能源汽车，淘汰

高能耗老旧车辆，推动交通车辆协调可持续发展。

2）合理降低交通车辆使用强度

通过开征拥堵费及排污费、提高燃油税和停车费，以及高速公路差别化收费等经济手段，提高个人交通成本，适当限制个人车辆出行频率，积极引导交通车辆出行向公共交通转变，从而有效改善空气质量，缓解交通拥堵。

3）发展公共交通及慢行交通系统

发展公共交通及慢行交通系统，践行绿色交通出行模式。加快轨道交通、快速公交等大容量快速公共交通运营系统建设。扩大公共交通专用车道网络，提高公共交通的快捷性、舒适性和可及性，创造良好的出行环境，增强公共交通的吸引力，以提高公众绿色交通出行意愿。此外，普及自行车和步行专用道，鼓励居民骑行共享单车，解决出行"最后一公里"问题，倡导低碳、环保、健康的出行理念和方式，也应成为政府推广绿色生活方式的重要举措。

1.4.6　节能建筑

1. 提高绿色建筑发展质量

加强高品质绿色建筑建设可以从以下方面进行。推进绿色建筑实施标准，加强规划、设计、施工和运行管理。践行绿色低碳设计理念，借助自然通风、天然采光等途径，降低住宅用能强度，提高住宅健康性能。推动有经济条件地区政府加大对公共建筑、公益建筑绿色化投资力度。引导地方政策支持，推动建筑绿色化建设，扩大绿色建筑规模。缓解建筑工程质量问题，避免绿色建筑工程偷工减料、设计不合理等质量问题的发生。加大对绿色建筑工程的监管力度，提高绿色建筑机械设备的运行使用效率，将绿色建筑日常运行要求纳入物业管理内容，通过建立评价反馈机制对绿色建筑运营情况进行评估和考察，提升绿色建筑的管理水平。鼓励借助大数据、云计算、互联网、人工智能等信息技术建立绿色建筑智能化管理平台，实时监测和分析绿色建筑能耗、物耗及室内空气质量等指标。

2. 提高绿色建筑节能水平

以《建筑节能与可再生能源利用通用规范》所提出的节能指标要求为基准，启动实施我国新建民用建筑能效"小步快跑"提升计划，分时期、分区域、分气候特征等提高城镇新建民用建筑节能强制性指标，提高对门、窗、钢筋建材等关键建筑材料的节能性能的指标要求，推广地区适应性强、防火等级高的建筑保温隔热系统。加大政府对公益性建筑和大型公共建筑的投资力度，提高建筑节能标准，严格控制建筑建设过程中的能源需求，避免能源的过度消耗与浪费。引导重点经济带和城市群制定更高的节能标准，推广超低能耗、低物耗建筑规模化建设，开展零碳建设试点示范区。在其他地区实施低能耗建筑建设试点，提高农村公共基础建设绿色化标准，推广节能技术，降低农村建筑能耗损失。

3. 加强既有建筑节能绿色改造

推进现有建筑节能的绿色改造升级不仅可以提高用能水平，而且可以进一步改善空气质量，减少碳排放。具体而言，一方面，提高现有居住建筑节能水平。针对严寒及寒冷地区，加快对建筑用户供热管网保温及智能调控改造，促进用户能效的改造升级。针对夏热冬冷的地区，对既有居民建筑节能改造升级，提高建筑用能效率。针对城镇老旧小区改造，要鼓励采用节能材料，实现建筑绿色化，提高资源利用效率，形成与居民居住环境相适宜的节能、低碳综合改造模式。另一方面，推动既有公共建筑的绿色改造升级。完善公共建筑运营监管体系，系统分析应用能耗统计、审计及监测等数据信息，开展能耗信息披露试点，提升公共建筑节能运行水平。促进重点城市群的公共建筑能效提升，增强用能系统改造升级。制定公共建筑运行调试制度，以定期对公共建筑用能设备进行检测和调试，提升用能效率。

4. 实施建筑电气化工程

充分利用电力在建筑终端消费的清洁性、便利性及可获得性等优势，建立以电力消费为核心的建筑能源消费体系。针对夏热冬冷地区，采用电气能源、空调及家用电器等设备取暖。推行新建公共建筑全电气化设计试点示范，将热泵、电蓄冷空调、蓄热电锅炉等电气设施应用于各种大型建筑建设。推动生活热水、炊事等用能逐渐向电气化方向转变，加快电气化技术与设备研发与创新。鼓励建设以"光储直柔"为特征的新型建筑电力系统，发展柔性用电建筑。积极发展装配化装修，推广管线分离、一体化装修技术，提高装修品质。

1.4.7　碳市场

碳排放交易系统（ETS）作为缓解气候变化的重要经济手段之一，其最大的特点在于通过"市场化"的工具为碳排放进行定价。借助市场机制发挥其作用，合理配置资源，在交易过程中形成有效碳价并向各行业传导，刺激企业加大绿色技术创新项目投资力度、淘汰落后产能、改造生产工艺等。碳市场机制的建立，特别是碳金融的发展，有利于促进社会资本流向低碳领域，促进低碳技术与产品的创新，培育推动经济增长的新型生产模式和商业模式，为培育和创新发展低碳经济提供动力。

碳排放权交易机制作为促进企业低碳转型的重要措施，在全球备受青睐。在过去十几年里，碳市场在全球范围内迅速扩张。根据世界银行发布的《2022碳定价现状与趋势》，截至2023年4月，全球共计有73个以碳税或碳排放交易体系为主的直接碳定价机制。部分国家或地区正式宣布或启动其新的ETS或碳税计划。例如，奥地利和美国华盛顿州均启动了新的ETS；印度尼西亚宣布将启动强制性国家ETS计划；墨西哥内的三个州（雷塔罗、墨西哥州和尤卡坦）则实施了新的碳税计划。上述新增机制中，除印度尼西亚外，其余均建立在已存在碳税或ETS的国家或地区。

在以往的节能减排工作中过于依赖"责任书""大检查""拉闸限电"等行政手段，虽然在短期内能控制碳排放，但造成了企业的经济损失和较大的负面影响。同时政府监管成本高，长期效果差。建立碳市场、实施碳排放权交易制度，体现了碳排放空间的资源属性，可有效发挥市场机制在资源配置中的决定性作用，形成强有力的倒逼机制，明确企业的碳减排目标，促使高耗能、高排放企业加强碳排放管理，加快低碳技术的创新和应用，提升行业节能减碳意识和水平，从而建立长效、低成本的节能减碳政策体系。

国际实践证明，碳排放权交易是减少温室气体排放的有效政策工具，通过碳价信号能降低全社会的减排成本，并调动企业减排的积极性。市场交易能够将资金引导至减排潜力大的行业企业，降低全社会减排成本。长期而言，碳价信号能将碳成本引入企业长期决策，推动绿色低碳技术创新，推动前沿技术的创新突破和高排放行业向绿色低碳发展转型，为处理好经济发展和碳减排的关系提供了有效工具。此外，通过构建全国碳市场抵消机制，能够为林业碳汇、可再生能源和气体减碳技术提供额外的资金支持，助力区域协调发展和生态保护补偿，倡导绿色低碳的生产和消费方式。在此基础上，逐步提高拍卖分配的比例，发展基于碳市场的金融创新，能够为行业、区域向绿色低碳发展转型及实现碳达峰碳中和提供投融资渠道。

1.5   碳达峰碳中和战略构想和中国贡献

1.5.1   碳达峰与碳中和的内涵

碳达峰（peak carbon dioxide emissions）是指年二氧化碳排放量历史较高的地区或行业在平台期经过缓冲后进入持续下降的过程，标志着经济发展从高能耗、高排放向清洁低能耗模式过渡。达峰目标包括达峰年份和峰值。

碳中和（carbon neutrality）是指一个国家、企业、产品、活动或个人在一段时间内直接或间接产生的温室气体（主要是二氧化碳）排放总量。通过植树造林等形式抵消自身产生的温室气体或二氧化碳排放，实现正负相减的相对"零排放"。

中国是世界上最大的温室气体排放国。2019 年调查数据显示，中国的碳排放约占全球碳排放总量的 27%，超过了美国、欧洲和日本的碳排放量总和。2020 年 9 月 22 日，在第 75 届联合国大会上，国家主席习近平向世界作出了到 2030 年二氧化碳排放达到峰值、到 2060 年实现碳中和的国际承诺，为推动全球气候治理发挥了至关重要的作用。实现碳达峰碳中和，是以习近平同志为核心的党中央经过深思熟虑作出的重大战略决策，是着力解决资源环境约束突出问题、实现中华民族永续发展的必然选择，也是构建人类命运共同体的庄严承诺。

根据世界资源研究所（World Resource Institute，WRI）报告，在 1990 年之前，有 19 个国家已经实现了碳达峰，碳总排放量占全球 21%；2000 年之前已有 33 个国家（含 1990 年之前达峰国家）达峰，2010 年之前共有 49 个国家实现碳达峰，占全球总排放量的 36%。WRI 数据显示，全球有 54 个国家的碳排放达到峰值，占全球碳排放总量的 40%。其中有一些国家是因为经济衰退和经济转型实现碳达峰，这部分国家主要集中在苏联的同盟共和国和东欧计划经济国家。也有一些是欧洲国家，通过严格的气候政策和经济发展实现了碳达峰。在排名前 15 位的碳排放国家中，美国、俄罗斯、日本等国已经实现碳达峰。中国、马绍尔群岛、墨西哥、新加坡等国家承诺在 2030 年以前实现达峰，届时全球将有 58 个国家实现碳达峰，占全球碳排放量的 60%。

2020 年，全球已有 53 个国家达到碳排放峰值，如瑞士（2000 年）、意大利（2007 年）和冰岛（2008 年）。截至 2020 年年底，全球已有 44 个国家和经济体实现了目标，并将其写入政策文件。碳中和目标，包括已经提交或完成立法程序的国家和地区的目标，已经正式宣布。英国新修订的《气候变化法》于 2019 年 6 月 27 日生效，英国也因此成为第一个通过立法到 2050 年实现温室气体净零排放的发达国家。

1.5.2　全球气候治理四大里程碑

气候变化与人类生存及各国发展紧密相关，影响着人类共同的未来。全球问题唯有全球应对，通过国际合作才能得到有效处理。1992 年 6 月，联合国在巴西里约热内卢为解决全球变暖问题召开了联合国环境与发展会议。会议通过并签署了《联合国气候变化框架公约》等 5 份文件。截至 2016 年 6 月末，共有 197 个缔约国。由于各国发展阶段不同，应对气候变化的能力也会存异。公约等国际合作机制为国家间合作开展气候治理提供平台，各缔约方在联合国平台下展开气候对话，以保障全球气候的安全。

在全球气候治理进程中，《联合国气候变化框架公约》《京都议定书》、"巴厘岛路线图"和《巴黎协定》通常被认为是全球气候治理进程中的四大里程碑。

1.《联合国气候变化框架公约》

《联合国气候变化框架公约》是联合国大会于 1992 年 5 月 9 日通过的一项协议，同年 6 月开放签署，1994 年 3 月生效。中国于 1992 年 11 月 7 日经全国人民代表大会批准 UNFCCC，并于 1993 年 1 月 5 日向联合国秘书处正式提交批准书，UNFCC 于 1994 年 3 月 21 日在中国正式生效。从 1995 年起，每年都召开《联合国气候变化框架公约》缔约方大会（UNFCCC Conference of the Parties），简称 COP 大会。截至 2023 年，大会已经连续举办了 28 届，评估全球应对气候变化的进展。

UNFCCC 由序言及 26 个具有法律约束力的主要文本组成。其最终目标是使大气中的温室气体浓度保持在相对稳定的水平，在这个水平上，人类活动不会对气候系统造成危险的干扰。根据"共同但有区别的责任"的原则，发达国家和发展中国家在履行协议义务和程序上存在一定的差异。该协议全面权威，具有普遍性，是世界上第一个全面控制二氧化碳等温室气体排放、应对全球变暖对人类经济和社会产生不利影响的国际公约。它也是通过国际合作解决全球气候变化问题的基本框架。目前，已有 190 多个协议缔约方对解决气候变化问题作出了承诺，在定期提交专项报告的同时还说明了其具体计划和措施。

2.《京都议定书》

《京都议定书》（*Kyoto Protocol*）是联合国气候变化协议的补充条款。《京都议定书》是人类历史上第一部关于温室气体排放的法律法规，对发达国家设定了强制性减排目标。以"将大气中的温室气体含量稳定在一个适当的水平，进而防止剧烈的气候改变对人类造成伤害"为目标，同时遵循 UNFCCC 制定的"共同但有区别的责任"原则，要求发达国家必须从 2005 年开始履行减少碳排放量的义务，发展中国家从 2012 年开始履行碳减排义务。《京都议定书》同时规定了 6 种需要控制的温室气体：二氧化碳、甲烷、氧化亚氮、氢氟碳化合物、全氟碳混合物和六氟化硫，其中二氧化碳是最主要控制气体。IPCC 评估显示，若严格执行《京都议定书》，2050 年之前可以把气温的升幅减少 0.02~0.28℃。截至 2009 年 2 月，全球已有 183 个国家和地区签署该议定书，批准国家的人口数量占全世界总人口的80%。

为了促进减排，《京都议定书》建立了三个灵活合作机制：国际排放贸易机制（International Emissions Trading，IET）、联合履行机制（Joint Implementation，JI）和清洁发展机制（Clean Development Mechanism，CDM），这些机制允许发达国家通过碳市场购买排放额度等方式灵活完成减排任务，而发展中国家可以在碳市场中通过交易获得相关技术和资金。为促进各国更好地完成温室气体的减排目标，议定书允许采取以下四种减排方式：一是两个发达国家之间可以进行排放额度买卖的"排放权交易"，即难以完成减排任务的国家可以花钱从超额完成任务的国家买进超出的额度；二是以"净排放量"计算温室气体排放量，即从本国实际排放量中扣除森林所吸收的二氧化碳的数量；三是采用绿色开发机制，要求各国使用更加环保的发展方式，促使发达国家和发展中国家共同减少温室气体的排放；四是采用"集团方式"，即欧盟内部视为一个整体，采取给集团一个总排放量，再让集团内部成员自主对各地的排放量进行调整，以完成总体上的减排任务。

3. "巴厘岛路线图"

"巴厘岛路线图"是"后京都"时代的产物，于2007年12月15日签署通过。由于以美国为首的一众工业化国家拒绝签署《京都议定书》，导致UNFCCC的实施成效并不显著，而"巴厘岛路线图"对未来落实UNFCCC的领域进行了强化，并为其进一步实施指明了方向。

"巴厘岛路线图"主要强调以下五方面内容。第一，强调国际合作，依照UNFCCC中"共同但有区别的责任"原则，考虑社会、经济条件，以及其他各种相关因素，共同参与减排温室气体的全球长期目标行动，以实现UNFCCC的最终目标。第二，"巴厘岛路线图"明确规定，UNFCCC的所有发达国家缔约方都必须承担可测量、可报告、可核实的温室气体减排责任。第三，"巴厘岛路线图"强调了适应气候变化、技术开发和转让问题及资金问题这三个备受发展中国家关注却在国际谈判中被忽视的问题，"1+3"问题的提出为落实UNFCCC事业打下坚实基础。第四，为下一步落实UNFCCC设定了时间表，要求相关特别工作组在2009年完成工作，并向UNFCCC第十五次缔约方会议递交工作报告。第五，中国制定并公布了《中国应对气候变化国家方案》，成立了国家应对气候变化领导小组，颁布了一系列法律法规。

4.《巴黎协定》

《巴黎协定》（*The Paris Agreement*）是于2015年12月12日在第21届联合国气候变化大会（巴黎气候大会）上正式通过，于2016年11月4日起正式实施，由全世界178个缔约方共同签署的气候变化协定，是继《京都议定书》后第二份具有法律约束力的全球气候协定，对2020年后全球所有缔约方应对气候变化行动作出较为具体的统一安排。

从环境保护与治理上来看，《巴黎协定》是第一个被世界普遍接受的应对气候变化的工具，最大贡献在于确定了全球共同追求的"硬指标"。《巴黎协定》指出，各方将加强对气候变化威胁的全球应对，把全球平均气温升高较工业化前水平控制在2℃之内，并为把升温控制在 1.5℃ 之内努力。只有全球尽快实现温室气体排放达到峰值，21 世纪下半叶实现温室气体净零排放，才能降低气候变化给地球带来的生态风险及给人类带来的生存危机。

从经济视角审视，首先，以"自主贡献"的方式推动各方积极参与到全球应对气候变化行动中，向绿色可持续的增长方式去转变；其次，提高发达国家继续带头减排的作用并加强对发展中国家提供相应的资金支持，在技术周期的不同阶段强化技术发展和技术转让的合作行为，帮助后者减缓和适应气候变化；最后，通过市场和非市场双重手段，进行国际合作，通过适宜的技术转让和能力建设等方式，推动所有缔约方共同履行减排责任。

《巴黎协定》将世界所有国家都纳入了保护地球生态以保障人类发展的命运共同体之中。协定涉及的各项内容摒弃了"零和博弈"的狭隘思维，体现出与会各方多一点共享、多一点担当，实现互惠共赢的强烈愿望。中国积极推动《巴黎协定》通过，始终坚持多边主义，展现了"负责任大国"担当。2018 年 11 月 26 日，中国气候变化事务特别代表解振华表示："中国会始终坚定地、积极地应对气候变化，落实《巴黎协定》。"2020 年，中国碳排放强度相比 2015 年下降 18.8%，超额完成"十三五"的减排目标；同时相比 2005 年下降了 48.4%，超额完成向国际社会承诺的下降 40%~45% 的目标，为全球应对气候变化贡献中国力量。

1.5.3　国家自主贡献

国家自主贡献（NDC）是《巴黎协定》的重要组成部分和重要创新点，被称为"减排理念从自上而下模式到自下而上范式的适时转向"，是各方根据自身的实际发展状况确定的应对气候变化的行动目标，该目标不会受到他国的影响和干涉，很大程度上提高了各个国家对减排行动的参与程度，该模式已经在法律上得到确认，并在法律约束中找到了平衡，主要包括温室气体控制目标、适应目标、资金和技术支持等。国家自主贡献确立了一种自下而上、自主决定、共同但有区别的应对气候变化新模式，有利于推动国际气候治理进程。

1. 中国自主贡献新目标

中国政府对于全球气候变化问题一直保持着高度的重视，始终以高度负责任的态度，积极参与应对气候变化国际谈判。国际社会对气候变化的中国主张、中国智慧、中国方案予以高度赞扬，认为在应对气候变化问题上中国始终展现着负责任的大国担当，起到了重要引领作用。

2015 年 6 月，为积极推动《巴黎协定》成功签署，中国首次向《联合国气候变化框架公约》秘书处正式提交了到 2030 年的国家自主贡献目标：《强化应对气候变化行动——中国国家自主贡献》。2021 年 10 月，根据《巴黎协定》的规定，要求各缔约方五年更新一次 NDC，在第 26 届联合国气候变化大会召开前夕，中国更新了一版国家自主贡献目标并正式提交。中国 2021 年版 NDC 在 2015 年版 NDC 的基础上体现了大幅进度，具体表现在以下两个方面。一是增加了目标数量。在原有四个目标的基础上，新增碳中和时间、风电和太阳能发电总装机容量两个目标。碳中和目标的提出，不仅极大鼓舞了国际社会应对气候变化的信心，也更加坚定了国内经济社会绿色低碳发展的信心。二是提高了原有目标。碳排放强度下降幅度目标，由原来的 60%～65% 提高至 65% 以上；非化石能源消费比重目标，由原来的 20% 提高至 25%；森林蓄积量增加目标，由原来的 45 亿立方米提高至 60 亿立方米。现阶段，针对碳达峰碳中和目标，国家已经制定了"1+N"政策体系，正在有序推进。

2. 中国提交新文献

2022 年 11 月 11 日，中国《联合国气候变化框架公约》国家联络人向 UNFCCC 秘书处正式提交《中国落实国家自主贡献目标进展报告（2022）》（以下简称《进展报告》）。《进展报告》反映自 2020 年中国提出新的国家自主贡献目标以来，中国推动绿色低碳发展、积极应对全球气候变化的决心和努力，同时也展示了中国不断落实国家自主贡献目标的进展。

《进展报告》强调，中国旗帜鲜明地反对一切形式的霸权主义、保护主义、单边主义，督促发达国家落实《巴黎协定》中的相关要求，正视历史责任，展现更大的行动和决心，带头大幅度减排，兑现向发展中国家提供充足资金和技术支持的承诺，开展务实技术合作。中国愿与国际社会携手努力，聚焦落实强化、承诺务实行动，推动支持、减缓、适应等各方面平衡进展，推动《巴黎协定》全面平衡有效实施，推动构建公平合理、合作共赢的全球气候治理体系，努力构建人类命运共同体，并作出更大的贡献，让人类生活在更加美好的地球家园之中。

3. 中国实现新目标面临的挑战

首先，打造发展新范式任重道远。我国整体处于工业化中后期阶段，传统"三高一低"（高投入、高能耗、高污染、低效益）产业仍占较高比例。在新形势下，我国产业结构转型升级面临关键技术瓶颈、能源资源利用效率低下、各类生产要素成本上升、自主创新不足等挑战。以化石能源为基础的产业体系和劳动力面临挑战；迫切需要改变由资源等因素驱动的传统增长模式。培育新动能当前面临着稳经济、保就业、适应产业体系调整的宏观经济环境中的一系列客观压力。经济结构调整和产业升级任务艰巨，碳排放和实现经济增长分离的压力巨大。其次，煤电低碳转型关系到民生大局。碳达峰和碳中和的深层次问题是能源问题，可再生能源替代化石能源是实现"双碳"目标的主导方向。

4. 全球新版和更新版国家自主贡献目标

据 WRI 的跟踪统计，截至 2021 年 4 月，已有包括欧盟 27 国在内的 77 个国家、经济体提交了更新的国家自主贡献计划。另有 80 个国家承诺会提交增强的 NDC 目标，包括中国、美国、加拿大和南非等主要经济体。截至 COP26 会议，152 个《巴黎协定》的缔约方提交了更新的 NDC，到 2022 年 9 月 23 日，该数字增加至 166 个。提交了更新版 NDC 的缔约方 2019 年温室气体排放总量为 456 亿吨。基于更新后的 NDC 估算，这些缔约方 2025 年的温室气体排放降低了 3.8%（18 亿吨），2030 年预估的温室气体排放降低了 9.5%（48 亿吨），这体现了更新 NDC 的进步。

由于美国通胀法案的发布，二十国集团成员国 2030 年的排放总量预测将比 2021 年的预测数据少 13 亿吨二氧化碳当量。由于二十国集团成员国在兑现减排承诺方面不及预期，按照目前政策情境的预测，排放量和 NDC 中的预测排放量有一定差距。在现有的政策情境下到 2030 年的全球温室气体排放总量预计是 580 亿吨二氧化碳当量（520 亿~600 亿吨二氧化碳当量），该数据和实现无条件的 NDC 产生排放量的差距为 30 亿吨二氧化碳当量，和实现有条件的 NDC 的排放差距是 60 亿吨二氧化碳当量。

1.5.4　中国碳达峰碳中和"1+N"政策体系

中国碳达峰碳中和"1+N"政策体系中的"1"是指《中共中央　国务院关于完整准确全面贯彻新发展理念做好碳达峰碳中和工作的意见》，"N"则包括工业、能源、城乡建设、交通运输等分领域分行业碳达峰实施方案，以及科技支撑、能源保障、碳汇能力、财政金融价格政策、标准计量体系、督查考核等保障方案。

我国碳市场建设主要分为三个阶段。一是"十二五"时期参与国际碳交易体系，探索中国碳市场建设。建设初期，我国主要通过参与《京都议定书》下的 CDM 项目，构建中国清洁发展机制，开展碳排放权交易业务。二是从 2011 年起，在 7 个省市开展碳交易试点，在积极推进国家核证自愿减排量（CCER）市场等碳交易机制建设的同时，规范和鼓励国内温室气体自愿减排交易活动。三是"十四五"时期加快建设全国统一的碳市场。

我国碳达峰碳中和工作任务十分艰巨。2021 年 10 月 24 日，《中共中央　国务院关于完整准确全面贯彻新发展理念做好碳达峰碳中和工作的意见》发布，系统规划统筹部署碳达峰碳中和重大任务，对指导协调"双碳"工作起指导作用。该意见指出，发展的基础是高效利用资源、严格保护生态环境、有效控制温室气体排放，推动高质量发展和高水平保护，建立健全绿色低碳循环发展经济体系，实现碳达峰，确保实现碳中和目标，推动中国绿色发展迈上新台阶。

2021 年 10 月 26 日，国务院发布《2030 年前碳达峰行动方案》，作为"N"系列政策中最重要的文件，它在以后的"N"系列政策中发挥着主导作用。《中共中央　国务院关于完整准确全面贯彻新发展理念做好碳达峰碳中和工作的意见》与《2030 年前碳达峰行动方案》共同构成贯穿碳达峰碳中和两个阶段的顶层设计，构建起目标明确、分工合理、措施有力、衔接有序的碳达峰碳中和政策体系。"双碳"顶层设计提出，到2030 年，经济社会发展全面绿色转型成效显著，重点耗能行业能源利用效率达到国际先进水平；到 2060 年，全面建立绿色低碳循环发展的经济体系和清洁低碳安全高效的能源体系，能源利用效率达到国际先进水平，非化石能源消费比重达到 80% 以上。

《中共中央　国务院关于完整准确全面贯彻新发展理念做好碳达峰碳中和工作的意见》坚持系统观念，明确了碳达峰碳中和工作的路线图、施工图；《2030 年前碳达峰行动方案》按照该意见的工作要求，聚焦 2030 年前的碳达峰目标，统一部署和推进碳达峰工作，具体确定了碳达峰十大行动（见表 1-1）。

表 1-1　碳达峰十大方面与十大行动

政策名称		重点内容
《中共中央　国务院关于完整准确全面贯彻新发展理念做好碳达峰碳中和工作的意见》	十大方面	推进经济社会发展全面绿色转型
		深度调整产业结构
		加快构建清洁低碳安全高效能源体系
		加快推进低碳交通运输体系建设
		提升城乡建设绿色低碳发展质量
		加强绿色低碳重大科技攻关和推广应用
		持续巩固提升碳汇能力
		提高对外开放绿色低碳发展水平
		健全法律法规标准和统计监测体系
		完善政策机制
《2030 年前碳达峰行动方案》	十大行动	能源绿色低碳转型行动
		节能降碳增效行动
		工业领域碳达峰行动
		城乡建设碳达峰行动
		交通运输绿色低碳行动
		循环经济助力降碳行动
		绿色低碳科技创新行动
		碳汇能力巩固提升行动
		绿色低碳全民行动
		各地区梯次有序碳达峰行动

1.6　本章小结

　　本章重点阐述了全球气候变化趋势、主要驱动因素、危害、缓解措施及碳达峰碳中和战略构想。1.1 节明确指出气候变化在全球范围内造成了空前的影响，天气模式影响粮食生产，海平面上升导致大规模洪灾，对于这些现象如果置之不理，未来人类适应这些影响会变得更加困难，治理成本也会逐渐提高。要想破解气候变化危机，首先需要厘清影响气候变化的主要因素。为此，1.2 节说明这些因素涵盖自然与人为两个方面，自然原因主要包括海洋、陆地、火山活动，太阳活动的变化及自然变率等，人为原因包括化石能源的燃烧及毁林引起的大气中温室气体浓度的增加，燃料不完全燃烧引起的气溶胶浓度升高，以及工业化、城市化进程中土地利用引起的变化等。1.3 节、1.4 节就全球气候变化的危害与缓解措施展开详细说明，意识到气候变化可能存在减少生物多样性、降低农业生产率、威胁人类健康、扰乱经济社会秩序等危害，国际社会提出了一系列的应对措施，其中包括提升碳汇能力、倡导低碳生活、推广低碳农业、落实低碳工业、发展绿色交通、构建碳市场等，坚定贯彻落实上述举措有助于减缓全球气候恶化进程，加速世界各国碳达峰碳中和目标的实现。同时，为尽可能地控制全球气温升高，越来越多的国家和地区参与到气候治理中，并将碳减排上升至战略层面。其中，我国在 2020 年提出"双碳"目标，到 2030 年实现碳达峰，到 2060 年实现碳中和，为此，我国高屋建瓴，提出了"1+N"政策体系，具体规划了工业、能源、城乡建设、交通运输等分领域分行业碳达峰实施方案，以及科技支撑、能源保障、碳汇能力、财政金融价格政策、标准计量体系、督查考核等保障方案。本章 1.5 节就此进行了具体论述。

第 2 章

碳市场运行的理论基础

知识目标

1. 了解碳市场的理论基础，具体包括外部性经济理论、科斯定理、庇古税理论等；
2. 从内部机制层面理解碳市场的运行特点；
3. 通过碳市场的价格机制分析影响碳市场价格波动的主要因素；
4. 从现有的交易体系中分析我国碳市场履约机制存在的问题。

素质目标

1. 熟练运用外部性经济理论、科斯定理及庇古税理论等经济学原理解释碳市场的形成原因；
2. 通过对典型案例的学习，强化学生对碳市场运行特点和碳市场价格的变化特点的认识和理解。

气候问题对于全球社会带来的挑战渐趋严峻，引发各国关注。在《京都议定书》及《巴黎协定》等国际性公约框架的持续推动下，越来越多的国家参与到碳减排活动中。其中，2020 年，中国在第 75 届联合国大会上正式宣布"双碳"目标，设定减排目标，向国际承诺我国将力争于 2030 年前实现二氧化碳排放达峰，并于 2060 年前实现碳中和。

包括中国在内的世界各国在具有雄心的碳减排目标之下，开始加大气候治理的力度，并通过机制性的创新，不断探索不同的减排措施和政策模式。碳排放权交易制度是促进"双碳"目标实现的重要工具，也是被认为具有较高经济效率的减排措施。通过市场制度实现国际碳治理目标的构思，最早起源于《京都议定书》所提出的"京都三机制"，其中将国际碳市场的建立定为全球气候治理的共同目标。此后，经过漫长的谈判过程，一直到 2021 年 COP26，各国就《巴黎协定》第六条"市场机制与非市场方法"的实施细则协议达成共识，正式形成国际碳市场建设的法律基础。但与此同时，跨国市场在落地执行及实践经验层面仍存在诸多不足，国际碳定价的对接仍处于起步阶段，需要各国开展进一步谈判及合作。

在跨国碳市场能够真正建立之前，国家及区域碳市场的建设及成熟发展将是重要前提。自欧盟碳市场于 2005 年启动以来，全球各地的碳定价机制及碳交易机制的规模和覆盖度皆呈现显著的增长态势。碳排放权交易制度通过市场交易的模式，实现减排量的分配，是消除环境及气候领域中外部性问题的有效机制，得到了多个国家和地区的采用。碳市场可以通过市场定价与交易的形式，将温室气体排放的社会成本内化为企业的成本。碳市场的建立和发展还能够直接针对低碳经济的资金与资源问题，以经济有效的方式促进减排。从个体层面上，碳排放权交易制度以经济诱因激励企业进行减排，从宏观层面上，可以逐步实现国家气候治理目标，降低社会总体的减排成本，并带动绿色技术创新和产业投资，长远推动产业开放及低碳技术的改革与进步。

对于中国而言，碳排放权交易的模式通过市场机制优化配置碳排放空间资源，能够最大限度地释放市场力量，既可兼顾经济发展的需要，又可有效推动高效的温室气体减排，是以市场引导社会责任的科学性分配，因此成为我国气候治理的重要政策工具。近年来，中国及全球各国的气候与环境治理模式，皆呈现逐步从命令—控制型政策转向市场—激励型政策的趋势。其中，碳排放权交易作为中国气候治理政策中最突出的一项创新，得到政策制定者与学术界的高度关注。自 2013 年中国七个碳交易试点城市陆续建立，至 2021 年全国碳市场正式启动，中国目前的碳交易机制已取得突出的成果，但同时在机制的成熟发展方面仍处于起始阶段，有待未来进一步的探索，发挥碳交易机制的巨大潜能。

2.1　碳市场的理论缘起

2.1.1　外部性经济理论

碳市场的理论起源可以追溯到 20 世纪早期的外部性经济理论（Pigou，1920；Hoteling，1931）。在这些理论中，环境危机被认为是由于未能考虑到所有社会环境成本，或者未能将外部性内化而导致的低效。从这个角度来看，全球气候变化只是长期积累的"市场失灵"的结果，可以通过改善定价和信息流来纠正。罗纳德·科斯（Ronald Coase，1988）是最早敦促通过将污染整合为市场中的另一个"生产因素"来"优化"的人之一。他建议将污染交给那些能够从污染中产生最大财富，从而为整个社会带来最大利益的人。约翰·戴尔斯（John Dales，1968）详细论述了通过总量管制和交易控制排放的计划。简言之，在政府设定的总体污染上限条件下，减排成本高的企业将从减排成本低的企业购买污染权，从而为自己节约成本。同时，减排成本低的企业可以通过出售未使用的污染权获得额外收入。

自 20 世纪 70 年代以来，人们一直试图将这些外部性经济理论付诸实践。其中一个关键的发展是 1995 年开始的美国二氧化硫贸易。基于国内污染权交易的经验，20 世纪 90 年代，美国政府成功要求《京都议定书》采用一种全球减排和减缓气候变化的市场机制，即清洁发展机制，作为其"综合方法"的一部分。CDM 市场将植树造林和再造林（A/R）视为符合碳信用交易条件的减排，因为植树造林和再重新造林直接将大气中的温室气体封存到生物群落中,后来被称为 RED、REDD 或 REDD+。由于森林中储存的生物多样性具有全球重要性,因此需要国际社会为减少发展中国家森林砍伐的"环境服务"支付财政款项。简言之,碳市场是将不负责任的市场外部性(温室气体排放)内化。

外部效应具体是指某一经济主体的经济行为对社会上其他人的福利造成影响,但没有为此承担后果。包含两个方面:一方面,在很多时候,某个人的一项经济活动会给社会上其他成员带来好处,但本人却不能因此而得到补偿,此时这个人从其活动中获得的利益,就小于该活动所带来的全部利益,这种性质的外部影响称为"外部经济";另一方面,若某个人的经济活动会给社会上其他成员带来危害,但本人却不需要为此支付成本,此时这个人为其活动所付出的成本就小于该活动所造成的全部成本,这种性质的外部影响称为"外部不经济"。

在竞争市场中,帕累托最优是在经济活动不存在外部效应的假定下达到的。一旦经济行为主体的经济活动产生外部效应,即使假定整个经济是完全竞争的,经济运行的结果仍将不可能满足帕累托最优的条件。外部效应使竞争市场资源配置的效率受到损失,"看不见的手"在外部效应的影响下失去作用,导致市场失灵。

为什么外部影响会导致资源配置失当?先来考察外部经济的情况。假定某个人采取某项行动的私人利益为 V_P,该行动所产生的社会利益为 V_S。由于存在外部经济,故私人利益 V_P 要小于社会利益 V_S。如果这个人采取该行动所产生的私人成本 C_P 大于私人利益 V_P,小于社会利益 V_S,则这个人显然不会采取这项行动,尽管从社会角度看,该行动是有利的。同时,显而易见,在这种情况下,帕累托最优状态没有得到实现,还存在帕累托改进的余地。如果这个人采取这项行动,则其所受的损失为 C_P-V_P,社会上其他人所得到的好处为 V_S-V_P,由于 V_S-V_P 大于 C_P-V_P,可以从社会其他人所得到的好处中拿出一部分来补偿行动者的损失。结果是在没有使任何人状况变坏的前提下使某些人的状况变好。所以一般情况下,当存在外部经济的情况时,私人活动的水平常常要低于社会所要求的最优水平。

考察外部不经济的情况,假定某个人进行某项活动的私人成本和社会成本分别为 C_P 和 C_S。由于存在外部不经济,故私人成本 C_P 小于社会成本 C_S。如果这个人采取该行动所得到的私人利益 V_P 大于私人成本 C_P,小于社会成本 C_S,则这个人就会采取该行动,尽管从社会角度看,该行动是不利的。同时显而易见,在这种情况下,帕累托最优状态也没有得到实现,还存在帕累托该改进的余地。如果这个人不采取这项行动,则其放弃的好处即损失为 V_P-C_P,但社会上其他人由此而避免的损失却为 C_S-C_P,由于 C_S-C_P 大于 V_P-C_P,故如果以某些方式重新分配损失,就可以使每个人的损失都减少,也就是使每个人的"福利"增大。所以一般而言,当存在外部不经济的情况时,私人活动的水平常常要高于社会所要求的最优水平。

在完全竞争条件下,生产的外部不经济是如何造成社会资源配置失当的。图 2-1 中水平直线 $D=MR$ 是某竞争厂商的需求曲线和边际收益曲线,MC 则为其边际成本曲线。由于存在着生产上的外部不经济(碳排放),故社会的边际成本高于私人的边际成本,从而边际社会成本曲线位于边际私人成本曲线的上方,它由虚线 $MC+ME$ 表示。

虚线 $MC+ME$ 与边际私人成本曲线 MC 的垂直距离，即 ME，可以被看成边际外部不经济，即由于厂商增加一单位生产而引起的社会其他人所增加的成本。竞争厂商为追求利润最大化，将其产量定在价格等于其边际成本处（X_2）；使社会的边际收益等于社会的边际成本。因此，生产的外部不经济造成产品生产过多，超过了帕累托效率所要求的水平（X_1）。

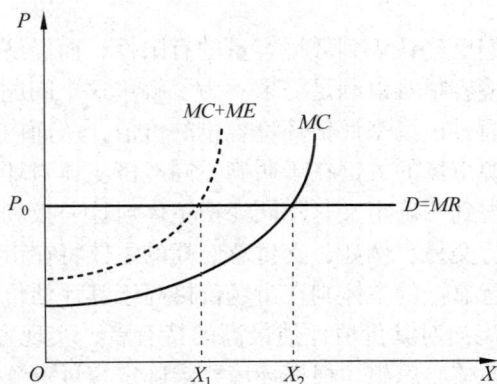

图 2-1　外部不经济理论

外部性是市场失灵最常见的原因之一。当涉及环境污染问题时，此时主要产生了两大类问题。一是市场效率低下，外部性扭曲了激励机制，导致市场结构次优和社会福利损失。例如，当不考虑二氧化碳排放的负面影响时，碳密集型商品就会过度生产，带来资源浪费、产能过剩等一系列问题。二是社会成本的分配，这往往对贫穷的人影响更大。随着发达地区将污染密集型重工业外包给相对贫困的地区，相关外部性的社会成本也落在后者身上。

使用外部效应来分析碳排放问题时，如果碳排放影响较为有限，即排放者只对一小部分群体的福利造成影响，那么在如何分配以及重新安排生产计划所得到的好处问题上，碳排放者和受害者可能难以达成协议。而如果碳排放影响较大，即受到碳排放影响者众多，那么碳排放者与受害者之间，以及受害者相互之间要达成协议就更为困难。在这种情况下，免费搭车者是否有权排放、有权排放多少，以及受害者是否有权要求赔偿等问题也会随之出现。最终，尽管碳排放者和受害者有可能协商一致，但由于通常情况下一个碳排放者需应对众多受害者，因此，碳排放者调整排放水平的行为类似于垄断者。在这种情形下，由外部效应导致的垄断行为可能使得资源配置难以达到最优。

2.1.2　科斯定理

在经济全球化背景下，受外部效应等因素的影响，应该如何有效地控制外部效应带来的经济损失，科斯定理对此问题有其独特的解决方法。从产权的角度出发，科斯定理在各个层面的表述不同。

科斯第一定理：如果交易成本为零，权利的初始界定并不重要，权利的配置能够在零成本的条件下得到直接相关产权主体的有效纠正。其实质性的分析结论：在交易费用为零的条件下，权利的重新安排并不改变资源的配置效率，但权利的清晰界定本身十分重要，否则不可能得出确定的均衡结果。

科斯第二定理：如果交易成本为正，那么权利的初始界定就显得尤为重要。存在交易成本时，交易代价很高，这可能会影响权利的最终配置和社会总体福利。

科斯第三定理：存在交易成本时，重新分配已界定权利的福利改善可能优于产权交易实现的福利改善。

在环境问题中，人们已经认识到环境容量的有限性，而经济发展所伴随的污染物排放却持续增加，导致环境容量难以满足需求。为了解决这个问题，经济学家提出了建立环境容量市场的概念，通过市场来评估环境容量的价值，从而内部化环境容量使用的外部性影响。建立容量资源市场的关键在于明确不同经济主体对环境容量的权利。一旦所有者对环境容量的权利得到明确定义，不同经济主体对这一权利的价值评估差异将促使权利在不同主体之间进行交易。例如，支付意愿高的主体将在市场价格低于其评估价值时购买排污权，而支付意愿低的主体则在市场价格高于其评估价值时卖出。这种交易将导致容量资源的使用权流向对其价值评估最高的持有者，实现容量资源的最大化利用，这就是"排污权交易"的核心思想。根据环境要求确定容量资源总量，并在此基础上建立合法的排污权，允许这些权利像商品一样进行买卖，形成排污权市场，价格机制将引导排污者的决策，使排污权及其所代表的环境容量资源流向价值最大的用途，以实现环境容量资源的有效配置。

不难看出上述科斯定理和排污权交易二者在理论上的传承性。排污权交易理论的核心是建立有效的排污权体系，以内部化容量资源使用中的外部性，并激励资源所有者更有效地使用环境容量，以实现高效的环境容量资源配置，而这一理论基础正是源自科斯提出的"通过权利的清晰界定来获得资源配置的效率"的观点。

首先，科斯强调交易费用对于研究真实世界经济学的重要性，而不仅仅是理想世界。在环境资源配置问题中，交易费用同样具有重要意义。例如，在排污权交易中，由于存在交易费用，可能会影响排污权交易政策实施的效果。因此，降低交易费用将是长期努力的方向，交易费用的高低和性质也应成为选择政策方案的重要依据。设计排污权交易政策的制定者应充分考虑交易费用，研究者也应始终关注交易费用对政策效率和效果的影响，并围绕降低交易费用来设计政策方案。

其次，科斯定理强调产权的重要性。在外部性问题的解决中，科斯强调了建立产权的重要性，并提出了采用"私有产权加价格机制"的解决方案。产权理论在排污权交易中扮演了非常重要的角色。在排污权交易理论的基本设计思路中，经济学家最终希望通过排污权市场（价格体系）来实现环境容量资源配置的效率结果。然而，形成排污权交易市场的必要前提是建立具有产权特征的排污权体系。一旦建立了这样的体系，市场机制就会自动发挥作用，实现有效的资源配置结果。

最后，根据科斯定理，环境保护不应该只通过税收和国家监管来保障，而应将其留给尚未建立的市场中的私人行为者（Weber, R.H., 2017）。排污权交易体系长期以来被认为是应对气候变化最经济有效的政策工具。在其理论构建中，ETS借鉴了科斯定理，其思想便是环境保护应该通过经济上有效的产权配置，留给自由市场的力量来维护。

环境作为一种公共产品（非排他性和非竞争性）可能会受到市场失灵的影响，因为经济行为不一定会导致最优产出，而是会导致搭便车。科斯是最早分析如何抵消这种市场失灵，以及如何通过市场机制制定环境破坏的解决方案的经济学家之一。根据科斯的理论，在一个没有交易成本的"完美世界"中，最有效的产权分配将通过相关各方的谈判自动达成。与此同时，科斯很清楚，现实与这样一个完美的世界是不同的，特别是环境保护面临着很高的交易成本，例如，监测排放或与政府、私营企业和民间社会进行谈判的成本。因此，政府的干预对于制定治理规则和防止搭便车是必要的。

以欧盟碳排放交易体系为例，污染交易或排放交易计划本质上是对科斯思想的应用（Koch, M., 2012）。庇古和科斯都认为污染，如噪声、难闻的气味或光线造成的干扰，以及空气、空间的使用，都是负面市场外部性的例子。然而，科斯与庇古不同，他建议构建特定的产权，以便识别和区分与生态损害有关的影响方和受影响方，并计算这些经济成本。科斯以没有交易成本的"完美世界"为前提，认为引入私人交易将使受影响的各方能够自己决定是否、如何，以及在多大程度上限制有害环境的活动。与其建立一个昂贵而烦琐的官僚机构，对负面的外部市场效应征税，不如建立一个有交易权利和证书的市场。正如在庇古的税收制度中一样，对环境实施有害行为的肇事者将受到惩罚，但根据科斯和他的追随者的说法，惩罚的方式要便宜得多，也更有效。因此，公司将面临其行为的真实成本，并相应地改变其生产方法。污染权应可转让，以使供求机制正常运作。因此，那些在生产过程中容易造成污染的公司将从其他公司那里获得这样的权利，对后者来说，减少排放更容易实现。对科斯来说，市场解决方案相对于税收解决方案的另一个优势是，决策者不再需要决定哪些经济活动应该征税，以及在什么条件下征税。市场将通过排放证书的供求来解决这一问题。最后，科斯对污染、商业成本、创新和技术进步之间的联系持乐观态度。由于以前免费的生产要素日益稀缺而造成的成本上升，将使得工作过程的技术和能源基础得到调整，从而产生最佳的生态结果。

然而，广泛的地理分布并不能免除政策制定者仔细审查 ETS 可能带来的潜在风险和缺陷的义务：总量管制与交易计划的实施十分复杂，如果实施不当，可能会无益于减污目标的实现，成为减缓气候变化的无效工具。其中，造成欧盟碳市场功能缺陷的主要原因是超额分配、免费配额、价格波动等，在学术文献和媒体上都受到了广泛的批评。为了弥补这些不足，欧盟引入了重大的结构性改革：首先，通过欧盟委员会引入统一的分配规则来抵消过度分配的问题，为了实现"2030 年气候与能源框架"中提出的减排目标，从 2021 年起，这一上限需要每年降低 2.20%（目前的降低幅度为 1.74%）；其次，减少免费配额的份额，2013 年免费发放 60% 的津贴（2005 年为 95%）；最后，欧盟提出了重大的结构性改革来稳定价格。为了使价格稳定，欧洲议会在 2015 年批准了讨论已久的建立"碳市场稳定储备"的提议，该计划于 2019 年 1 月 1 日生效，旨在通过设定门槛来遏制产能过剩并消除超额排放配额，一旦达到阈值，配额将被截留并存入储备。

2.1.3 庇古税理论

碳排放是典型的经济外部性行为。由马歇尔最早提出的外部性行为是指因为企业组织外部的产业组织方式造成的企业生产成本的减少或增加。庇古用边际分析的方法分析了外部不经济性，在 1920 年出版的《福利经济学》中，庇古用边际私人成本、边际社会成本、边际私人收益、边际社会收益等概念来解释外部经济性和不经济性。庇古税（Pigou tax）是一种用于控制环境污染排放的排放减量期权经济政策工具，旨在通过对负外部性征税来内部化环境和社会成本，以经济激励方式促进环境保护。从庇古的观点来看，政府充当了外部经济性或外部不经济性的裁判者，也是外部不经济性的治理者。

庇古税得名于经济学家亚瑟·塞西尔·庇古（Arthur Cecil Pigou），他在 20 世纪初提出了这个概念。庇古税是碳税的一种，碳税的核心原理是通过对二氧化碳排放施加经济成本，激励企业和个人减少其对环境的损害，并促进清洁、可持续的发展。在碳税的背景下，庇古税被运用于修正市场未考虑环境负外部性的情况。然而，在碳税的实施中需要考虑税率设定、差异性和资金使用等问题，以确保其有效性和公平性。

庇古税的基本原理是通过对碳排放征收税款，使排放者承担其行为造成的社会和环境成本。庇古税是一种强制性的税收措施，在政策实施过程中可以逐步提高税率来促进企业更好地履行环保义务，其主要目的是通过制定税收政策，使企业在生产经营活动中考虑到环境保护因素，从而激励企业和个人减少碳排放，实现环境和经济的双赢。征收庇古税的过程相对简单：政府确定一个适当的税率，根据排放量来计算每个单位排放所需缴纳的税款，然后将征收的税额用于环境保护、可再生能源发展等方面。

通过庇古税的经济学原理来说明征收碳税的作用（见图 2-2），图中 MR 线为厂商生产的边际收益，MPC 为厂商生产的边际成本。企业在生产过程中产生一定的碳排放，造成的社会成本为 MEC。如果政府不对碳排放进行征税，厂商最优的生产组合为 MR 线与 MPC 线的交点，此时企业实现利润最大化，产量与价格组合对应图中的（Q_0, P_0）。当政府开始对企业的碳排放进行征税时，排污的社会成本通过税收转化成企业生产成本

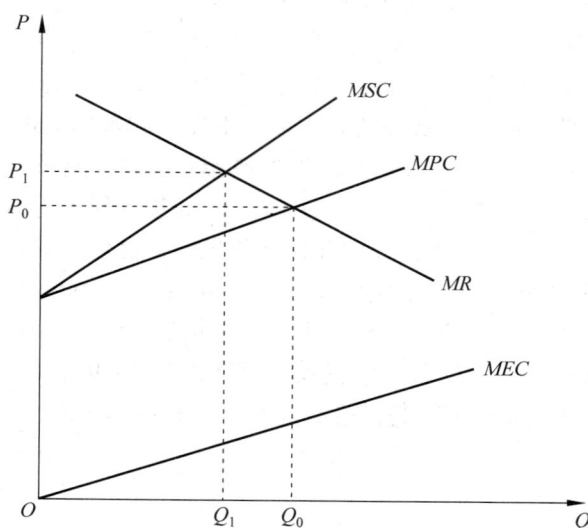

图 2-2　庇古税经济学原理图解

的一部分，此时企业的边际成本曲线为 MSC （$MSC=MPC+MEC$），按照利润最大化标准，厂商新的产量与价格组合点跟随边际成本曲线的左上方移动而同步移动，成为（Q_1，P_1）。从图中可以看出，新的生产组合点（Q_1，P_1）较之（Q_0，P_0），价格上升而产量减少。主要是因为当把碳排放成本内部化之后，企业不得不减少产量以应对上升的生产成本。在碳税不变的情况下，企业想要扩大生产就必须减少自身生产成本 MPC，因此，碳税有促进厂商寻求新技术的正向激励作用。

庇古税对负外部性的矫正作用，主要体现在以下四个方面。

（1）内部化成本。庇古税通过内部化负外部性的成本，使得经济主体在决策时考虑到这些成本。负外部性产生时，市场价格无法反映真实的社会成本，导致资源配置出现偏差，通过征收庇古税，经济主体需要支付额外的税款，以弥补其行为对社会和环境造成的损害。这样一来，市场价格将包含了负外部性的成本，促使经济主体更加理性地考虑其行为对社会的影响。

（2）激励减少负外部性行为。庇古税的征收增加了负外部性行为的成本，从而激励经济主体减少这种行为，例如，对碳排放征收碳税可以推动企业和个人转向低碳能源和清洁技术，减少对气候的不利影响。此外，庇古税也可以激励技术创新，促进绿色科技的发展，以寻找更环保和可持续的解决方案。

（3）促进收入再分配。庇古税征收的税款可以用于环境保护和可持续发展的项目上，如投资清洁能源、改善环境基础设施等，有助于提升社会的整体福利水平，并促进社会公平。同时，庇古税也可以采取适当的措施，确保负担不过重地分配给经济弱势群体，以避免其受到不必要的经济压力。

（4）提升信息披露和透明度。征收庇古税需要对相关行为进行监管和数据收集，涉及排放量、污染物浓度等指标的监测和报告，增强了对负外部性行为的了解和管理，提高了经济主体的透明度。同时，税收征收也为政府提供了更多的信息和数据，用于制定更有效的环境政策和管理措施。

总之，庇古税通过内部化成本、激励减少负外部性、收入再分配和信息透明度等方式，实现了对负外部性的矫正作用。它有助于优化资源配置，推动可持续发展，改善环境质量，提高社会福利，并促进经济的长期可持续性。

庇古税的实施有几个重要优点。首先，能够激励企业和个人采取减排措施，以避免高额的税负。通过增加碳成本，庇古税鼓励创新和技术进步，推动发展低碳和清洁能源。其次，庇古税可以为政府提供额外的财政收入，可以用于投资环境保护项目、改善公共交通和基础设施等方面。最后，庇古税还可以促进国际合作，通过碳排放交易等机制，鼓励不同国家共同应对气候变化问题。

然而，庇古税也存在一些挑战和争议。首先，设置的税率是否合理是一个关键问题。税率过高可能对经济产生负面影响，导致企业成本上升、就业减少等问题。其次，税收的使用和分配也需要谨慎考虑，确保税收用于环境保护和可持续发展项目，同时兼顾经济和社会的公平性。最后，制定和实施庇古税需要政府的积极参与和合作，以及国际社会的共同努力。

2.2 碳市场的运行特点

碳市场诞生于1997年12月在日本京都召开的第三次气候变化缔约国大会通过的《京都议定书》，全球碳市场的形成主要基于《京都议定书》所创设的联合履约、清洁发展机制和排放贸易三种灵活机制，但并不局限于议定书形成的碳市场。

按照市场创立的法律依据，碳市场大致可分为两大类：一类是基于《京都议定书》的碳市场，通常称作"京都"碳市场；另一类是基于各国国内立法建立的碳市场，通常称作"非京都"碳市场，主要包括欧盟碳市场、新西兰碳市场、美国加州碳市场、澳大利亚碳市场、韩国碳市场等。自愿减排市场也属于"非京都"碳市场。

按交易品种的不同类别，碳市场可分为基于配额的市场和基于抵消机制的市场。配额市场的交易品种是"总量控制和交易"机制下的排放配额，是碳市场的核心和最基础组成部分。基于抵消机制的碳市场交易的产品是核证减排量，是配额市场的补充。

按交易动机，碳市场可划分为强制履约市场和自愿减排市场，强制履约市场的交易动力来自国家或企业完成国际条约或国内法规定的履约义务，而自愿减排市场的交易动力来自企业自愿减排，企业自愿减排的动机有多方面，包括主动承担社会责任、树立良好社会形象、为强制履约做准备等。

自京都三机制设立以来，以欧盟市场为代表的全球碳市场一直在实践中不断进行调整改进。接下来主要对碳市场与《京都议定书》的三种灵活机制进行详细介绍。

2.2.1 基于总量的碳配额交易

基于总量的碳配额交易又称限额交易，旨在设定温室气体排放上限，并通过市场或非市场分配给经济主体，允许其按照规则进行交易，从而实现社会减排成本最小化。其基本运行方式为，在特定时间范围内（通常为自然年度），确定碳市场覆盖的排放上限，即碳配额总量，然后分配给控排企业。控排企业获得这些碳配额后，可以自由支配，包括出售或储存以履行义务。当企业实际排放超出配额时，需要额外购买碳配额；反之，若通过减排行动使排放低于配额，则可成为碳市场的供给方。在碳市场中，需要额外碳排放权的企业可以通过购买碳配额来弥补超额排放，而出售碳配额则被视为对减排努力的回报。供需双方在碳市场上的交易行为推动了市场的运转。控排企业若超出碳配额则会受到惩罚，因此，法律制度在维护碳市场交易秩序方面扮演重要角色。

碳配额的分配方式主要分为三类：免费分配、公开拍卖以及两者结合。免费分配又可细分为祖父法和基准线法，前者基于企业历史产量或排放量进行配额分配，后者则根据设定的基准线，即规定的参考标准或基准值，来确定控排企业的碳排放配额。无论是采用祖父法还是基准线法，在全球的碳排放权交易体系中都有应用。通常情况下，在碳市场建设初期，由于数据可得性有限，大多数碳市场会选择使用数据要求较低的祖父法来分配配额；随着数据可得性的提高，更多的碳市场会逐渐转向基准线法，并逐步实行分行业、分阶段的拍卖方式。欧盟碳排放权交易体系作为全球最早、最大的碳交易体系，在不同阶段采用了不同的分配方式：第一阶段（2005—2007年）主要采用祖父法，第二阶段（2008—2012 年）转向基准线法，而第三阶段（2013—2020 年）则逐渐推行分行业、分阶段的拍卖法。预计到 2027 年，所有配额都将通过拍卖方式分配，这意味着控排企业每单位碳排放都将承担碳成本。

🔖 **拓展案例**

欧盟碳排放交易体系

欧盟碳排放交易体系（EU-ETS）遵循"总量限制与交易"（cap and trade）机制，欧盟排放交易分成三个阶段进行。

第一阶段为 2005—2007 年，称为"干中学"阶段。该阶段主要目标并非大幅减少温室气体排放，而是获取总量限制与交易机制的实践经验，为后续阶段履行《京都议定书》奠定基础。第一阶段只涉及二氧化碳的排放交易，适用于能源产业、20 兆瓦以上燃机发电企业、石油精炼业、钢铁业、水泥业、玻璃业、陶瓷业和造纸业等行业范围。在第一阶段中，国家可以通过拍卖方式对不超过排放总量限额的 5% 碳配额进行出售，其余 95% 碳配额则免费分配给各企业。但在实际执行过程中，只有匈牙利、爱尔兰和立陶宛三国采用了拍卖方式来分配碳配额。

第二阶段为 2008—2012 年。该阶段与《京都议定书》的第一个承诺期同步。为了与《京都议定书》中提出的碳排放"抵消项目"相适配，欧盟在第二阶段引入了 CDM 和 JI。这些机制仍然将碳配额免费分发给各个行业。由于第一阶段和第二阶段采用了分散化决策，各国对碳配额分配计划规定的标准并不统一，导致排放限额过于宽松。供给的碳配额大于需求，导致碳配额市场价格出现了大幅波动，从 2006 年年初的 30 欧元下降至 2007 年年底的不到 2 欧元。

第三阶段为 2013—2020 年。在这一阶段，氨水和铝生产所排放的一氧化氮、全氟碳化物等也被纳入了交易体系。不同于根据各国上报的排放量计划进行总量加总，碳配额总量由欧盟委员会根据产品的排放标杆值决定。为了确保实现 2020 年排放总量比 2005 年减少 21% 的目标，温室气体排放总量以每年 1.74% 的速度递减，这是基于 2010 年的数据。到 2013 年，欧盟排放交易体系（EU-EST）已实现了 50% 的碳配额通过拍卖进行分配，随后这一比例逐年增加，最终争取到 2027 年实现全部碳配额都通过拍卖的方式分配。在取消国家碳配额计划后，欧盟制订了较为详细的行业分配计划：从 2013 年开始，电力行业的碳配额完全通过拍卖获得，新进成员国虽然可以不遵循碳配额 100% 拍卖的原则，但是必须逐渐增加拍卖比例，以实现 2027 年完全拍卖。需要指出的是，针对有碳泄漏风险的行业，欧盟委员会仍允许其获得 100% 的免费碳配额。

2.2.2　基于减排信用的交易

基于项目的碳交易主要指《京都议定书》中规定的联合履约机制和清洁发展机制。这两个机制是《京都议定书》抵消碳排放的主要工具，旨在鼓励清洁能源投资，帮助《京都议定书》发达国家灵活地实现减排目标。

联合履约机制是指《京都议定书》发达国家在监督委员会的监督下通过项目合作，在减排单位核证后进行转让，所使用的减排单位为排放减量单位（ERUs）。经过核准的减排单位可以转让给另一个发达国家，同时在转让方的分配数量碳配额（AAU）上扣减相应的额度。

　　清洁发展机制是指《京都议定书》发达国家与发展中国家之间在清洁发展机制登记处进行减排单位的转让。其目的在于促使发展中国家在可持续发展的前提下减排并获益，同时协助发达国家通过项目获得核证减排量权证（CER），降低履行减排承诺的成本。该机制涉及发达国家提供资金或清洁低碳技术设备，在发展中国家共同实施有助于减缓气候变化的减排项目，从中获得核证减排量。

　　CDM 被视为一种双赢机制：一方面，发展中国家可通过合作获取资金和技术，有助于实现应对气候变化目标；另一方面，发达国家可通过此合作大幅减少在国内减排所需的高成本。CDM 的概念源自巴西提出的关于发达国家承担温室气体排放义务文件中有关"清洁发展基金"（CDF）的提案。根据该提案，如果发达国家未能兑现承诺，将面临罚款，并将罚款用于建立"清洁发展基金"，资助发展中国家开展清洁生产项目。在基金谈判过程中，发达国家将"基金"改为"机制"，将"罚款"改为"出资"。

◎ 拓展案例

京都灵活机制

　　根据《京都议定书》，发达国家开展的减排行动可由三类灵活机制补充。设计这些机制的目的是，在各国之间创建相互链接的可交易单位体系，促成履约实体层面的排放单位的交易。三类灵活机制如下。

　　国际排放交易机制中，对《京都议定书》作出承诺的国家可以从依照本议定书作出承诺的其他国家获得被划分为分配数量单位的排放单位，并使用排放单位实现其部分承诺目标。

　　清洁发展机制致力于使发展中国家的减排（或清除）项目获得核证减排量（CER）信用，其中每单位信用额度等同于 1 吨二氧化碳。发达国家可以交易和使用这类核证减排量，以达到根据《京都议定书》确定的部分减排目标。该机制旨在一方面激励减排，同时在遵守自身减排目标方面给予国家一定的灵活性。这类项目必须通过公开注册和签发的过程来获得资格，以确保产生的减排量是实际、可测量和可核证的，且相对于未实施项目情况下产生的减排量是额外的。

　　联合履约机制允许根据《京都议定书》承诺减排或限排的国家参与其他国家的减排（或排放清除）项目，并使用所产生的减排量来实现其减排目标。和清洁发展机制一样，减排量必须是实际、可测量和可核证的，且对于未实施项目的情况下产生的减排量而言是额外的。这种基于项目的机制类似于清洁发展机制，但仅适用于根据《京都议定书》作出承诺的缔约方，因此，在严格的意义上，这些信用并非抵消信用，而是在整个经济范围的排放限额承诺下分配给国家的。每单位信用被称为减排单位，相当于 1 吨二氧化碳，其产生和使用意味着相应数量的分配数量单位将被取消。联合履约项目可以通过两种途径获得批准：缔约方核准和国际独立机构核准。

　　中国一直积极参与 CDM，几乎占据了全球 CDM 已注册项目和已签发减排量的近一半。CDM 自从进入中国，一直是以新能源项目为主。中国 CDM 的发展从 2005 年 6 月

26 日开始，内蒙古辉腾锡勒风电场项目正式在《联合国气候变化框架公约》秘书处注册成功，从而成为中国第一个注册成功的 CDM 项目和世界第一个注册成功的风电项目。截至 2016 年 8 月 23 日，国家发展和改革委员会批准的全部 CDM 项目是 5074 个。中国政府为 CDM 设立了专门的管理机构，颁布了管理办法。中国推行 CDM 项目在改善环境、促进农村发展、消除贫困等方面发挥了积极的作用。

2.2.3　自愿减排交易

随着《京都议定书》三大履约机制中 CDM 的发展，形成了自愿减排市场（VCM）。自愿减排市场中交易的碳资产被称为自愿减排量（VER）。VER 项目产生的原因多种多样：外资企业在国内投资的减排项目、减排量产生于 CDM 注册前等，有些项目无法满足 CDM 项目的要求，因此转为 VER 项目。相较于 CDM 项目，VER 项目的减排量交易价格较低，但由于减少了部分审批环节，开发周期也较短。自愿减排市场为那些因各种原因无法进入 CDM 开发的碳减排项目提供了开发和销售途径；对买家而言，自愿碳减排市场为实现碳中和提供了更为便捷和经济的途径，即通过碳减排抵消生产经营活动中的碳排放。

全球最知名的自愿交易市场是美国芝加哥气候交易所（CCX）。该交易所成立于 2003 年，2004 年获得期货交易资格，是全球第一个也是北美唯一的自愿参与温室气体减排交易机制。交易通过合同交易平台进行，交易规则由会员自愿设计并通过基于网络的电子交易平台实施。

柜台交易又称为场外交易，是指在交易场所以外进行的各种碳资产交易活动，采用非竞价交易方式，价格由交易双方协商确定。二级市场通过场内或场外交易，能够聚集相关市场主体和各类资产，发现交易对手和价格，并完成货款的交付和清算等活动。此外，二级市场还可以引入各种碳金融交易产品和服务，提高市场流动性，为参与者提供风险对冲和套期保值的途径。

🔖 拓展案例

芝加哥气候交易所

芝加哥气候交易所（CCX）是一种基于市场机制的温室气体交易体系，与清洁发展机制有所不同。它是全球第一家具有期货性质和规范的气候交易市场。除了芝加哥气候交易所外，它还设立了多家子公司，如蒙特利尔气候交易所（MCeX）、欧洲气候交易所（ECX）和天津排放权交易所（TCX），这些子公司遍布世界各地。在经过几年的实际运营后，芝加哥气候交易所于 2006 年制定了《芝加哥协定》，其中详细规定了 CCX 的目标、范围、承诺期安排、涉及的温室气体、投资回收期融资银行、企业注册交易方案，以及温室气体监测程序等一系列交易细则，使 CCX 的交易流程具有较强的规范性和可操作性。

CCX 的核心理念是通过市场机制解决环境问题，其主要目标是推动温室气体交易，建立一个设计合理、价格透明、环境友好的交易市场，提高减少温室气体排放的成本效益分析技能，促进公共和私营部门致力于提高温室气体减排能力。此外，CCX 也提供关于加强成本效益分析的温室气体减排知识，以促进全球气候变化管理方面的公共讨论。

CCX 一直采用会员制的运营方式，最初由 13 家创始会员单位组成，其中包括美国电力、福特、杜邦、摩托罗拉等公司。目前，CCX 的项目遍布欧美和亚洲地区，拥有超过 25 个不同行业的 450 多个跨国会员，涵盖航空、电力、环境、汽车、交通等行业。会员包括美国国内外的大型企业、地方政府及国外会员，如墨西哥政府。中国也有 5 家公司是 CCX 的会员。根据 CCX 协议规定，注册会员必须提交具体的减排计划，并作出减排承诺，一旦作出承诺，即具有强制约束力。如果会员的实际减排量高于最初的承诺目标，它可以选择在 CCX 市场上销售超额部分以获取收益，或者将其存入在 CCX 开设的账户中。如果实际减排量低于承诺的减排额，会员必须通过购买碳金融工具合约（carbon financial instrument，CFI）来实现减排承诺，否则将被视为违约行为。

2.3　碳市场的价格决定机制

2.3.1　碳市场的需求与供给

碳排放权作为一种特殊的交易标的，遵循一般商品的市场特征，碳配额价格也会同一般商品受到来自供给端和需求端的共同作用，进而形成由市场决定的碳排放权初始价格。

在碳配额的供给方面，主要包括碳配额的总量控制和配额分配两个方面，二氧化碳排放总量控制的松紧程度和配额的分配制度规定对碳价格的预期和形成有着重要的影响。从二氧化碳排放总量控制的角度来看，若控制排放量高于实际二氧化碳排放量，使得碳排放权供给过剩，则碳价格走势低迷，出现偏离实际边际减排成本的情况；而若控制排放量的设定过低，则会引起碳排放量的缺口过大，使得碳排放权供不应求，价格上升，而碳排放权价格若持续上升，则会对有购买需求的企业造成负担，增加企业的竞争压力，更重要的是可能造成企业的参与意愿削减，导致市场参与率下降。在我国碳市场运行中，供给者主要包括以下三类：履约限排企业，CDM、CCER 项目开发商或中间商，以及金融机构。

有关碳配额的总量控制，主要由国家政府实现。从国际碳市场已有的运行经验来看，无论是"自上而下"的欧盟碳排放体系，还是"自下而上"的美国区域性碳排放市场，政府对于碳市场的推动和把控都十分重要。政府通常基于市场机制，对市场参与者采取直接管制（碳税）和间接减排（碳排放交易）两种干预手段，来为减排主体提供既灵活又可持续的激励机制以促进碳减排目标实现。但两种方法均存在着一定缺陷，如征收碳税易受到碳市场上价格弹性的影响，且来自企业的阻力较大等，而碳排放交易则面临着涉及多方利益、配额分配难度高等问题，但无论是征收碳税还是碳排放交易均能够对减排主体实现有效约束。

此外，碳配额的分配方式同样也将从供给端对碳市场价格产生影响。目前碳配额分配方式主要包括祖父法、基准法及公开拍卖法。

（1）祖父法。这种方法主要基于历史排放数据对配额进行免费分配，是指以控排对象的历年碳排放量为主要参考来确定初始配额分配额度，免费将初始配额分配给控排对象。而这种简单的配额分配方法一般应用于碳市场成立初期，例如，在欧盟碳排放交易体系成立的第一阶段曾使用祖父法对配额进行分配处理。Milliman 等认为，使用祖父法进行配额分配能够在一定程度上加强控排对象对环境问题的关注，促进其进行清洁生产。但也有学者认为，通过祖父法对碳配额进行分配将使得碳价格与其价值偏离，难以提高碳排放效率，不利于碳市场的可持续发展。

（2）基准法。这种配额分配方法是基于产出的配额免费分配方法。有学者对祖父法进行研究发现，祖父法适用于封闭市场，严重脱离现实，而基准法更适用于动态、开放的市场。Lennox 等运用投入产出法对新西兰碳市场进行了分析，研究发现基于产出进行配额分配，能够通过回收净收益来降低宏观经济的负面影响。

（3）公开拍卖法。在配额尚未分配阶段，需求方通过公开拍卖的方式获得配额。相较于免费的配额分配方式，将配额进行公开拍卖能够提高碳市场运行效率，避免配额出现分配不足或过剩的现象，还能降低碳排放交易权价格扭曲的可能性。随着碳市场的进一步发展，公开拍卖法在碳市场交易环节中所占配比份额逐步提高。

碳配额的需求主要由实际的碳排放量决定，而排放个体的实际碳排放量由经济活动、生产技术水平、产品市场需求、能源价格波动、气候条件、金融市场环境等一系列因素决定。目前，中国碳市场上需求者主要包括以下几类：①节能减排水平较低，且无法按照国家标准根据限排额进行生产的企业；②重污染重排放，在减排后无法维持生产经营的企业；③减排成本较高且不愿意花费高额治理成本进行碳减排的企业。

在"总量—交易"的市场机制下，碳配额的总量决定了碳配额供给，控排主体的实际碳排放水平决定了碳配额需求，供需两方面的共同作用形成了碳配额价格机制。

2.3.2 碳市场的均衡价格及其波动

碳市场的价格机制包括价格形成机制和价格调控机制。价格形成机制则主要由上部分所提到的碳配额供给与需求在"总量—交易"市场下共同作用所形成的价格，而价格调控机制则是根据市场运行情况，从"拍卖价格、拍卖时间、拍卖参与者"三个方面出发设计调控价格。由于碳市场是全球为了应对气候变暖而人为设计出来的一个人造市场，政策法规的不完善、供求关系的不均衡等，都极易导致碳市场价格的较大波动，因此需要价格调控机制来对市场进行均衡控制。一般来说，目前碳市场上的价格调控手段主要包括以下三个类型：①基于配额数量的调控，一般调控方式为供不应求时向市场投放配额、供过于求时向市场回购配额来对市场供求关系进行调节；②基于价格的调控，在对供给进行控制中设置触发配额回购或投放的"门槛价格"，向市场释放价格信号；③时间维度的把控，即在交易时间上对短期的碳配额交易供需不平衡进行调整，降低碳价格弹性，包括但不限于延迟履约、配额跨期存储等。从试点地区来看，各试点地区的调控方式都比较单一，主要基于碳配额数量进行价格调控。一是对配额进行拍卖，例如，上海和深圳在履约截止前进行配额拍卖，帮助控排主体履约以维持市场稳定。二是对 CCER 规则进行修订，为了避免大量低成本的 CCER 涌入市场对市场造成冲击，上海、深圳、天津、湖北等地均针对抵消机制发布了管理办法，进一步对各地区可用于履约的抵消机制类型、抵消额度来源及抵消流程等进行了约束。这类措施虽然能够在一定时期内实现市场稳定，但却是以牺牲市场参与者的利益和长期信心为代价来实现的。

随着碳市场的快速发展，许多潜在因素也在影响着碳价格的波动，使得碳价格趋于不稳定。而碳价格的不规则波动极易增加碳市场运行风险，还将对参与者的信心和减排目标造成一定影响。诸多学者对于碳市场价格的波动因素进行了研究，已有的研究结论大致围绕能源价格和宏观经济水平两个方向开展。

一部分研究主要关注能源价格对于碳市场价格的影响，以 Hammoudeh 为代表的一批学者分析了煤、石油、天然气价格波动对碳价的线性和非线性影响，这类传统化石能源的价格波动是碳排放配额最重要的驱动因素。学者们发现石油和天然气的价格波动会对碳市场价格形成负向影响，这一结论在欧盟排放交易市场体系中亦成立，而煤的价格对碳市场价格的影响波动不大。Mansanet 等最先证实了能源市场与碳市场体系的价格关系，Mansane 发现欧盟碳配额价格体系的碳配额价格与化石能源价格存在密切关联，Alberola 等通过使用扩展数据证明了能源价格预测误差是碳配额价格变化的基本驱动因素，他们也认为能源与碳配额之间的影响关系可能是多样的，在不同时期、不同制度变化下存在着显著的异质性特征。Bunn 和 Fezzi 对英国能源与碳配额价格的多边关系进行定量研究发现，天然气价格影响碳配额价格，天然气和碳配额价格共同决定电价。

另一部分研究主要将碳市场价格的影响因素聚焦于宏观经济水平，虽然在宏观经济水平这一因素上的研究不少，但尚未形成比较一致的结论。部分学者的研究结论中提到宏观经济波动方向和碳市场价格波动方向相同，通过对欧盟碳配额价格体系进行研究发现，宏观经济活动能够对碳市场价格产生积极的影响。然而，另一部分学者则持相反看法，他们认为宏观经济发展将对碳市场价格产生负向影响，研究发现由股票市场不确定性引起的风险能够转移到碳市场从而引起价格不当波动。Chevakkier 利用了包含宏观经济、金融及商品指数在内的大数据集，评估了国际冲击对碳市场交易体系现价和期货价格的传递，发现碳价格对于来自全球经济指数的外部性衰退冲击表现出消极反应。

除此之外，制度因素（排放差额因素、跨期储存限制、抵消机制）、恶劣天气条件（如气温骤变、降雨、台风）、市场结构（市场支配能力）、企业行为（套期保值）、金融市场震荡（金融市场指数）等因素也会对碳市场价格造成不同程度的影响。

2.3.3　碳价格稳定机制

碳价格稳定机制是指通过一系列措施，维护碳市场中碳价格的稳定性，以保障市场参与者的利益、促进碳减排行为，达到减排目标。碳价格稳定机制主要目的是避免碳市场价格波动过大，引发不必要的风险，保障市场主体的合法权益，保持市场的稳定性和可预测性，最终促进温室气体减排目标的达成。

主要的碳价格稳定机制包含碳价格上下限和碳配额动态调整两种。前者通过对碳价格上下限进行限制，能够有效避免极端的价格波动，减少市场的不确定性，提高市场的可预测性，使市场参与者更好地规划和投资，避免由于碳价格剧烈波动而导致的经济风险。合理范围内波动的碳价格还能够有效缓解碳市场供需不匹配问题，不会使减排成本变得过于高昂，有助于推动企业更积极地减排。但严格的碳价格上下限可能减弱碳市场对企业减排的激励效果，过多限制可能使企业失去根据市场需求和供给来调整其行为的动力。过度的碳价格上下限设定可能需要政府频繁干预市场，进而诱发市场不信任，使得碳市场的自我调节机制受到破坏，且政府难以确定合适的碳价格上下限，如若设定不当，可能导致市场扭曲和效率下降。碳市场环境瞬息万变，气候变化、经济波动等因素对采用碳价格上下限的碳市场均具有极大的威胁。

碳配额动态调整是通过动态调整碳配额供给，实现碳市场供需匹配，进而降低碳价格波动的方法。具体做法是政府在上一期对当期进行预测，设置当期的碳市场政策参数，虽然在上一期预期中存在不确定性，但在当期，这种不确定性将成为现实，因此，政府能够纳入这些信息，调整政策参数，设定下一期的政策。相较于制定碳价格上下限，碳配额动态调整更具灵活性和适应性，可以提高市场的稳定性和可预测性，能够根据实际情况对碳排放配额进行调整，以应对不同时期的碳排放需求，并更好地应对行业变革、技术进步及其他影响碳排放的因素，有助于确保碳市场的长期可持续性和有效性，能够有效激励企业进行更多的减排活动，从而促进碳排放的减少。碳配额动态调整同样存在一些挑战，碳配额的动态调整可能受到政治因素的影响，导致政治干预的发生，从而影响市场的公正性和透明度。过于频繁或不稳定的碳配额调整可能会增加企业的政策不确定性，降低其在碳市场中的投资信心，从而影响市场的有效运行。此外，动态调整碳配额需要对各个行业的碳排放情况进行准确评估，并根据科学数据调整配额，复杂的技术和数据收集工作增加了动态调整碳配额的实施难度。

1. 价格触发机制

美国区域温室气体减排行动（RGGI）在 2015 年引入成本控制储备机制（CCR）：如果在设定的 CCR 触发价格之上有足够的需求，该机制会立即在每次拍卖中引入固定数量的额外碳配额。在 2021 年引入排放控制储备机制（ECR）：如果在高于 ECR 的触发价格上没有足够的需求，该机制会立即从拍卖中减少碳配额。CCR 和 ECR 并行的市场机制维持着碳价的稳定。2020—2021 年，RGGI 碳市场的碳配额价格相对稳定，2020 年年初平均为 5.77 美元/吨，2020 年 3 月跌至 4.69 美元/吨，随后在 4 月初迅速复苏，到 2020 年 6 月稳定在 6 美元/吨左右，此后碳价持续缓慢上升，至 2021 年 10 月达到 10 美元/吨左右。2014 年的初始 CCR 触发价格为 4 美元，此后每年上升 2.5%，2021 年已上升至 13 美元，而预计从 2021—2030 年其触发价格每年上涨 7%。2014 年 CCR 开始运行，其初始配额提取上限为 0.05 亿短吨，此后的每年为 0.1 亿短吨，CCR 配额提取达上限后不会再进行增补。而从 2021 年起，其配额上限改为每年配额总量的 10%，因此 CCR 配额提取上限将从 2021 年的 0.12 亿短吨降至 2030 年的 0.087 亿短吨。目前 CCR 一共被触发过 3 次，分别是 2014 年、2015 年与 2021 年，2014 年出售了 0.05 亿短吨配额，2015 年出售了 0.1 亿短吨配额，2021 年出售了 0.039 亿短吨配额。

2. 稳定储备机制

在欧盟碳排放交易体系设立的第一阶段（2005—2007 年），免费分配了 95% 的碳配额，导致市场出现超需求的碳配额供给，碳价格大幅下跌。在第二阶段（2008—2012 年）和第三阶段（2013—2020 年），金融危机发生、气候政策重叠推出，以及大量"划算"的国际碳信用额外供给等，导致碳市场供给持续增多。针对欧盟碳市场碳价格波动，欧盟碳市场在 2019 年设立了市场稳定储备机制（MSR），以解决配额市场上出现的供需不平衡问题。稳定储备机制事实上起到了碳配额"蓄水池"的作用，当市场流通配额总量（TNAC）高于或低于特定限值时，一定数量的配额将被回收至 MSR 或反向发放至市场。当排放交易运行中存在碳配额流通暂时性过剩的数量超过 8.33 亿碳配额单位时，一定数量用于拍卖供应的碳配额将被自动扣减到稳定储备机制当中进行储存，以缓解碳配额总量过剩的局面；当碳配额流通数量低于 4 亿碳配额单位时，稳定储备机制将启动投放一定数量的存储碳配额，添加到未来年份计划拍卖的碳配额总量中。

另外，MSR 在调整配额时应遵循成员国的拍卖份额。如果 TNAC 超过 8.33 亿吨，在 2019—2023 年，24% 的 TNAC 碳配额量将从未来的拍卖量中转存入 MSR，相应地，在年度配额拍卖中直接减去相应的数量。且 MSR 的 24% 储备率已延长至 2030 年，取代了原计划的 12%。从 2023 年起，MSR 将进一步设置持有配额的上限，即不得高于上一年拍卖的配额总量。如果 TNAC 不足 4 亿吨，且连续 6 个月以上的配额价格比前两年的平均价格高出 3 倍，这时 MSR 中的配额将通过增加拍卖的方式流向市场，每年增加拍卖量 1 亿吨。如果 TNAC 数量不足 1 亿吨，这时所有储备中的配额将全部释放出来。

2.4　碳市场的履约机制

完善且严格的履约机制是碳市场有效运行的制度保障，为推动技术创新、保持碳市场有效性、实现减排目标提供了有效的框架，有助于推动全球应对气候变化的进程。当控排企业获得碳配额后，需要在规定的期限前，上缴与核定碳排放量相等的履约产品（以碳配额为主），即完成了配额总量管理任务。这一过程称为履约，为此所制定的管理规则和行为规范集合称为履约机制。广义的履约机制包括对控排企业碳排放量的监测、报告与核查，碳排放量的注销、储存与借贷、奖励与惩罚制度。狭义的履约机制仅是指碳排放量核销流程，指控排企业在规定的时间内通过某种方式（一般是电子系统）存入足额的履约产品（碳配额及一定比例的核证减排量），以完成碳排放约束目标的行为规范集合，包括履约主体、履约周期和履约产品，其中，履约周期越短，碳市场活跃度越高，但同时考核行政成本也越高。

2.4.1　奖励和惩戒机制

为了确保履约主体遵守规则，碳市场通常设有奖惩机制（奖励和惩戒机制）。奖惩制度是履约机制的核心，是保证履约机制良性运转的重要内容，是提升碳市场参与度、提高碳市场公平性和经济性、推动碳减排目标实现的重要手段。激励机制是对在履约过程中按时完成或超额完成减排目标的企业进行的物质或精神奖励，以调动履约主体参与碳市场的积极性，属于正向激励机制。惩戒制度则是对在履约过程中对未完成履约的企业进行的惩罚机制，目的在于鞭策企业按时完成履约，属于负向激励机制。其中惩戒措施主要包括罚款、补缴履约碳配额、信用处罚等，表 2-1 列举了国内七大试点城市奖惩制度的主要内容。

表 2-1　国内七大试点城市奖惩制度的主要内容

碳市场	奖 励 制 度	惩 戒 制 度
北京碳市场	以能源审计核查结果为财政奖励支持的标准，初次复核结果"优秀"奖励 12 万元；"良好"奖励 10 万元；"合格"奖励 8 万元；初次复核结果为"不合格"但再次复核结果为"合格"的，奖励 8 万元。对于第三方核查报告优秀且核查工作量大的，将适当提高奖励标准	对未履约企业按照碳市场价格（场内交易前 6 个月均价）的 3~5 倍进行处罚
天津碳市场	支持优先申报国家、市节能减排相关政策扶持和资金支持项目；鼓励银行及其他金融机构同等条件下优先为信用评级较高的控排企业提供融资服务	未履约企业 3 年内不能享受融资、优先申报等优惠政策规定
上海碳市场	支持优先申报国家、市节能减排相关政策扶持和资金支持项目；鼓励银行及其他金融机构优先为纳入碳配额管理的单位提供与节能减碳项目相关的融资支持	对未履约企业处以 5 万 ~10 万元罚款，将其未履约行为记入信用信息记录，向工商、税务、金融等部门通报，并向社会公布
重庆碳市场	鼓励金融机构优先为碳配额管理单位提供与节能减碳相关的融资支持	对未履约企业按照清缴期满前 1 个月碳市场平均价格的 3 倍罚款
湖北碳市场	优先支持控排企业申报国家、省节能减排相关项目和政策扶持；鼓励金融机构优先为控排企业提供与节能减碳项目相关的融资支持	对未履约企业按照碳市场平均价格的 1~3 倍，但最高不超过 15 万元的标准处以罚款，下一年度碳配额分配按照未履约碳配额缺口的双倍予以扣除，将未履约企业纳入信用记录
深圳碳市场	优先支持申报国家、省、市节能减排资助项目；鼓励金融机构优先为纳入碳配额管理的单位提供与节能减碳项目相关的融资支持	下一年度扣减碳配额，并处以超额排放量乘以履约当月之前连续 6 个月市场平均价格的 3 倍的罚款，并进行信用曝光、财政限制等处罚
广东碳市场	支持履行责任的企业优先申报国家支持低碳发展、节能减排、可再生能源发展、循环经济发展等领域的有关资金；优先享受省财政低碳发展、节能减排、循环经济发展等有关专项资金扶持	下一年度扣减未足额清缴部分 2 倍碳配额，处以 5 万元罚款，未履约情况与诚信体系挂钩等

2.4.2　抵消机制

　　为帮助控排企业低成本完成履约工作，碳市场管理部门设立了抵消机制，允许控排企业购买政府许可的来自碳配额以外的温室气体减排量用来履约。抵消机制是履约机制的附加构成，提升履约的灵活性，但也有自身的特殊性，这种灵活性必须与确定的减排效果进行平衡，同时警惕潜在风险和成本。碳抵消必须具有"额外性"，所使用的任何减排量或清除量都必须是"额外的"，即如果不存在该减排机制，这些减排或清除就不会发生。碳抵消机制基于自愿原则，不会对总体排放控制结果产生净影响。

　　参与碳抵消机制的项目通常分为两种：采用化石能源替代等方式实现的碳减排，如风电、光伏、垃圾焚烧等可再生能源项目；通过吸收大气中的二氧化碳达到减排效果，如林业碳汇、碳捕集利用与封存技术等。根据产生方式和管理机制，碳抵消可分为国际性碳抵消，独立性碳抵消和区域、国家、地方碳抵消三类。

1. 国际性碳抵消机制

《京都议定书》提出了国际性碳抵消机制，旨在推动全球范围内的减排合作，由于受到国际气候条约的约束，这些机制通常由国际机构进行管理，以促进各国共同参与减排活动。

国际排放贸易（IET）允许发达国家将超额完成的减排义务指标以贸易的方式转让给未能完成减排义务的其他发达国家，并在转让方的允许排放限额上扣减相应的转让额度。联合履行机制（JI）允许发达国家之间通过项目级的合作实现减排，并将实现的减排单位转让给另一发达国家缔约方，但同时必须在转让方的"分配数量"配额上扣减相应的额度。清洁发展机制（CDM）则是发达国家通过提供资金和技术的方式与发展中国家开展项目级的合作，通过项目所实现的"经核证的减排量"，用于发达国家缔约方完成在议定书第三条下的承诺。总的来说，IET和JI都是在总配额不变的情况下的交易。IET通过金钱直接购买，JI项目则通过项目进行，二者都不会创造出新的碳排放配额，但CDM却可以创造出新的配额。

2. 独立性碳抵消机制

独立性碳抵消机制由私人和第三方组织管理，不受国际法规限制。其中黄金标准和自愿碳减排核证标准是重要代表。黄金标准涵盖土地利用、林业和农业、能源效率、燃料转换、可再生能源、航运能源效率、废弃物处理和处置、用水效益和二氧化碳移除八个领域，其评估严格的特征使其得到广泛认可，主要用于自愿抵消。自愿碳减排核证标准则为自愿减排项目提供认证，为参与国际、国家碳税等机制提供减排信用，涵盖能源、制造过程、建筑、交通、废弃物、采矿、农业、林业、草原、湿地和畜牧业等，总共为49个项目，目前参与的国家数量达80个。

3. 区域、国家、地方碳抵消机制

这些机制由地方政府或组织管理，如中国的温室气体自愿减排计划、澳大利亚的减排基金和美国加州的碳配额抵消计划。它们通过地方立法机构实施，推进地方减排活动。除了国家核证自愿减排量外，还有各种应用于地方碳市场的地方碳抵消机制，如福建林业碳汇抵消机制（FFCER）、北京林业碳汇抵消机制（BCER）、广东碳普惠抵消信用机制（PHCER）等。

FFCER是中国福建省林业部门在应对气候变化方面的一项重要举措。该机制选择顺昌、永安、长汀、德化、华安、霞浦、洋口国有林场、五一国有林场等20个县（市、区）林场开展林业碳汇交易试点，旨在利用福建省丰富的森林资源，通过森林保护、造林、森林管理等措施，实现减少温室气体排放并吸收大气中的二氧化碳，以抵消其他行业的排放量，主要包含碳汇造林、森林经营碳汇、竹林经营碳汇项目。截至2021年5月31日，FFCER累计成交275.35万吨，成交金额4055.06万元。

BCER是北京市政府采取的一项措施，旨在通过增加森林资源的碳吸收量来抵消城市其他行业的温室气体排放。2014年，北京市发展改革委和园林绿化局联合印发《北京市

碳排放权抵消管理办法（试行）》，规定只有位于北京市辖区内的碳汇造林项目和森林经营碳汇项目才能作为重点排放单位抵消林业碳汇。核证过的林业碳汇项目经市发展改革委、园林绿化局审定认可后可预签获得 60% 的核证减排量用于碳交易，在获得国家发展改革委备案的核证自愿减排量后，将与预签发减排量等量的核证自愿减排量从其项目减排账户转移到其在本市的抵消账户。根据北京环境交易所数据，2014—2021 年 6 月，北京林业碳汇交易价格在 8.4~61 元 / 吨，波动幅度较大，截至 2021 年 6 月底，北京市林业碳汇共成交近 14 万吨，成交额达 527 万元，成交均价为 37.7 元 / 吨。

PHCER 作为广东省碳排放权交易市场的有效补充机制，原则上等同于本省产生的 CCER，可用于抵消纳入碳市场范围控排企业的实际碳排放。2017 年先后发布森林保护、森林经营等 5 个碳普惠方法学。PHCER 上线以来呈现量价齐升趋势。从备案项目看，根据广州碳排放权交易中心和广东省生态环境厅公告统计，截至 2022 年 5 月 4 日，广东省备案 PHCER 减排量达 191.97 万吨，项目类型以林业碳汇为主，占比达 92%，从 2021 年 5 月 12 日之后广东省生态环境厅政府信息公开平台并无新增 PHCER 减排量备案公告，即 2021 履约年度，PHCER 碳减排量的供给为 0 吨，PHCER 碳减排量的供给近两个履约期呈下降趋势。

2.4.3 国际碳市场履约机制

1. 欧盟碳市场履约机制

根据欧盟的规定，排放受限制的企业需在每年 3 月底之前向其所属成员国报告上一年度已核实的二氧化碳排放量，并在 4 月底之前支付相应数量的排放配额。欧盟排放交易体系分为三个阶段：第一阶段（2005—2007 年）、第二阶段（2008—2012 年）和第三阶段（2013—2020 年），在同一阶段内，允许企业预借和存储排放配额，不同履约周期之间存在重叠时，控制排放的企业可以利用下一个履约周期的配额来弥补当前周期的不足，也可将剩余的配额储存到下一履约周期使用。

2. 韩国碳市场履约机制

韩国碳市场分为三个阶段：第一阶段（2015—2017 年）、第二阶段（2018—2020 年）和第三阶段（2021—2025 年）。履约时间为每年 6 月，在履约年结束后 6 个月内，上交碳配额进行履约。允许碳配额跨期预借和储存，多余碳配额可以储存至任何交易期，不受限制，而碳配额的预借不能跨期，且受到比例限制。允许用碳抵消项目来完成履约，且自第二阶段开始接受来自国际的减排项目（减排项目必须由韩国企业参与投资）产生的自愿减排量。2015 年的预借比例上限为 10%，2016 年、2017 年升至 20%，2018 年则为 15%，从 2019 年起，将综合考量企业前期实际使用的预借比例，上限根据韩国《温室气体排放配额分配与交易法》的要求，企业如果未在规定时间内足额履约，将按照当前市场价格的 3 倍以上缴纳罚款，罚款上限为 10 万韩元 / 吨（约合 620 元人民币 / 吨）。

3. 美国区域温室气体行动（RGGI）履约机制

RGGI 允许各州使用（有效的）来自参与州项目的二氧化碳排放抵消项目，抵消其履约义务的 3.3%，抵消项目必须是控排企业以外的减排或固碳活动（包括非二氧化碳的温室气体）。RGGI 允许无限制的储存业务，但不能预借，且在下一个履约期内，将在配额总量中减去储存备抵，以减少未来几年拍卖配额总量，实现供需稳定的目的，同时允许参与者尽早采取行动，保持配额价值。

4. 美国加州总量控制与交易计划履约机制

美国加州碳市场分为三个实施阶段：第一阶段（2013—2014 年）、第二阶段（2015—2017 年）和第三阶段（2018—2020 年）。排放配额通过免费和拍卖的方式分配，排放配额可以无限存储且永不过期。一般情况下，控排企业必须用当年或往年的配额来完成履约。履约分为年度履约和履约期履约两种，一个碳交易实施阶段为一个完整的履约期。

2.4.4　我国碳市场履约机制存在的问题

尽管集中履约具有便于碳交易主管部门对重点排放单位的管理、简化配额分配过程和及时加强调控等优势，但也存在以下主要问题。

1. 履约期量价齐升现象明显

目前，大多数重点排放单位对碳交易的认识程度和重视程度不足，履约积极性不高，尚未成立专门的配额管理部门或指定专门人员进行配额交易操作，消极心态弥漫，不能及时进行自身配额的计算与交易。2014 年和 2015 年，试点地区碳市场最明显的共同特征就是市场成交量激增、交易价格出现不同程度的上涨，并伴随较大的波动。以 2014 年为例，首次履约的深圳、上海、广东三地在 5 月至 7 月的成交量分别占各自区域全年成交量的 69%、65% 和 85%，北京和天津的这一比例甚至达到了 90%，上海、深圳两地市场履约月份的成交量环比分别增长了 672% 和 516%。可见，试点地区交易市场表现出非常强的履约驱动特点，非履约期的成交量相对较少，这一现象扭曲了减排成本的传递，削弱了企业的减排动力。

2. 推迟完成履约现象普遍

我国碳市场履约驱动的特点造成大部分重点排放单位都选择在履约期到来才开始筹备相关工作，导致试点地区履约整体推迟，市场价格失灵，不利于市场平稳有效运行，资源无法达到优化配置。此外，具备资质的核查机构与核查员有限，集中的核查工作使得大量控排企业的核查工作难以在规定的核查周期内完成，从而推迟了企业的履约周期。2014 年，五个开市的试点地区中，上海是唯一准时完成所有履约的试点，北京、天津、广东、深圳四个地区推迟半月到一个半月才完成履约。

3. 第三方服务机构发展受到制约

第三方核查机构需要在重点排放单位提交排放报告后，在履约截止日期前集中完成大量的核查工作。目前，我国试点地区的重点排放单位从提交碳排放报告到履约截止日期有 2~3 个月的时间。然而，大多数重点排放单位对提交排放报告的积极性不高，经常拖延提交。此外，除了核查期间，第三方核查机构和核查员没有其他业务可开展，这在很大程度上影响了核查机构的生存和发展。

2.5 本 章 小 结

　　本章论述碳市场运营的理论基础。2.1 节首先详细介绍了碳市场背后包含的经济学基础，包括外部性经济理论、科斯定理和庇古税理论。2.2 节分析了碳市场的运行特点，总体来说，碳市场交易是基于总量的碳配额交易、是基于减排信用的交易，遵循自愿减排原则，为更好地理解碳市场的运行特征，本章相应介绍了欧盟碳排放交易体系、京都灵活机制及芝加哥气候交易所。2.3 节从碳市场的需求与供给、碳市场的均衡价格及其波动、碳价格稳定机制三个方面阐述了碳市场价格决定机制。碳配额的供给主要包括碳配额的总量控制和配额分配两个方面，碳配额的需求主要由实际的碳排放量决定，当市场供需相匹配时实现市场均衡，但更多情况是市场供需不匹配，进而带来碳价格的波动。随着碳市场的快速发展，越来越多的因素也影响着碳价格的波动，使得碳价格趋于不稳定，因而极易增加碳市场运行风险，对参与者的信心和减排目标造成一定影响。为缓解这一问题，国内外碳市场做出了极大努力。2.4 节介绍了碳市场的履约机制，具体阐述了奖惩机制和抵消机制，并介绍四种国际碳市场履约机制和我国履约机制面临的问题，以期推动我国履约机制的完善。

第3章

全球碳市场状况与先行经验

知识目标

1. 了解全球碳市场交易状况，重点掌握全球主要碳市场的发展历程；
2. 总结国际上主要碳市场建设的先行经验，为我国碳市场提供借鉴。

素质目标

1. 从欧洲、美国、新西兰等多个碳市场入手，梳理了全球碳市场的发展历程以及各个市场在发展过程中衍生出来的独有特点，并总结提炼这些特征；
2. 根据世界各国碳市场的发展历程，总结各国法律制度体系的优势，为我国碳市场的建设提出意见与建议。

3.1 全球碳市场状况

3.1.1 全球碳市场的发展历程

自 20 世纪 70 年代碳市场的雏形——排污权交易市场出现至今，全球碳市场的发展一共经历了四个阶段，详见表 3-1。具体而言，在《京都议定书》规定的第一承诺期结束后，各缔约方之间存在严重分歧，没有达成具有约束力的《京都议定书》第二承诺期目标。进入《巴黎协定》时期，碳市场按照是否具有强制性分为自愿减排市场和强制减排市场。其中，政府向控排企业发放碳配额，并允许控排企业通过买卖碳排放配额来满足减排义务是强制减排市场这一碳排放交易体系的特征。当今强制减排市场以中国碳排放权交易市场、欧盟碳排放交易体系、美国的区域温室气体减排协议（RGGI）和加州碳市场等为主要代表，自愿减排机制包括加拿大魁北克抵消信用机制、中国的国家核证自愿减排机制、美国区域温室气体倡议二氧化碳抵消机制。根据政府和民间组织的标准和程序，在自愿实施减排项目中核发可交易的碳减排量并进行碳交易是自愿减排市场的特征。

表 3-1 全球碳市场的发展历程

时　　间	阶　　段	主　要　表　现
1970—1990 年	排污权交易的实践	美国相继通过《清洁空气法案》、发布《排污权交易政策的总结报告书》，建立排污权交易系统

续表

时　间	阶　段	主 要 表 现
1990—1997 年	全球碳减排目标与共识的形成	《联合国气候变化框架公约》《京都议定书》签署
1997—2012 年	区域与全球碳市场的协同发展	使用 CDM 项目产生的核证减排量抵消碳配额上缴义务，形成了碳排放权的跨境交易
2012 年以后	跨区域市场矛盾逐渐凸显	随着欧盟碳市场宣布禁止核证减排量的交易，全球碳市场逐渐走向割裂

随着时间的推移，碳市场数量逐渐增多，交易设计机制不断优化，覆盖温室气体排放量的比例不断扩大。根据 2022 年世界银行公布的数据，自欧盟于 2005 年建立全球第一个碳排放权交易市场以来，全球已有 32 个正在运行碳市场，其覆盖的地区包括 38 个国家级辖区和 31 个次国家级辖区，覆盖约 10 亿吨二氧化碳当量（$GtCO_2e$）的温室气体排放量，占全球温室气体排放量的 17.0%。受到俄乌冲突的影响，2022 年 2 月，全球特别是欧洲地区加速了新能源和碳排放市场的建设进程。据统计，2021 年全球碳市场的总交易量达到 158 亿吨二氧化碳当量，交易额高达 7600 亿欧元，创下历史新纪录，与 2020 年相比，交易额增长 164%，彰显出了碳市场强劲的增长潜力。与此同时，德国和英国均已启动国内碳市场，并参考欧盟碳市场第四阶段的机制进行设定；美国加州的碳市场立法修正案已正式生效；RGGI 的 12 个成员州正在实施更为严格的年度总量减量因子和排放控制储备；许多国家和地区正在构建碳排放交易体系。

3.1.2　全球碳市场的整体情况

从全球实践来看，美国、欧盟和日本等主要经济体均推出了碳排放交易体系，并在减排政策、交易规则以及资金运作等方面作出具体要求。碳交易主要包括两种形式：总量控制和交易型以及基准线和信用交易型。其中，在总量控制和交易型中，政府会为特定经济领域设定排放总量限额，受约束主体每排放 1 吨二氧化碳，需上缴一个排放配额单位，并可以通过实施自身减排义务抵消或进行交易来管理政府发放的配额；在基准线和信用交易型中，政府会为受约束实体设定排放基准线，若超出基准线，实体需上缴碳信用，低于基准线则可以获得碳信用并进行出售。

从运行机制来看，多数常见的碳市场采用"上限与交易"的设计框架，其中主要涉及减排企业、核查机构、中介服务机构、交易平台、监管机构、机构投资者和个人投资者等主体，并包含基本设置、总量设定、配额分配、交易机制和违约惩罚五个方面的机制。

从温室气体和覆盖行业来看，根据不同的减排目标，不同碳市场确定不同的覆盖范围，从而导致各市场覆盖碳排放量规模存在差异。据广州期货研究中心的统计，我国涉及温室气体排放的产业主要有工业、电力、建筑等。新西兰碳交易体系的覆盖行业范围最为广泛，包括工业、电力、建筑业、交通业、航空业、废弃物处理和林业。就覆盖温室气体排放比例而言，加拿大新斯科舍省碳交易体系、魁北克碳交易体系和加州碳交易体系覆盖当地温室气体排放比例较高，但实际覆盖的排放量相对较小。而就覆盖温室气体排放量的大小而言，中国碳市场、欧盟碳市场和韩国碳市场覆盖的温室气体排放量相对较大。

从一级市场来看，目前，国际上广泛使用的是以量为基础的碳排放总量，且每一循环的碳排放总量都是线性下降的。从份额配置上看，大部分的碳市场已经从无偿交易转向以付费交易为主。在初始阶段，各国都采取"无偿发放"的模式，随着碳市场的发展逐步加大"竞价交易"的比重，以提升减排效应。

从二级市场来看，发达国家的碳市场已经变得越来越成熟，衍生产品也越来越多。由于碳排放额度的获得与利用具有滞后性特征，所以运用衍生工具事先制订交易计划并进行风险管理已经成为各国普遍采用的做法。欧盟、英国和加利福尼亚州已经推出了包括碳期货在内的各种碳金融衍生产品，并成为重要交易方式。从碳价格来看，不同的碳市场其碳价格制定方式不尽相同，主要有固定配额价、拍卖价、现货价、期货价等。而我国碳排放交易价格的口径和各国碳市场之间的制度设计、供需关系等方面存在差异，使得我国和其他国家碳市场之间的价格差别较大。

3.2　欧盟碳市场

3.2.1　欧盟碳市场的发展历程

欧盟在碳排放交易中引入了"总量—交易（cap and trade）"的理念。为了实现这一目标，欧盟针对国家和公司制定了减排限额，按行业和企业严格给予一定配额的许可权。若一家公司的实际排放低于其限额，则有权在市场上将多余的配额出售；若企业实际排放超过其排放限额，则必须在交易市场中购买许可权，实现总体减排目标。这一机制具有一定的有效性和灵活性，有助于激励企业减排。欧盟碳市场的开发进程可分为以下四个阶段。

第一阶段：欧盟碳市场试验阶段（2005—2008年），覆盖了欧盟27个成员国，采用自下而上加总的方式，设定欧盟每年碳排放配额的总量固定为20.96亿吨二氧化碳当量，领域主要涉及电力和工业。此阶段，分配方法以历史总量法为主，主要目的在于试运行和调试系统，同时让市场参与者熟悉机制，为《京都议定书》在下一阶段正式执行创造条件。从碳排放权交易的价格来看，该阶段的碳排放配额市场价格偏低，甚至可能为零。主要原因是欧盟碳市场在成立之初，其市场机制与交易手段尚不完善，免费发放的碳配额方式导致碳市场上碳配额过剩。

第二阶段：欧盟碳市场履行减排义务阶段（2009—2012年），排放份额总量削减至20.49亿吨二氧化碳当量，90%的配额基于基准免费分配，同时将航空业纳入交易体系，运用CER完成配额清缴工作，参与国新增挪威、冰岛和列支敦士登，违规罚款增加至100欧元/吨二氧化碳。此阶段，分配方法中历史总量法仍占较大比例，但德国、英国等国家部分采用了本国的基准法。此外，在第一阶段的基础上，第二阶段进一步完善了市场机制，设立碳配额储蓄制度，在一定程度上避免了碳价暴跌的情况。然而，2008年经济危机对ETS下的行业产生了严重影响，导致产能减少，低排放量意味着交易较少的配额，以致出现了配额过剩的情况。

第三阶段：欧盟碳市场重点减排阶段（2013—2020年），欧盟碳配额总量按照每年1.74%削减，57%的配额采用拍卖分配，覆盖行业扩展至发电、工业、制造业和航

空业，管控温室气体种类新增电解铝行业全氟化碳和化工行业氧化亚氮，并设立 MSR
（市场稳定储备）功能，2014 年新增参与国克罗地亚，2020 年与瑞士碳市场连接。在此
阶段，配额分配方式发生了较大改变：一是拍卖逐渐成为配额分配的主流方式，其中电
力公司不再得到免费的配额，因此从 2013 年开始，电力公司将不得不在拍卖中购买所
有的排放配额；二是分配方法由历史总量法和国家基准法改为统一的欧盟基准法。

第四阶段：欧盟碳市场稳步发展阶段（2021 年至今），配额上限以每年 2.2% 的比
例不断递减，业务由电力、热力等高耗能行业扩展至航空等行业，并有望在将来拓展至
建筑、交通等行业，温室气体的排放种类也由单纯的二氧化碳逐渐扩大到包括一氧化二
氮和全氟碳化物在内的各种气体。在碳排放配额的分配方式上，从无偿向拍卖转变。在
不太危险的产业中，免费发放将在 2026 年之后逐渐消失。此阶段，英国"脱欧"后，
于 2021 年 1 月 1 日退出欧盟碳市场，同日启动英国碳市场。

目前，欧盟碳市场已经进入了第四阶段，交易活动空前活跃。2021 年 7 月 14 日，
欧洲议会与欧盟委员会递交了一份关于建立"碳边界调整机制"的议案。在此项议案中，
碳关税将分三个过渡阶段（2023—2025 年）实施，涵盖钢铁、电力、水泥、铝和肥料
产业。在此期间，进口商只需要上报其进口量及对应的二氧化碳排放量即可，欧盟不对
此收费。该法案是欧盟向二氧化碳关税迈进的第一步，其目标是在 2026 年 1 月 1 日完
全实现碳边界调整，正式启动碳税。同时，为应对气候变化，欧盟公布了"Fit for 55"（"减
碳 55"）的综合气候计划，提出 12 个主动行动方案，涉及能源、运输和工业等各个方面。
承诺 2030 年底温室气体排放量较 1990 年减少 55%。这势必进一步推动全球能源结构转
型，促进减污降碳发展。

3.2.2　欧盟碳市场的主要特征

欧盟碳市场制度体系从 2005 年建立至今，制度体系不断完善，碳资产价值逐渐稳定，
流动性不断加强。从欧盟碳排放权交易制度发展历程来看，欧盟碳市场运行主要表现出
以下几点特征。

1. 规则体系趋于完善

为建立和完善碳市场，欧盟通过一系列指令、条例、决议等，围绕配额管理及拍卖、
配额交易、碳排放监测核查等方面，建立了较为完善的欧盟碳交易政策法规体系。通过
对碳资产的合法性进行法律确认，引导金融机构参与到碳交易中来，利用金融工具提高
碳市场的流动性。

2. 多阶段循序渐进

欧盟碳市场针对不同阶段制定不同的减排目标，例如排放量限制额从第一阶段的
《京都议定书》承诺目标的 45%、第二阶段的"比 2005 年平均减排 6.5%"、第三阶段的
"比第二阶段每年减少 1.74%"，到第四阶段"2023 年温室气体排放量比 1990 年减少
40%，每年需将总配额削减 2.2%"，不同阶段碳减排目标的变化体现了碳减排工作的合
理性。

3. 交易范围持续扩大

欧盟碳市场中覆盖地区、行业，以及限排气体种类逐渐增加，覆盖地区从最初欧盟27 个成员国扩展到所有欧盟国家以及列支敦士登、挪威和冰岛；行业范围从第一阶段的能源、电力、钢铁、水泥、玻璃、造纸，逐步扩展到了化工、航空、建筑、交通、港口、船舶等多个行业；限排气体种类从单一温室气体（二氧化碳）增加至二氧化碳、二氧化氮、全氟化合物等。

4. 配额分配从免费到收费

配额分配制度从成立之初的祖父法免费分配制度，进化到基于历史产出和实际产出为基准的免费分配制度，再进化到以拍卖为主体的市场分配制度，分配制度变得更加有效。具体而言，第一阶段采用自下而上的国家分配计划，以免费分配为主，仅 5% 配额采用拍卖法分配，第二阶段拍卖分配比例逐渐上升，并取消了国家分配计划，实行统一的排放总量控制，第三阶段拍卖配额比例达到 57%，第四阶段逐步取消免费配额，向以拍卖为主的分配方式过渡。

5. 处罚措施逐渐严厉

欧盟明确要求其成员国对于二氧化碳排放量超出标准、未能履行其减排承诺的公司，采取一系列有效、具备针对性的惩戒手段。这些手段包括但不限于声誉处罚，如公开曝光违规行为，以及行政处罚，如罚款或暂停运营许可，甚至在严重情况下，还可能涉及刑事处罚，以确保企业能够切实履行其减排责任，共同推动欧盟碳市场的健康发展。

6. 碳金融产品不断完善

在产品种类方面，欧盟碳市场已经形成了包括现货、期货、期权等在内的多元化碳金融产品体系。其中，现货交易是碳市场的基础，期货和期权等金融衍生品则提供了重要的价格发现和风险管理功能。在交易规模方面，越来越多的企业和投资者参与到碳市场中来，推动了碳交易量的快速增长。同时，碳市场的流动性也得到了提升，使得碳金融产品的交易更加便捷和高效。在市场机制方面，欧盟碳市场通过引入拍卖机制，使得碳排放权的分配更加公平和透明，同时加强了对碳排放数据的监测和核查，提高了数据的准确性和可靠性。

3.3　美国碳市场

3.3.1　芝加哥气候交易所

芝加哥气候交易所（CCX）成立于 2003 年，是世界上第一个以国际规则为基础、具有法律约束力的注册与交易平台，是北美地区唯一的自愿性减排贸易平台，同时也是全球第一个涵盖六类温室气体登记与交易的平台。CCX 的运作模式有别于 CDM，它是第一个以市场机制为基础，将温室气体的排放量以期货形式进行交易的平台。从环境经济的角度看，CCX 处于全球领先地位。2006 年，CCX 通过《芝加哥协议》，对 CCX 的创建目标、经营内容、交易方式、承诺限额、减排气体主要种类、资金回收和融资、会员登记和交易程序、气体监测程序等进行了详尽的阐述。

CCX 采取会员制，在 2010 年停止交易之前，大约有来自包括航空、汽车、电力、环保、运输等在内几十个领域的 400 名会员。该减排项目涉及的六种温室气体是：二氧化碳、氧化亚氮、甲烷、全氟、六氟化硫和氢氟碳化物。其中，内部减排计划分成两个阶段：第一阶段为 2003—2006 年，六项温室气体的排放量减少 1%，这与 1998—2001 年度排放量基本一致；第二阶段为 2007—2010 年，六项温室气体排放减少 6%。CCX 采取的是两种模式，即限额交易与补偿交易。在这两种模式中，限额交易最为普遍，而补偿交易大多是建立在政府福利补助的基础上，为鼓励更多的行业参与到减少温室气体排放中来而设立的。在监管方面，CCX 引入了独立董事及第三方监管者，并独立地对成员的碳排放进行监控与审核，避免人为操纵的现象。

2004 年，CCX 在欧洲设立了一个分支机构，即欧洲气候交易所。CCX 于 2005 年和印度商业交易所合作，之后在加拿大成立了蒙特利尔气候交易所。2008 年 9 月 25 日，CCX 与中油资产管理有限公司、天津产权交易中心合资建立了天津排放权交易所。但因缺乏强制性的会员自愿承诺减排机制，CCX 在 2010 年面临严峻挑战，其自愿交易难以持续，且存在交易量下降、企业退出市场等问题。CCX 作为一种以市场机制处理气候变化问题的典型代表，它的兴起与衰落证明了法律是碳市场发展的基石，而在此基础上，有必要制定出一套以立法为基础的强制性减排制度，否则最终将丧失其市场意义与交易价值。

3.3.2　区域温室气体减排行动

美国东北地区与大西洋中心地区的 7 个州于 2005 年 12 月共同创立了美国首个基于市场机制的强制性碳排放交易体系——区域温室气体减排协议（RGGI）。如今，该协议以减少电力部门的碳排放为主要目的，已扩展至美国东北部及大西洋海岸的 11 个成员州，90% 以上的配额将以拍卖的形式进行分配，25% 的收益将被用来改善能效管理，促进清洁能源开发和减少温室气体排放。此外，根据 RGGI 的规定，减排主体存在超额排放的，须在未来清缴超额排放量 3 倍的配额，并可能受到所在州的其他处罚。与此同时，为鼓励发展低碳经济，RGGI 对能源效率高、清洁和可再生能源、温室气体减排等领域给予资金支持。

RGGI 采用了基于碳排放权的交易机制，其中包括 CO_2 配额拍卖、市场管控、CO_2 排放与配额追踪，以及 CO_2 排放抵消项目 4 个组成部分。根据各州的历史排放量、经济发展速度、人口分布等数据，制定相应的分配比例，并以 3 年为一个履约控制期的分阶段管控模式。具体分为以下几个阶段：第一阶段为 2009—2014 年，采用初始交易水平的碳减排目标；第二阶段为 2015—2018 年，电厂的二氧化碳排放量要降低 2.5 个百分点，没有达到这个目标的公司将被处以配额价格 3 倍的罚款。为激发碳市场的活力，RGGI 采取了包括延长临时控制期、调整成本控制机制、调整碳排放抵消项目类别和更改保留价格规则等一系列改革措施。现在，RGGI 已经进入了第 5 期，并且已经和新泽西州完成了对接。下一步，RGGI 将与弗吉尼亚州、宾夕法尼亚州进行碳市场的对接。区域碳市场的引入，将直接影响到电力现货市场交易和发电企业的中长期投资，并在技术进步、环保政策、RGGI 工程等诸多因素的共同影响下，推动其所在地区的电力市场供电结构发生重大变革。

3.3.3　美国加州碳排放交易体系

美国加州碳排放交易体系（CAL-ETS）于 2013 年正式推出，目前，它已经涵盖了加州各大主要工业部门 85% 的温室气体排放，包括发电、炼油、工业设施和运输燃料等年排放量至少为 25000 吨二氧化碳当量的企业，是全球运行效果最好的碳排放交易体系。

CAL-ETS 制订了三个阶段的减排计划。第一阶段为 2013—2014 年，为了预防"碳泄漏"，主要采用免费分配（占总排放量的 90%）的方式。第二阶段为 2015—2017 年，按照企业所处的行业类别，将其分为高泄漏（免费分配）、中泄漏（免费分配 75%）、低泄漏（免费分配 50%）等类型，并针对不同类型分别建立免费分配方案。第三阶段为 2018 年以后，高泄漏类型将继续实行免费分配策略，中泄漏类型的免费分配份额将调整为 50%，而低泄漏类型的免费分配份额会被重新调整到 30%。美国加州碳市场通过设置碳价的上限和下限，可以有效地防止碳价格的大幅波动，使市场信号更加明确、降低价格干扰。在碳价过高的情况下，该市场也会保留一部分配额来稳定碳价（其价格会抑制库存）。这些举措使得加州的碳市场能够正常运行，并且能够很好地达到减少排放的目的。

CAL-ETS 采用的是一种类似欧盟的碳排放交易制度，其最大的不同之处是为投资者拥有的公共事业（IOU）设计了一种双边拍卖机制。美国加州空气资源委员会在 2020 年公布的一份报告中称，碳排放配额的拍卖所得款项将用于绿色交通、可持续社区建设以及清洁能源产业等领域，迄今为止已投入 137 亿美元，同时还带来许多新的工作岗位。美国加州的碳市场立法修正案于 2021 年 1 月正式生效，该法案对配额价格控制机制进行调整，并对总排放量进行进一步的削减，其目的在于加强碳市场监管、提高减排力度，并推动加州在 2030 以前实现更大幅度排放削减目标。

3.4　澳大利亚碳市场

澳大利亚政府是世界上最早实行强制性温室气体减排计划的国家之一，也是发达国家中人均排放量高的国家，曾试图推进排放权交易近十年，最终成功建立了成熟的自愿碳市场和碳中和认证机制。值得一提的是，新南威尔士州在 2003 年率先启动了温室气体减排计划（NSW-GGAS），标志着该地区成为世界上首个实施强制性行业碳减排交易体系的先驱。该计划以澳大利亚 1995 年的《电力供给法案》和 2001 年的《电力供给通则》为法律基石，并在 2002 年通过《电力供给修正法案》得到进一步强化，旨在显著减少新南威尔士州在电力使用过程中产生的二氧化碳等温室气体排放量。正是通过这一具有里程碑意义的计划，澳大利亚成功构建起了首个在区域和行业层面均具备显著影响力的碳市场。

随后，澳大利亚在碳减排交易系统方面持续努力，逐步完善区域和行业性立法，推动全国性相关法律体系的建立。2009 年，澳大利亚提出《碳排放削减议程法》，是该国第一次在全国范围内针对碳交易体系立法。2011 年 2 月，发布《实现清洁能源的未来》法案，颁布一揽子计划，旨在激励能效提升、推动可再生能源的创新与投资，并通过碳价格机制增加低收入家庭的收入。该法案还计划用 ETS 替代之前的碳价格机制(CPRS)。2012 年 1 月，澳大利亚两党达成共识，设定了到 2020 年碳排放量比 2000 年减少 5% 的明确减排目标。为了实现这一目标，澳大利亚开始实行定价机制，要求全国 500 家规模最大的污染企业按照固定价格支付其碳排放费用。同年，澳大利亚发布升级版的国家碳补偿标准（NCOS），包括碳中和参考标准、碳补偿和碳足迹核算等内容，旨在提升消费者对碳中和产品的信任度，帮助企业确保其产品满足顾客预期，并确保消费者购买时能够作出明智的选择。这一举措为澳大利亚的自愿碳市场提供了全国统一的标准，促进了市场的健康发展。另外，为了确保碳交易的成功进行，澳大利亚还引入一系列补偿计划，其中包括 EITE 援助计划（高比例的免费配额）、就业与竞争力方案（JCP，提供资金保障就业）、清洁能源与气候变化项目投资计划、家庭补助计划等。

澳大利亚的碳交易体系，根据碳排放配额的分配情况，可清晰地划分为固定价格时期、浮动价格时期以及浮动价格区间时期。第一时期为固定价格时期，时间为 2012 年 7 月 1 日—2015 年 7 月 1 日，采用的是固定碳价机制，具体而言，第一年的固定价格为 23 澳元 / 吨二氧化碳当量，第二年为 24.15 澳元 / 吨二氧化碳当量，第三年为 25.4 澳元 / 吨二氧化碳当量。在这段时期内，没有设定减排总量，碳单位不得存储。为了提升企业积极性并降低减排成本，政府提供了大量免费配额以供当年使用。第二时期为浮动价格时期，时间是 2015—2016 年，设定了绝对配额总量。从 2015 年 7 月 1 日开始，澳大利亚的碳市场与欧盟碳交易体系接轨，通过拍卖的形式进行配额分配，并由碳排放权市场的供需力量决定碳交易价格。在该时期内，设定了减排总量，不限制碳市场价格的上下限。到了 2016 年以后的浮动价格区间时期，同样设有配额总量。但为了防止企业因履约成本过高或碳信用单位价格过低而损害供应方利益，进而影响企业或市场参与者的减排积极性，政府特别设定了碳单位市场价格的上下限，不仅为企业提供了更好的减排成本优化机会，也在管理履约义务方面赋予了企业更大的灵活性。

3.5　新西兰碳市场

自新西兰签署《京都议定书》后，该国在应对气候变化的道路上迈出了坚实的步伐。2001 年，新西兰出台了《2002 年应对气候变化法》，明确宣布从 2008 年起建立碳排放权交易机制，这成为该国在碳减排领域的重大决策。随后，在 2008 年，新西兰又通过了《气候变化应对法（排放交易）2008 年修正案》，进一步细化了碳排放权交易机制的构建，并确定了逐步推进的实施策略。根据该法案，新西兰建立了温室气体排放交易市场（NZ-ETS），并采取分阶段的方式逐步引入各行业。值得一提的是，林业部门成为首批纳入碳交易体系的产业部门，充分体现了新西兰在碳减排方面的前瞻性和决心。这一举措不仅展现了新西兰在应对气候变化方面的领导地位，也为世界其他主要国家在农业领域温室气体减排方面提供了宝贵的经验和参考。

对于新西兰的碳市场而言，其温室气体减排目标遵循一条清晰的时间脉络，分为短期（2008—2012 年）、中期（2013—2020 年）和长期（2021—2050 年）三个明确阶段。总体目标是到 2030 年实现碳排放较 2005 年减少 30%，并最终在 2050 年实现碳净零排放的宏伟目标。随着碳交易机制的不断完善与深化，NZ-ETS 已逐步扩展到液体化石燃料、固定能源、工业加工部门，乃至农业部门，并最终涵盖了新西兰国内的所有行业，以及《京都议定书》所规定的六种温室气体。在 2021 年之前，新西兰的碳排放交易体系并未设置总量限制，允许配额的抵消与储蓄。并且，除了不能来自该项目外，项目配额的抵消与配额储蓄在数量上均不受限制，这为企业提供了更为宽泛的操作空间。此外，NZ-ETS 注重与全球各主要国家碳排放权交易市场合作，新西兰国内企业可参与全球碳排放市场，并使用国际碳信用额度。

在配额发放方面，针对不同行业和各行业内部，新西兰制定了相应的分配方式和分配额度。其中，为了减少碳市场对碳密集型出口工业、渔业和林业三大部门的影响，工、渔、林业将获得免费配额。对大部分工业行业来说，它们必须向市场购买配额，或以每吨 25 新西兰元的价格从政府购买配额。由于林业部门是新西兰最大的出口创汇来源，并且林业部门在国内经济中所占比重较高，其产生的温室气体约占新西兰温室气体排放总量的一半，因此林业在减缓气候变化战略中扮演着重要角色，并且在碳交易设立的初期即被纳入排放交易市场。此外，根据新西兰最新公布的农业碳排放定价计划，农业领域的碳排放（包括甲烷、二氧化碳和一氧化二氮）将被纳入税收征收范围，意在通过经济激励，促使农场主积极开发和应用新技术，以生产出更多"气候友好型"产品，从而在实现经济效益的同时，也为应对气候变化贡献一分力量。

3.6　日本碳市场

美国能源部二氧化碳信息分析中心（CDIAC）称，日本的能耗和二氧化碳排放量始终处于世界前列，其二氧化碳排放总量一直处于第五到第八的位置。日本在环境、经济等多重压力下，率先启动低碳发展战略，并积极推进碳排放交易市场的建设，是亚洲第一个建立碳市场的国家。日本碳市场大致经历了三个发展阶段。

第一阶段为 1990—2005 年，前期政策铺垫阶段。1990 年，日本出台《抑制全球变暖行动项目》，该项目明确了一个目标，即到 2020 年仍然保持 1990 年的二氧化碳排放水平；1997 年推出《环境自愿行动计划》，旨在鼓励能源和工业部门减少温室气体排放；1998 年 10 月，又颁布了全球首部应对气候变化的法律——《地球温暖化对策促进法》，该法律明确规定了温室气体减排是国家、地方、企业、普通民众的职责与义务。

第二阶段为 2005—2010 年，碳市场建立阶段。日本环境省于 2005 年和 2008 年分别推出自愿排放交易计划（JVETS）和核证减排计划（JVER）。其中，JVETS 是一种自愿性排放权交易系统，具有减排意识的国内企业可以自主决定是否加入该系统。为了激励企业积极参与减排行动，该系统采用减排补贴措施，对符合要求的项目按项目施工费用的 1/3 作为补贴。JVER 是一种碳信用交易系统，该系统将通过碳汇和减排等方式产生的碳信用用于抵消人类活动中无法避免的碳排放。随后，日本经济贸易产业省推出试验碳交易系统（JEETS），采用总量控制和强度控制两种方式对企业进行管理。但由于该系统对违约企业并没有设置惩罚性条款，所以对企业的约束力较小。

第三阶段为 2011 年以后，地区强制总交易体系设立。亚洲第一个碳交易体系——东京都总量限制交易体系（TCTP）正式启动，这不仅是日本首个地区级的总量限制交易体系，同时也是全球首个城市总量限制交易计划。这一强制性排放交易体系为管辖范围内的企业制定了整体减排限额，一旦企业获得配额便可以根据需求进行交易。该交易体系还进一步制定了严厉的处罚制度，对未能履约的企业处以高额罚款。2011 年，日本埼玉县推出其自身的碳交易体系，并与东京都完成了两个区域的碳市场对接，从而推广了 TCTP 的应用。

日本的碳市场由多个相互独立但并存的体系组成，在其构建过程中，政府的作用得到了很大程度的发挥。日本政府在各个阶段制定相应的规划和目标，构建了碳交易体系，为保证这些目标的实现还颁布了一系列政策法规。日本环保省提出"政府出钱，企业减排"的模式，以鼓励更多的公司加入碳排放贸易。当前，日本碳排放交易市场以市场定价为主导，辅以政府引导的碳税，覆盖能源、电力和商业等各个行业。

从实施效果上看，日本在碳排放交易中具有清晰的减排目标和严格的履约机制。TCTP 通过采用定期报告、严密监控，认证机制等方式促使成员单位落实排放配额的交易和存储，对于未能落实减排配额的成员单位将处以高额罚金。从减排效果来看，TCTP 运行情况良好，减排效果明显，能够实现年均 20% 的二氧化碳减排量，最高能够达到 25%。

另外，由于本国削减排放量的空间不大，日本将目光投向了国际市场。近年来日本参与国际碳交易采用的主要方式是 IET 和 CDM。具体来看，日本把中东欧国家，如俄罗斯、乌克兰、波兰、捷克，均看作主要的碳贸易合作伙伴，并向其采购了大批的碳排放权。但是，由于中东欧国家的环境问题日趋严重，这些国家纷纷采取更为严厉的减排措施，使得碳排放配额变得越来越稀缺，同时随着价格的不断攀升，对日本国内需求产生了一定的抑制作用。与此同时，日本还通过先进技术和充裕的资金与发展中国家进行碳排放权交换，并通过清洁发展机制使其取得了显著的进展。但按照这一机制，从审批到发放碳排放权，平均需要两年左右的时间。为此，日本提出了双边碳抵消机制（BOCM），以填补上述两种机制的缺陷。

3.7　韩国碳市场

2015 年，韩国正式推出了东亚首个国家级碳市场，即韩国碳排放权交易体系（K-ETS），并开始实施温室气体排放权交易制度。到 2022 年为止，韩国碳市场已经囊括了 5 个主要领域的 684 家企业，包括航空、建筑、工业、能源和废物领域，涉及 7 大类别的温室气体，占韩国总排放总量的 74%。在监管方面，韩国碳市场要求参与交易的实体在每年年初 3 个月内提供详细的报告以说明所有排放量及其来源，且该报告须经由环境部认证的第三方机构出具。

K-ETS 制定了 2015—2025 年的政策目标和规划：第一阶段（2015—2017 年），采用全额免费分配方案，仅允许使用国内抵消信用；第二阶段（2018—2020 年），利用 3% 的拍卖配额分配，强化二级市场的价格发现功能；第三阶段（2021—2025 年），实施更加严格的排放上限，将有偿配额比例提高到 10%，覆盖的行业将继续扩大，进一步引入大型运输业与建筑等行业。企业总排放高于每年 12.5 万吨二氧化碳当量，以及单一业务场所年温室气体排放量达到 2.5 万吨，都必须纳入该系统。其中，在进入市场运行的首个阶段后，因配额日渐缩减且控排企业持有其中的大半配额，K-ETS 的市场配额不足的状况较为明显，碳价随之上涨，控排企业减排成本较高。为此，韩国于 2020 年 4 月修订了《排放交易法》，允许第三方机构与金融中介在二级市场内开展交易活动。

韩国和欧洲碳市场的主要区别在于，韩国采取由国家牵头的二级市场碳做市机制，而欧盟的做市交易则由众多的金融公司参与。为应对市场缺乏流动性这一问题，韩国于 2019 年引入碳做市机制，并于 2021 年将 20 家金融机构纳入二级市场开展碳排放交易。在 K-ETS 中，做市商是由政府任命的，到 2021 年年末，仅有 5 家银行成为做市商，这些银行能够从政府借贷配额储备以满足市场的流动性。据韩国交易所统计，2020 年韩国各类碳排放权交易商品总量已突破 2000 万吨，较上年同期增加 23.5%。韩国在碳排放权交易体系中逐步推动了有关实体的节能减排行动，并已初见成效。

3.8   加拿大碳市场

2006 年 7 月，加拿大首个二氧化碳排放配额交易机构——蒙特利尔气候交易所正式建立并开始运作。2013 年 1 月，加拿大魁北克的碳交易体系正式启动，涵盖化石燃料燃烧、电力、建筑、运输、工业等多个领域的多种温室气体，并以免费分配与拍卖相结合的方式进行配额分配。在这一基础之上，魁北克省建立了温室排放限额和交易制度（C&T 系统），并于 2014 年 1 月与加利福尼亚州系统连接在一起，成为西部气候倡议的一部分，签署《加州空气资源委员会与魁北克政府关于协调和融合消减温室气体的碳排放交易体系合作协议》，是首个由不同国家的次国家政府设计和管理的碳市场。美国加州和加拿大魁北克的碳交易体系虽然有所不同，但两者均为西部气候倡议（WCI）的成员，在减排目标、减排部门与范围、配额拍卖与定价等方面具有高度兼容性。

加拿大碳市场主要的组成部分是基于产出的定价系统。该系统于 2019 年 1 月 1 日生效，为其下属每个部门设置了一个排放强度标准，排放超过标准的设施必须支付联邦燃料费（federal fuel charge）规定的碳价，提交购买的剩余信用额度或符合条件的抵消额度。

3.9   国际碳市场先行经验

碳排放权交易体系作为一种市场导向的政策手段，其目的在于通过交易碳排放权这一资产来控制温室气体的排放，从而达到优化产业结构、促进经济社会可持续发展的目的。近年来，欧洲、韩国、新西兰和美国等一些发达国家（地区）已经在顶层设计、交易机制和交易产品等领域开展了系统性的构建，并初步建立起完善的碳交易体系。这些经验对于中国碳市场的建设和规则设计具有积极的借鉴作用。

3.9.1　健全碳排放权交易法律法规体系和制度安排

我国碳排放权交易市场仍处于起步阶段，支撑碳排放交易市场发展的法律法规和配套制度存在较大缺陷。虽然已经颁布了《清洁发展机制项目运行管理办法》《温室气体自愿减排交易管理暂行办法》《碳排放权交易管理办法（试行）》等相关的配套政策，但是这些政策均以办法或准则的形式颁布，缺乏权威性和针对性，尚未出台一项专门针对碳排放权交易的高阶立法。因此，我国应借鉴主要发达国家或地区的碳市场经验，健全完善碳排放权交易的法律法规体系。

2007 年，欧盟通过《欧盟环境责任指令》，制定了"三个 20%"的低碳经济发展计划。随后，《欧盟能源气候一揽子计划》于 2008 年 12 月通过。这份计划包含六项议题，即碳捕集和储存的法律框架、排放权交易机制修正案、可再生能源和燃料质量指令、汽车二氧化碳排放法规，是欧洲最早对减少二氧化碳排放有法律约束力的计划。随后，《欧洲绿色协议》于 2020 年 1 月 15 日通过，明确了欧盟在 2050 年实现碳中和的碳减排目标，并设计了欧洲绿色发展战略的总框架。行动路线图覆盖能源、建筑、交通以及农业等多个领域的转型发展，特别是在经济领域采取了许多措施。此外，《欧洲气候法》也于 2020 年 3 月颁布，以立法的形式确保实现欧洲在 2050 年达成气候中和的愿景。它为欧洲所有政策设定了目标和努力方向，并建立了法律框架来帮助各国实现 2050 年的气候中和目标。

美国于 2006 年 7 月通过《加州全球气候变暖解决法案》管制加州一年范围所有的温室气体排放量，随后，于 2007 年出台了《低碳能源标准》。此外，在 2009 年 6 月通过的《清洁能源与安全法案》中，加入了碳排放权配额分配和碳金融产品借贷等一系列的制度性安排。在 2010 年 3 月，明尼苏达州、威斯康星州、伊利诺伊州等六个州联合签署了《中西部温室气体减排协议》。这一协议旨在共同减少温室气体排放量。值得一提的是，美国于 2021 年 2 月重返《巴黎协定》，为落实该协定下的碳减排目标而努力并承诺在 2050 年实现碳中和。此外，到目前为止，已经有六个州通过立法设定了到 2045 年或 2050 年实现 100% 清洁能源的目标，这表明各州在推动清洁能源转型方面取得了重要进展。

澳大利亚的碳市场监管法律制度处于国际领先地位，通过最初的区域和行业性立法，推动全国性相关法律体系的建立和完善，不仅针对新能源、温室气体减排立法，同时，通过对各部门权限的设置、重点监督机制的设计，建立起较为完备的碳市场执法监督体系。

3.9.2　设计相对完善的碳市场交易体系

目前，我国在碳市场中仍采取"自下而上"的方法，即将每个重点排污单位的配额量加总，得到各省的配额量，再将各省的配额量加总，从而得到国家的配额量。然而，这种配额总量设定方式以碳排放的历史数据、经济增长与减排潜力的预测作为基础，容易出现市场配额长期严重供大于求的问题。此外，目前我国碳市场仅覆盖了发电行业，在一定程度上制约了碳排放交易市场的流动性，而碳配额分配方案仅适用于电力、石化、钢铁等碳排放量较高、数据基础较好的行业，且继续实行免费分配，存在一定的局限性。在碳市场成立的初期，免费分配配额可减轻企业负担，引导企业进入碳市场，但是难以兼顾纳入行业的差异性，也无法实现碳交易的高效率。因此，随着我国碳市场的运行成熟，应多借鉴发达经济体成熟碳市场的碳交易机制。

就国外碳交易的基本制度、框架设计而言，包括拍卖比例、配额分配、覆盖范围等，大部分碳市场都具有分阶段循序渐进、交易范围不断拓宽、配额总量不断收缩、免费转为有偿拍卖、违约惩罚力度不断提高的发展特点。美国碳排放交易制度已发展为多层级分区结构，并实施不同的交易机制，可将其划分为自愿减排交易体系和强制减排交易体系两种类型。例如，在美国，减少温室气体排放的初期，大部分是通过拍卖的方式进行的。超过90%的碳配额将以拍卖的形式分配。此外，还设立了二氧化碳配额追踪系统以及独立的第三方核证监督机构，对拍卖和交易过程进行监测和认证。企业、个人、非营利性机构、外国公司等都可以参加竞拍，但是单个主体在一次拍卖中购买的配额数量不得超过该次拍卖总量的1/4。就配额跨期使用而言，美国、韩国、澳大利亚、日本、新西兰等国家在实际碳交易中，一般允许碳配额在使用时间上的灵活性，但并非无限制的储备。这样做可以减少价格的波动和经济因素对碳交易的影响，同时还能提升公司的交易动机。

有效的碳排放数据监测、报告和核查（MRV）机制对于保证碳市场有效运行和实现碳减排具有十分重要的意义。欧盟碳交易体系在《联合国气候变化框架公约》的约束下，其成员国必须向联合国提交碳排放数据，并按照规定进行核证减排的签发与使用，该体系严格遵守联合国的安排。澳大利亚于2008年颁布了《国家温室气体和能源报告法案》，规定所有受碳定价机制覆盖的减排实体都有报告义务，并在此基础上初步构建起MRV制度。这个法案确保了澳大利亚在温室气体和能源领域具有透明度和准确性。

3.9.3　丰富碳市场交易产品，引入金融监管规则

碳市场作为实现碳达峰碳中和的重要工具，除了具有发现碳价格的功能外，还具有很强的金融属性。目前全国碳市场交易主体仅为控排企业，交易产品仅为现货，碳金融产品匮乏、参与主体较少、市场结构单一导致全国碳市场流动性不足。此外，一些政策细则尚未落地，机构投资者进入碳市场进行投资或提供一系列服务的资质尚不明确。总之，我国碳金融市场发展不足，现货与碳金融衍生品共同推进的发展路径有待进一步探索开发。

全球碳市场的交易产品包括现货、期权、期货合约以及项目交易等金融衍生品。2020年欧盟和美国的碳交易分别约占全球总量的82.6%和10.3%。其中，从欧盟碳市场运行经验来看，碳期货具有最大的流动性和最大的市场份额。交易平台是由数个不同地区的交易所组成的，交易计划分阶段有步骤实施。这一自上而下的统筹交易系统，是全球碳金融发展的基石。例如，欧盟碳市场碳衍生品种类丰富且交易额占比高，稳居全球碳金融衍生品市场首位，2021年，美国洲际交易所（ICE）的主力碳期货合约成交量

为 40.8 亿吨，约占全球总成交量的 95%；在美国芝加哥和 RGGI 的碳市场上，期货交易的出现要比现货交易的出现更早；韩国第三阶段也开始将期货等衍生产品引入碳市场。

作为经营网络最广、联通产业最全的金融机构，商业银行在信息、人才和信用上有着显著的优势，可以起到促进碳金融市场健康、有效发展的作用。在碳期货方面，欧盟碳排放权交易体系的碳期货交易规模占欧盟碳市场 80% 以上，是目前世界上规模最大、运行时间最长的碳期货交易市场。同时，美国加利福尼亚总量和交易机制、区域温室气体减排行动、英国全国碳市场等碳市场均涵盖碳期货。

成熟的碳交易分为现货交易和衍生品交易，风险成因复杂、类型多样，其中，衍生产品牵涉到诸多金融方面的问题，因此，运用金融监管制度、加强监管等措施是必不可少的。例如，欧盟为了全面监管欧盟层面碳交易体系的执行、碳配额发放与使用、碳减排监测等情况，专门设立了气候行动部门，并将碳金融业务纳入欧盟金融监管工作中。同时，为稳定碳金融市场秩序和保护投资者合法权益，欧盟颁布了金融工具市场指令和条例，禁止不同类型的市场滥用，规定了一系列防止洗钱和恐怖融资的重要保障措施，如《金融工具市场指令 I》《反市场滥用指令》《反洗钱指令》。为防止碳金融市场泡沫、抑制投机风险，在次贷危机之后，美国相继出台了一系列与碳金融紧密相连的议案，如《金融衍生品透明与问责法案》及《清洁能源与安全法案》等。

3.10　本 章 小 结

碳排放交易作为温室效应治理的手段，其具体理念是污染者付费，将碳排放进行价格化处理，通过经济激励降低社会减排成本，实现负外部性的内部化，本质是一种市场化的监管工具。现如今，越来越多国家开始把碳交易纳入节能减排的计划中，碳交易正在逐步成为应对气候变化问题的一种重要手段。目前，全球范围内还没有建立起一个统一的碳市场，主要的碳排放交易市场有芝加哥气候交易所、欧盟碳交易体系，以及区域温室气体倡议等。本章就世界上主要几个碳市场进行了详细论述，发现各国采用的碳交易体系各不相同，其发展框架也不尽相同。欧洲各国提倡"自上而下"、由政府领导的碳市场发展框架，首先确定碳减排的长期目标，然后测算出该目标下的碳预算，并最终在各国之间分配碳排放配额。与此形成鲜明对比的是，美国的碳排放交易是按照"自下而上"由市场主导的方式进行的，不同州或地区已在全国范围内建立了区域碳市场，并结合各自的实践经验，开展相应的法律法规及配套设施建设。韩国在建立国家碳市场的进程中，从交易主体到碳排放配额制度等多个角度，对国家碳市场的构建进行了积极的探索与变革。总体而言，各国在碳市场的发展中采取了不同的路径和方法，并根据自身情况进行了相应的改革和探索，体现了各国在碳减排方面的努力和不同的发展理念。通过对各国碳市场基本情况的学习，认识到碳配额的配置与履行是政策设计中的关键问题是如何对配额进行科学的界定，如何在不同减排主体之间公平分配以及如何对减排企业的履约进行精确核算，这些问题都需要一套完整的制度设计，我国应借鉴发达经济体碳市场的经验，完善我国碳市场体系。

第4章

中国碳交易沿革及其在国际市场中的地位

4.1 中国碳交易沿革

碳市场作为实现我国碳达峰碳中和目标与国家自主贡献目标的政策工具，其建设进展受到了国内外的广泛关注。21 世纪初，我国作为减排项目东道国单边参与清洁发展机制，培育国内碳市场。在此基础上，我国逐步推动国内碳交易试点、自愿减排交易以及全国碳市场建设工作，并在 2021 年起正式启动了全国碳市场的第一个履约周期，同时也在国际上积极推动构建《巴黎协定》下的全球碳市场机制，对碳交易的主动权与话语权正在不断提升。我国在碳市场实践进程中从最初的积极参与者、追随者，逐渐发展成为积极的推动者、引领者。

我国碳交易的发展历程大致可以分为三个阶段，分别为清洁发展机制主导阶段（2011 年以前）、区域性碳市场主导阶段（2011—2021 年）、全国性碳市场主导阶段（2021 年以后）。

4.1.1 第一阶段：2011 年以前，清洁发展机制主导阶段

2004 年 11 月，全球首个 CDM 项目注册成功；2005 年 2 月 16 日，《京都议定书》正式生效。该协议的目的是减少温室气体的排放，并引入了三个灵活的产权交易机制——

排放权交易机制（ET）、清洁发展机制（CDM）和联合履行机制（JI）。

这三种机制的设立使得碳市场正式有了可交易的产品，并为 CDM 市场的快速发展打下坚实的基础。与此同时，CDM 项目的规模也随着 EU-ETS 等需求市场的不断发展而日益壮大。然而，段晓男（2022）等在参考国际能源署的相关数据和《联合国气候变化框架公约》的基础上，对《京都议定书》缔约国温室气体减排方面的进展情况进行了评估，研究发现，2008—2011 年各国温室气体排放量由于受金融危机等经济活动的影响呈现动态变化的趋势。从国别排放看，伞形国家实现减排目标基本无望，自 1990 年开始，其碳排放量总体上呈现出增加的趋势；欧盟国家虽整体完成了 8% 的减排目标，但不同国家完成情况不尽相同；经济转型国家减排幅度最大。2004 年 6 月 30 日，我国正式开始实施由国家发展改革委、外交部、科技部联合签署的《清洁发展机制项目运行管理暂行办法》，北京安定填埋场填埋气收集利用项目向国家发展改革委报审后拿到了001 号 CDM 批准证书，该项目成为我国政府批准的第一个 CDM 项目，这是我国进入了通过 CDM 与世界碳市场进行互动的发展阶段的重要标志。截至 2011 年，即 CDM 项目市场停滞前，我国共批准 CDM 项目 5074 个，其中以新能源和可再生能源领域为主，获批项目共计 3733 个，占总项目数比例高达 73.57%。目前我国 CDM 涉及项目共包含九大类——节能和提高能效、垃圾焚烧发电、甲烷回收利用、新能源和可再生能源、造林和再造林、N_2O 分解消除、HFC-23 分解、燃料替代，以及其他类型。根据 UNFCCC官网提供的数据，从项目类型看，我国已经获得批准的新能源和可再生能源项目共计3733 个，甲烷回收利用项目共计 476 个，节能和提高能效项目共计 632 个，占据了我国 CDM 项目的主导地位。但张敏（2013）等发现在主体资格、核证减排量、指导价格等方面仍存在着制度缺陷及规定模糊等问题，在一定程度上阻碍了 CDM 项目在我国的发展。

4.1.2　第二阶段：2011—2021 年，区域性碳市场主导阶段

受到后京都时代减排义务难以落实、市场与环境成本冲突加剧、各国内部政策收紧，以及全球经济低迷等多重因素的影响，CDM 市场逐渐走向衰退，目前已基本停滞不前。在这一形势下，我国开始积极寻求碳交易方面的新路径。2011 年国务院常务会议审议通过了《"十二五"控制温室气体排放工作方案》，并提出我国将开展低碳发展的试验试点，探索建立碳排放交易市场，加快建立温室气体排放统计核算体系。随后，国家发展改革委下发《关于开展碳排放权交易试点工作的通知》，确定北京、天津、重庆、上海、湖北、广东和深圳七个省市作为碳交易试点地区，并在 2013—2014 年相继启动碳交易试点工作。这些试点地区涵盖了不同的行业、区域和制度类型，为全国碳市场的建设积累了经验和数据。直到 2021 年 7 月 16 日，全国碳市场正式上线，该市场能够覆盖45 亿吨排放量。同年 12 月底，总成交量达到 1.79 亿吨，履约完成率达到 99.5%。

自从七个省市开展碳市场制度体系建立以来，全国高度关注。在 2015 年 12 月召开的巴黎气候大会上，习近平主席强调为减少温室气体排放和应对气候变化，中国将建立全国碳市场。2016 年 1 月 11 日发布的《国家发展和改革委员会办公厅关于切实做好全国碳排放权交易市场启动重点工作的通知》，提出将石化、钢铁、有色、化工、造纸、建材、

电力、航空等重点排放行业纳入全国碳排放权交易体系，并对企业历史碳排放进行核算，为碳市场的配额分配提供数据支撑。随着碳金融产品的不断发展，2016 年 8 月 31 日，中国人民银行等七部门联合印发《关于构建绿色金融体系的指导意见》，文件强调要发展各类碳金融产品，促进建立全国统一的碳排放权交易市场和有国际影响力的碳定价中心。

一系列的政策以及文件的出台，推动着我国碳市场不断走向成熟，其中，从总成交额来看，广东交易所、湖北交易所整体规模较大。根据各大交易所官方网站提供的数据，截至 2021 年 7 月初，广东碳排放权交易所位列七大交易所之首，累计成交额达 33.02 亿元。湖北碳排放权交易所与深圳碳排放权交易所位列第二与第三，累计成交额达 17.02 亿元与 11.799 亿元。与此同时，北京交易所累计成交额为 9.04 亿元，上海交易所为 5.18 亿元，天津交易所为 4.08 亿元，重庆交易所为 0.42 亿元，依次递减。从涉及行业来看，上海交易所纳入行业范围较为宽泛。上海碳排放配额交易所共纳入机场、港口、铁路、钢铁、石化、化工、电力、纺织、造纸、橡胶、化纤、航空、有色、建材、商业等多个行业，纳入企业数量较多，涉及行业最为广泛。从交易种类来看，多数交易所仅涉及二氧化碳交易，但重庆交易所较为特别，共涉及全氟化碳、二氧化碳、甲烷、六氟化硫等多种气体的交易，形式较为独特。

在七大碳交易试点取得初步成功的同时，各市场价格不统一、交易信息不对称等问题逐渐暴露，且愈发严重，我国碳市场制度体系的建设也存在一些不完善的地方，导致我国碳市场碳价不够稳定、市场活跃度不够。目前最主要的问题包括以下两个方面。一是不完善的配额分配制度。配额分配制度是碳市场的核心，免费分配配额是政府用来鼓励企业减排和过渡到低碳经济的一种方式。然而，信息不对称可能导致政府难以准确核算碳排放配额，因此出现超额分配的问题，即碳排放权供应超过需求，从而压低碳价，使企业减排的动力不足。改进配额分配制度需要更多利益相关者参与和更高的透明度，以确保政府准确评估企业的排放情况，以及根据经济部门的性质和需求进行更准确的分配。二是不完善的法律和政策体系。健康的碳市场需要明确的法律和政策支持，不完善的法律和政策体系可能导致市场不确定性，降低了企业和投资者对碳资产的信心，加剧碳市场波动，不利于长期发展。蓝虹（2022）等指出我国碳市场制度体系从各地区的试点到全国碳市场的建构，已经过了整整 10 年，在碳减排和区域环境目标的实现方面发挥了显著作用。在未来碳市场发展和制度体系建设中，应重点规避碳市场制度体系中配额超发分配的风险，加速完善碳排放权交易相关立法，发展多层次的碳市场可以提供更多的机会，吸引更多的参与者，提高市场活跃度，不断创新碳金融工具，帮助企业进行更复杂的碳风险管理和投资策略。

4.1.3　第三阶段：2021 年以后，全国性碳市场主导阶段

我国从最初的参与清洁发展机制，到开展碳交易试点，再到启动全国碳市场，在气候治理方面积极采取行动。全国碳市场是我国第一次从国家层面将温室气体控排责任落实到企业，标志着我国气候政策迈入新时代。

全国碳市场的核心要素包括以下六个方面。第一，总量控制制度：总量控制制度是碳市场的基础，通过确定全国或各行业的温室气体排放总量，从而为碳排放配额的分配

和交易提供依据。我国目前采用的是"双线"制度，即根据历史排放和强度目标确定总量。第二，覆盖行业的确认：根据各行业的排放量、减排潜力、数据可靠性等因素确定哪些行业应该纳入碳市场。我国目前以发电行业为突破口，未来将逐步扩大到石化、化工、建材、钢铁、有色、造纸、电力和民航等八大行业。第三，重点排放单位的纳入标准：根据各单位的排放量或能耗等指标确定哪些单位应该参与碳市场，我国 2020—2021 年以年排放量超过 2.6 万吨二氧化碳排放当量为标准，共确定了 2225 家重点排放单位。第四，配额分配制度：配额分配制度是碳市场的核心，是根据总量控制制度和覆盖行业的确认，按照一定的原则和方法将碳排放配额分配给各重点排放单位。我国目前采用的是"免费分配＋拍卖"的方式，即根据历史排放或基准线等因素免费分配一部分配额，剩余部分通过拍卖或竞价等方式分配。第五，碳排放核查制度：作为碳市场的保障，碳排放核查通过第三方机构对各重点排放单位的温室气体排放报告进行核查，以确保数据真实性和准确性。我国目前采用的是"随机抽查"的方式，即由省级主管部门随机抽取检查对象，随机选择检查机构或检查人员。第六，国家核证自愿减排量的抵消制度：通过认可一些非强制性排放者自愿开展的减排项目，并核证其减排量，以供重点排放单位用于抵消部分配额。我国目前还没有出台关于国家核证自愿减排量（CCER）在全国碳市场中使用的规定。虽然全国碳市场已经初步发展，但 Xia（2022）提出，我国全国碳市场起步较晚，鉴于制度、监管和碳排放核查体系尚不健全，市场不够平衡和充满活力，交易主体和交易产品有限，对相关国际事务参与不足，缺乏话语权等问题，仍需持续发力，通过深化改革、加强能力建设、加大国际合作力度等方式，进一步完善市场。

对于碳市场的后续发展，许多学者也在积极出谋划策。在如何提高中国碳市场效率和风险管理水平上，马勇（2023）等提出在配额分配方面，中国碳市场应改良和完善市场机制，逐步引入并推广配额拍卖等更为市场化的分配方式，更好地发挥市场经济的激励和约束机制。在产品开发方面，应完善现有碳交易工具体系，丰富相关交易主体，发展相关衍生品市场，为市场参与者提供套期保值等风险管理手段，防止由于交易量过于集中，从而破坏市场运行秩序，并且更低的价格波动风险可以在一定程度上提高市场活跃度，更好地发挥衍生品的市场定价功能，进而争取国际碳排放定价权。在自愿减排方面，对于建设期较长的主动减排项目，应尽快恢复和完善国家核证自愿减排量管理体系，作为配额交易的重要补充，以完善中国碳市场激励机制。王海全（2023）指出，在碳市场兴起与全球货币体系多元发展的大背景下，为实现我国"双碳"目标，并积极推进人民币国际化战略，在政策体系方面提出以下四点建议。一是完善机制建设，增强碳交易国际化发展动力。应探索扩大交易主体引入机制、培育活跃的市场交易机制、强化约束考核机制。二是深化金融创新，释放人民币碳市场活力。三是优化标准体系，促进碳市场国际化。应当推动标准体系国际化、推动跨国项目与跨区域市场连接。四是推进对外开放，提升人民币碳交易计价结算话语权。任秋潇和瞿尢（2022）通过对绿色金融创新与碳市场协同实现"双碳"目标的研究，也给出了以下三方面的建议。一是完善我国绿色金融体系建设与产品创新。应当增强国内与国际绿色金融标准的兼容性、强化企业的信息披露程度、鼓励绿色金融产品多方面创新发展。二是推动全国碳市场平稳运行及碳市场连接。例如，考虑到数据基础与产品类型因素，我国碳市场应以当前的发电行业为突破口，逐步纳入有色和建材等高排放行业。三是金融科技助力"双碳"目标的实现。大数据分析可有效识别绿色金融客户的信用和风险状况，降低绿色项目识别成本。金融科技则可以通过机器学习和数据分析，精确刻画绿色行为，为信贷决策提供支撑。

综上，对于碳市场未来的发展建议主要围绕四个方面展开。第一，重点关注在市场中配额超额分配的现象。通过逐步增加拍卖方式分配的比重，在碳配额分配制度建设中降低免费配给的比重。第二，对已有的碳金融工具进行创新，通过碳金融工具加快碳市场的流动性，让整个市场保持活跃以及稳定，从而稳定碳价。第三，发展多层次碳市场，通过区域协同减少区域性差异，共同实现减排目标。碳市场的不平衡性不仅会降低碳排放效率，而且会降低碳市场的流通性，所以有必要加强各区域之间的协调，提升碳市场的活跃度。第四，政府应该做好引导工作，完善相关法律法规制度，让碳市场有法可依、有章可循。

4.2　中国碳市场成熟度评价体系

近年来，中国愈发重视碳减排与绿色发展，积极探索利用市场机制来减少温室气体排放并加快达成产业转型升级，国内碳市场交易规模不断增加，囊括的各行业重点排放企业越来越多。2017年，国内七大试点碳市场已然成为全球第二大碳排放权交易市场。但国内碳市场发育成熟程度是否也如同交易规模一样，是全球最为成熟的碳市场之一，碳市场成熟度评价指标体系是否合理、科学？国内碳市场成熟度在此阶段是如何变化的，之后又将如何发展？这些问题对了解和评估当前碳市场发展状况，以及未来发展趋势极为重要，对政府部门进一步制定政策都有极大的助力作用。

4.2.1　成熟度评价体系的构建

碳市场建立的根本目的是以市场手段促进温室气体减排，加快我国内部能源产业结构转型，应对当前日益严重的气候变化问题。因此，衡量碳市场发育的成熟度及有效性的最根本指标是国内各碳市场对当地碳减排的贡献度。构建科学、系统的碳市场成熟度评价指标体系，需在遵循基本指标体系构建原则的情况下，选择具有解释能力的指标，即能够更清楚表征碳市场对碳减排贡献度的指标。

"成熟度"一词最先由菲利普·克劳士比提出，他认为成熟度模型就是描绘个体随时间发展的过程。就碳市场而言，成熟度就是表现碳市场当前发展水平以及未来发展趋势的重要指标，可用于辨别当前市场发展基本状况所在。因此，建立完善、科学的碳市场成熟度评价体系，为明确碳市场发展阶段，并及时作出战略调整带来更多便利。

根据市场理论，同时考虑碳市场特点，结合相关市场成熟度的研究成果，并综合相关专家学者的意见，采用目标法选择评价指标，以碳市场成熟度作为总评价结果，构建以环境属性、市场及金融属性、交易平台服务能力、配套政策和设施完善程度与市场运行效率五个方面为主的目标层指标体系，确立评价维度。

我国碳市场的环境属性是其根本属性，碳市场是为解决当前气候问题而建立的，并非简单供求关系的产物。因此，有必要考虑碳市场的环境制度建设与减排能力，考察控排主体准入门槛及控排主体的履约率等指标。其中，控排主体准入门槛指标主要表征碳市场覆盖控排企业范围。通常为了挖掘碳减排潜力，降低减排成本，应尽量扩大市场覆盖范围以将更多具有异质性的控排主体纳入。而控排主体的履约率指试点碳市场完成履约控排主体数量占试点市场控排主体总量的比例，是碳市场实现减排功能的基本保证，只有控排主体能够在履约期内上缴足额的配额才能保证整个市场实现最终减排效果。

我国碳市场的市场和金融功能的发挥对控排主体起到了引导作用，通过明晰产权，使用市场化手段解决环境问题，加快达成碳市场环境目标。因此，市场资源优化配置是碳市场实现减排功能的重要保证。本节将市场规模、市场运行时间等纳入碳市场金融属性评价指标。对于碳市场规模，由于我国各地地理区位不同，资源能源各有差异，部分碳市场的规模受到局限。碳市场在我国达到区域性平衡比较困难。在全国范围内建立起的一体化、多层次的碳市场则是接近于成熟的。对于碳市场运行时间，市场运行时间越长，整个市场服务设施和管理水平越完善，越能适应当前的环境变化，市场就越趋于稳定，即市场的成熟度越高。

在碳市场的发育初期，交易平台服务能力对于碳市场发育成熟有着重要的影响，同时也是未来碳市场发育的基础。在推行一个产品或服务市场化的进程中，市场交易平台发挥着至关重要的作用。有效的平台服务行为、合理的平台交易机制可以极大地提高市场发展的效率，资源将被合理配置，市场表现更为成熟。

配套政策和设施完善能够有效规范交易主体行为，保障市场有序运转，是我国碳市场高效运转最重要的保障。配套政策和设施完善程度是从政策法规和基础服务设施两个维度评价的，主要考虑碳市场的基本法律效力及相关碳金融产品数量。法律法规是建立市场、规范交易机制、确保有序交易的首要条件，健全的法律法规体系是市场正常运行的合理保证。碳金融产品主要是由商业银行和相关金融服务机构基于碳交易所推出的。一方面，丰富的碳金融产品能够为碳市场带来投资和交易；另一方面，碳金融产品的推出为节能减排技术改造和升级提供资金支持。

市场运行效率也是评估碳市场成熟度的一个重要标志，它衡量了市场是否能够以最有效的方式进行减排交易，并实现碳减排目标。碳市场越成熟，其运行效率越高，越能以最经济有效的方式实现分配碳排放配额、碳交易，以及其他相关减排目标，也就越能达到市场的帕累托最优状态。一个高效的碳市场应在碳排放减少、低成本减排、确保市场透明度、避免价格波动、有效监督和执法，以及促进国际合作等方面有良好的表现。

4.2.2　我国碳市场成熟度发展

首先，从碳市场的环境属性来看，碳市场减排目标的实现很大程度上取决于现行政策的覆盖行业和企业范围。碳市场的控排主体准入门槛恰恰从侧面反映了控排主体的范围。2017 年 12 月，国家发展改革委印发《全国碳排放权交易市场建设方案（发电行业）》，全国碳排放权交易体系由此正式启动，但是全国碳交易体系中纳入的行业从最初计划的石化、钢铁、有色、造纸、电力、化工、建材等能源密集型行业,减少到第一阶段只纳入火力发电行业,"十四五"期间全国碳市场逐步纳入剩余重点计划内行业。

从碳市场的市场属性及金融属性来看,碳市场的市场规模和市场运行时间长短决定了碳市场成熟度。市场交易量的扩大、市场交易产品质量的提高、交易体制的健全、市场透明度的提高需要时间来发展。2011 年 10 月,国家发展改革委批准北京、上海、深圳等 7 个省市开展碳排放交易试点工作,此次工作的最终目的是在全国建立起统一的碳市场,为构建既适合国情又科学合理的碳市场体系积累经验。截至目前,全国统一的碳市场仍未建成,这恰恰表明了由于我国碳市场运行时间短,市场表现仍有待提高,未来存在很大的发展空间。相比我国,欧盟早在 2003 年就发布了欧盟排放交易体系指令,欧盟碳市场应运而生,已有 20 余年的发展历程,具有更为稳定和成熟的市场表现。欧盟碳市场的发展经验及教训都值得借鉴。因此,考虑到碳市场规模和运行时间,我国碳市场仍有很大的发展空间。

其次,碳市场的平台服务能力也是有效建成统一的碳市场的基础。市场交易平台服务能力离不开完善的交易机制,良好的交易机制有助于市场资源有效配置,能加快达成碳市场减排目标。对于交易机制,目前国内外主要分成两大类,即基于项目的交易机制和基于配额的交易机制。其中配额交易机制又分为政府强制性交易机制和自愿机制。我国自正式启动碳交易试点以来,主要采用政府向重点排放单位分配配额的强制交易模式,目前已完成第一轮履约(第一履约期为 2019—2020 年度),完成情况良好,履约率达 99.5%。同时,政府鼓励未纳入碳排放管控范围的企业自愿加入碳排放管控体系,履约企业可以通过项目产生核证减排量以抵消碳排放额,但是对于抵消比例仍有限制。在配额分配方式方面,除政府免费发放配额外,同时引入了有偿竞价的方式,我国碳交易平台服务机制正在不断完善之中,且发展态势良好。

从配套政策和设施完善程度来看,我国于 2013 年正式开始碳交易试点,2014 年 7 月 20 日完成配额交收工作,不同市场对企业的违约行为制定了相应的处罚方案,在一定程度上说明,政府监管的力度正在不断加强。关于企业实际碳排放量的监测等工作也在完善之中,国家重点关注主要排放单位配额清缴完成情况和处理信息透明度。第一个履约周期结束后,生态环境部印发相关文件要求各省份对未按时足额清缴配额的企业进行处理。国家高度重视控排企业碳排放数据的真实性。2022 年 3 月 14 日,生态环境部对部分机构存在的篡改伪造检测报告等问题进行了通报。2022 年 8 月 19 日,国家发展改革委发布《关于加快建立统一规范的碳排放统计核算体系实施方案》,要求相关部门进一步完善电力等 7 个重点碳排放行业的碳排放核算方法及相关标准。同时政府相关部门定期公开发布全国碳排放权交易市场履约周期报告,接受公众监管。

最后,从市场运行效率方面,本书重点考察碳市场的交易量,搜集国内外碳交易量数据进行对比,发现我国碳市场成交量虽比不上欧盟碳市场,但成交量依然不小,第一个履约期参与企业达 2162 家,市场配额交易量为 1.79 亿吨,CCER 交易量为 3273 万吨,且国内碳市场交易比较活跃。在碳交易信息披露情况方面,目前我国仍遵循自愿原则,并未要求企业强制披露,披露企业占比少,披露信息质量不高。

4.3　中国参与国际碳市场现状

目前，随着碳排放权交易市场的迅速发展，国际碳市场连接已成为一个明显的趋势。越来越多的国家认识到这一趋势的重要性，并纷纷与其他市场建立起交易体系和信用体系的国际连接。成功的市场连接能够带来高于成本的预期收益，能够以更低的减排成本实现减排目标。研究我国参与国际碳市场的现状，探究我国与国际碳市场连接存在哪些潜在影响，造成的影响是否在可承受范围内是当前我国碳市场发展的重要议题。

4.3.1　中国参与国际碳市场的碳排放权现状

自 2007 年以后，中国的碳排放量一直居于全球首位，2013 年排放总量达到了世界排放总量的 1/4，2023 年这一数据更是上升至 1/3，排放量远超其他国家，这主要由于中国仍是发展中国家，经济发展仍需要消耗大量的煤炭能源，碳排放量仍在持续增长。在"双碳"目标的推动下，我国承担了相当大的减排压力，同时也意味着我国碳减排将为世界碳减排作出突出贡献，在国际碳市场有着不可撼动的地位。但由于 CDM 机制的实施，中国碳交易权始终处于国际碳排放交易产业链的最低端，中国始终是碳市场价格的被动接受者。截至 2009 年 12 月，我国有 638 个 CDM 项目通过执行理事会批准，占全球比例为 34.75%。而我国的 CERs 售价为每吨二氧化碳当量 11.7~16.08 美元，低于全球 CDM 一级市场均价。中国碳排放量占据了世界高位水平，有效的减排成果为国外卖方创造了丰厚的利润，使我国始终处于被动局面。

中国低碳产业从利用清洁发展机制以来，显现出巨大的潜力。2021 年，中国全国碳市场首个履约周期开始，纳入了超过 2000 家发电行业重点排放单位，碳排放量超过40 亿吨。这意味着中国的碳排放权交易市场一经启动就成为全球覆盖温室气体排放量规模最大的碳市场。然而，中国在碳市场中仍面临着一些挑战。首先，发达国家并不热衷京都第二承诺期，导致碳交易买方需求减少。中国的企业作为全球最大的排放权卖方，对市场的信心减退，阻碍了国内低碳融资和可再生能源开发项目的发展。其次，碳交易的商业化趋势。一些西方国家将碳交易商品化，将从发展中国家低价购买的碳排放量打包成高价值的金融产品，在国际碳市场上进行交易，牟取暴利，推动碳交易成为全球范围内的趋势，国家不再仅是碳交易的主导者，而是碳市场的主要行动者，开辟了国际碳市场扩张的新领域。中国一直是清洁发展机制的积极参与者，但与此同时，中国也成为碳交易经济利益的受害者。借助清洁发展机制，投资者干预发展中国家的低碳转型及可再生能源开发，潜移默化地造就了一个个霸权的国家和区域碳市场。

一直以来，我国作为发展中国家，并没有受到绝对减排义务的束缚，国家缺乏强制性的减排责任，导致企业普遍没有承担减排责任的动力、缺乏对碳排放权市场价值的清晰认知。在清洁机制下，国家和企业之间的减排信用并未产生过高的成本，并且可能带来实际的经济利益。虽然我国在清洁发展机制中获益，但依旧难掩遭遇经济利益剥削的事实。后京都时代，尽管我国在清洁发展机制的项目数量上遥遥领先，但碳市场交易标准由欧洲买方制定，碳价格的定价权仍掌握在西方大国手中，造成了我国在国际碳市场上的被动局面，大量国内企业只能接受低廉碳排放价格。此外，我国缺乏完善的国家碳交易机制，这导致信息资讯匮乏、公开磋商渠道有限、碳价格信号不能得到及时响应。因此，国内企业通常难以在国际碳交易中公平分享清洁发展项目的经济利益，只能通过分散参与 CDM 项目来参与碳交易。由于大量低成本、高减排量的项目领域被发达国家率先占领，一旦我国对碳减排有所需求，留给国内企业灵活履约的只剩下高成本、低减排量的项目。

我国碳交易理论起步较晚，没有形成相对完善的交易市场规则和制度，同时在 CDM 机制下，中国金融机构消息闭塞，对碳交易知之甚少。为助力我国碳市场未来发展，就必须改变现状，规范我国碳市场，加强与国际排放市场信息交流并完善相应管理制度。中国已有四家主要的碳排放交易所，但是各交易所的自愿减排交易量小，大多集中在二氧化硫等污染物的排污权交易，并未开展实质性的碳排放权交易，具有"演示"性质。因而，企业作为碳市场最大的主体，对于碳市场还比较陌生，既无法通过碳交易所了解和参与国际排放权市场的渠道，又未能认清碳市场所能带来实质性优势，始终保持观望态度。未来中国考虑与国际碳市场连接，需要在权衡中国各个政策目标的基础上进行综合评估，明确碳市场连接的得失进而决定参与国际碳市场的范围和程度，在此基础上设计相应的政策保障机制和战略步骤，进一步完善我国的碳市场。

4.3.2　中国参与国际碳市场的潜在影响

在当前的国际气候合作中，全球范围内或部分经济体之间开展碳排放交易已经成为一种新的合作形式，旨在提高减排效率，实现双赢或多赢局面。国际碳交易虽然能在一定程度上降低减排成本，但由于国家间或地区间发展阶段及发展方式的不同，碳交易对不同国家经济运行的影响可能具有显著的差异。

1. 市场流动性和价格变化

与单一的碳排放权交易市场相比，连接的碳市场增加了交易者的数量，从而提高了市场的流动性，有助于避免价格出现大幅波动。对于规模较小的碳交易体系，连接可能会带来所谓的"造市"效应。例如，新西兰的碳市场允许使用《京都议定书》的排放配额，这导致新西兰的排放单位价格受到 EU-ETS 价格和 CDM 价格的显著影响。在中欧碳市场连接中，虽然碳市场连接给中欧双方都带来了一定的收益，但由于双方的经济发展阶段、经济结构、技术水平及资源禀赋等方面存在显著差异，碳市场连接对双方的减排、国内生产总值和国际进出口贸易产生了较大的不对称影响。连接后，虽然可以在一定程度上降低参与者的减排成本，但中国自身的碳减排压力显著增加，而欧盟的减排压力显著减轻。中国企业面临的碳排放成本（均衡碳价格）显著提高，导致中国的 GDP（国内生产总值）和进出口贸易受到一定的负面影响，而欧盟则因为减排压力的转移，GDP 和进出口贸易在碳市场连接后得到改善。

2. 国内减排动机的转变

当不同碳市场连接时，可能会导致整体碳配额价格下降。这是由于不同碳市场的供需情况不同，连接后会形成更大的市场，供应增加可能导致价格下跌，尤其是对那些已经实行较高初始配额价格的国家或地区来说，连接会降低其体系内配额的价格，进而可能会影响其碳市场的有效性。然而，现实中，很多国家无法获得较低的配额价格。Calel（2012）发现，一些国家旨在通过碳排放权交易市场来确立排放配额的定价方式，以此确定对低碳建筑或技术革新的长期投资计划。如果碳排放权交易市场连接后的配额价格较低，势必会削弱绿色投资的动力，从而难以实现可持续性的有效减排。因此，碳排放权交易市场连接的价格变化等因素会影响国内相关机构的减排动机。

在实施排放控制政策的情况下，排放密集型行业的产品生产成本上升，降低了其产品的竞争力，低碳产品将逐渐取代其市场份额。从长期来看，碳市场为低碳产品和低碳技术提供了增长空间，进一步促进了中国产业向绿色低碳方向转型，从而推动了出口导向型经济结构的调整。然而，短期内，绿色低碳产业是否能够快速崛起以支持中国经济的稳定快速增长仍存在较大不确定性，且碳市场的建立和连接可能对中国部分出口导向型的排放密集行业和相关就业产生冲击。因此，中国碳市场的建立需要对长期产业结构调整目标与短期保持经济稳定增长目标进行一定的权衡。为了平衡以上目标，在碳市场设计过程中需要在配额分配方面充分考虑碳排放特点及出口导向型行业的发展现状和未来规划。例如，欧盟在第三阶段的配额分配主要采取拍卖方式，但是对于一些容易受到国际竞争影响的能源及碳排放密集型行业，则仍然采用免费配额分配方式或者以免费分配为主的混合分配方式，同时各成员国根据实际情况还可以进一步对部分行业进行财政补贴。为了维护经济的稳定，碳市场在早期可能需要采取一定的措施来保护出口导向型的排放密集行业，随着低碳和绿色产业的发展逐渐减少并最终取消这些保护措施。

3. 碳金融市场发展

国际碳市场通常规模更大，涉及更广泛的参与者、更丰富的金融工具，以及更有效的风险管理机制。参与其中能够为我国碳金融市场引入更多的交易活动，提高市场深度和流动性，有助于降低碳金融工具的交易成本，使市场更为高效；能够为我国的金融机构提供更多碳金融产品的创新机会，碳期货、碳信贷、碳基金等金融工具应运而生，有助于满足投资者对碳市场的不同需求，提升我国碳金融市场的多样性和复杂性；能够借鉴学习国际碳金融领域的风险管理工具，提高国内企业对碳市场风险和机会的理解，降低其在碳市场波动中的风险。金融机构将更多地关注支持低碳和绿色产业的融资项目，推动资金流向清洁能源、环保技术等领域，促使我国金融市场朝着更加可持续的方向迈进。

4. 加强国际合作，提升国际地位

国际碳市场是全球碳减排的核心机制之一，我国将与其他国家一道共同应对气候变化问题。气候变化已经成为全球政治议程的重要部分，参与国际碳市场将提升我国在国际政治中的地位，增强国际社会对我国在气候行动中的领导地位的认可，有助于扩大我国在国际组织和协定中的发言权和影响力。我国碳市场规模巨大，因此，我国参与国际碳市场，给各国带来了便利，新的投资领域、碳资产交易、碳金融产品的创新，以及跨国清洁技术合作等，均促进了国际贸易和经济增长。同时，我国在清洁技术领域具有很大的潜力,国际合作促进技术创新和知识共享,有助于推动我国清洁技术的发展和应用,提高我国的国际地位。此外,积极应对气候变化问题也是提升国际声誉和软实力的重要方式。参与国际碳市场将传递出我国对可持续发展的承诺,增强国际社会对我国的尊重和信任,对于吸引国际投资、拓展国际市场和维护国际形象都至关重要。

4.4　本章小结

4.1 节详细论述了我国构建碳市场的历程。我国碳市场发展大致经历了三个阶段。第一阶段为 2011 年以前,清洁发展机制主导阶段,在这一阶段,我国企业 CDM 项目发展迅猛,但由于存在碳交易制度缺陷,阻碍了 CDM 项目发展。第二阶段为 2011—2021 年,为区域性碳市场主导阶段,确定北京、天津、重庆、上海、湖北、广东和深圳 7 个省市作为碳交易试点地区,在碳减排和区域环境目标的实现方面发挥了显著作用。第三阶段为 2021 年以后,为全国性碳市场主导阶段,全国碳市场是我国第一次从国家层面将温室气体控排责任落实到企业,标志着我国气候政策迈入一个新时代。

4.2 节从碳市场的环境属性、市场及金融属性、交易平台服务能力、配套政策和设施完善程度,以及市场运行效率五个方面对我国碳市场成熟度进行评价。从碳市场的环境属性来看,我国碳市场的控排主体准入门槛逐渐降低,纳入市场的范围逐渐扩大;从碳市场及金融属性来看,我国碳市场成立较晚,运行时间较短,相应的体制机制还不完善;从碳市场交易平台服务能力来看,我国碳交易平台服务机制正在不断完善,且发展态势良好;从配套政策和设施完善程度来看,我国政府监管的力度不断加强,且高度重视控排企业碳排放数据的真实性。在市场运行效率方面,我国碳市场成交量虽比不上欧盟碳市场,但成交量依然不小,但目前我国仍遵循自愿原则,并未要求企业强制披露,披露公司占比少,披露质量不高,且我国各省碳价存在明显差异,稳定性不强。

4.3 节具体论述了我国碳市场发展现状,我国碳市场在国际上仍面临着巨大的压力,地位不高,话语权不够。但我国碳市场与国际碳市场的连接将给全球碳市场带来巨大的变化,一是将带来碳价变化,二是转变国内减排动机,三是参与国际碳市场将加强国际合作,提高我国的国际地位。

中国碳市场框架设计

1. 重点了解在中国碳交易机制中政府与市场各自发挥什么样的作用；
2. 熟悉中国碳市场的交易框架与监管体系，重点了解碳配额制度与碳交易机制；
3. 深入理解中国碳排放测算方法与碳市场配额分配调节机制，分析制度中存在的漏洞，根据现有方法与研究成果提出切实可行的解决方案。

1. 本章主要围绕中国碳排放市场的交易制度框架与管理制度框架展开论述，旨在引发学生对当前碳排放交易体系的思考，发现亟待解决的制度漏洞，提出针对性意见；
2. 通过多个国家碳配额交易框架案例深化学生对当前全球碳配额交易制度的认知，列举了全国碳市场构建的关键要素。

5.1 中国碳交易机制的制度分析

由于碳交易对于实现"双碳"目标至关重要，近年来，中国碳交易机制发展得到了充分的重视，通过政府的大力推进，在政策与市场的双重动力下，中国碳排放权交易发展为政府引导与市场运作相结合的模式，并同步依托金融交易市场模式，发挥市场机制对温室气体排放控制的促进作用。另外，目前中国碳市场的运作仍以政府为主导，主要由政府设立涵盖标准及纳入企业，对覆盖企业分配碳排放配额，并允许排放权在市场内进行交易，再由政府主管部门负责进行碳排放的监测、报告和核查（monitoring, reporting and verification，MRV）方面的监管及政策调整，可见政府角色的重要性仍然非常高，具有绝对的主导权。以政策作为强导向的市场型交易行为及控排措施，属于中国碳交易制度的独特特点。

5.1.1 中国碳交易机制中的政府与市场角色

1. 中国碳交易机制中的市场逻辑

碳排放权交易机制作为主要碳定价工具之一，最基础的制度逻辑是通过市场定价及交易过程，将碳排放内化为企业运营成本。碳排放权交易使用市场化机制，可以推动高排放行业以相对较低的成本实现能源转型，降低碳排放量并贡献于长远脱碳目标。碳排放权交易由政府主管部门通过法律法规，进行强制性的设置，将排放总量的目标进行规划与下放，向控排单位分配一定额度的合法温室气体排放权，允许排放权以商品形式在企业之间流通，履约主体通过交易完成排放控制目标，在商品定价、流通及交换价值的过程中，可充分发挥市场机制对环境容量资源的优化配置作用。

碳价格在交易过程中得以形成，市场导向型的碳定价路径作为市场信号，是引导企业选择减碳手段的最优解。由此，可以有效缓解气候治理领域中长期存在的经济发展与气候行动之间的矛盾。市场机制将自动进行实时且灵活的调节，使社会整体的气候治理成本最小化，推动中国在气候变化下的可持续发展。

除了通过商品交易进行资源配置外，市场机制的另一个重要作用，在于通过金融机制实现资源聚合。由于碳达峰碳中和需要巨量的投资，碳排放权交易使用市场化机制，对政府及企业具有资源整合的作用，企业及个人均可以通过金融工具获得投资，为低碳技术的发展提供资金，并通过交易市场，使资源流向更具有能力或技术优势、减排边际成本更低、研发效率更高的企业，为中国气候治理与温室气体控排提供长远有力的支持，赋能于中国的深度脱碳目标。

碳交易的制度之下，市场机制可以起到奖优惩劣的作用。就微观角度而言，卖出多余碳排放额度的企业可以通过节能减排，获得实际的经济收益，而对于企业实际排放超标的情况，则需要购买配额以完成履约。通过市场机制，将气候方面的负面影响内化，为企业减排提供了动力，由此可以直接减少温室气体的排放。就宏观层面而言，除了直接的减排效果，企业排放成本的全面提高，也将间接促进减排技术的规模发展，推动专业技术的提升，从长远上实现经济产业的升级与优化，其溢出效应将倒逼参与企业将环境与气候成本内嵌到生产价值链中，随着市场覆盖面的扩大，也将逐步推进全社会的绿色转型。

2. 中国碳交易机制中的政府角色

中国碳交易机制的底层基础是通过市场交易发挥直接作用，但与此同时，政府的间接作用也至关重要。就市场属性而言，排放交易市场中的商品为无形商品，且商品的稀缺性并非自生，例如，碳排放超出一定的配额，并不会立即影响企业生产与营运，如果没有执法者角色，则无法对企业行为直接产生限制。因此，碳市场之所以能够成立，必须通过政府政策的界定，使之具有供应稀缺的特质。不同于一般的商品市场，政府角色超出了传统经济市场中的监管者角色，需要同时作为市场的建构者及维系者。

同时，政府仍需要进行常规的监督与管理，包括需要由政府对碳核算、登记及汇报进行统一管理等，这一点对于全球各个碳定价体系都同样适用。在碳市场的特性下，政府的参与及其角色的重要性都毋庸置疑。因此，与传统的市场化机制不同，碳交易机制的市场化进程，与控制型政策的关系密切程度更高，碳交易也更依托于政府的机制设计及其有效落实而得以发展。就中国现况而言，在现行的中国碳交易机制中，中国的政府政策及政府行为仍占主导地位，交易行为服务于政府分配的减排目标，使中国制度更具有命令—控制型的治理特点，市场自身的主动性及能动性仍然相对有限。

综合以上两种不同的主要角色，政府的影响可以以直接及间接两种方式得以实现，政府介入除了影响企业减排行为外，对于交易市场本身也有影响，前者指政府政策对于实际气候治理成效及温室气体排放交易的影响，而后者则是通过政策影响市场，再经由市场机制使政府的目标得到实现。

在市场的影响方面，总体而言，政府的角色举足轻重，政府法规和政策、公共关系管理和回报预期、政府关系等因素都将影响碳市场的表现。政府的干预行为可以对交易价格及交易范围造成影响。此外，政府的直接或间接干预，包括政策设定及实施方式，具体如：上限设定、许可分配、避免碳泄漏的交易指南、抵消监管、高度合规、透明和持续监控及系统之间的协作模式、政策理念、限额分配方式、罚款机制、市场流动性、信息透明度、区域政策、区域交叉合作等因素，都会对市场产生作用，带来市场的波动。另外，政府的补贴机制是碳交易方案设计的核心和敏感环节，会影响企业的履约成本，以及其碳市场表现。

此外，除了制度准备阶段外，在市场交易的进行过程中，政府仍需要进行实时的监察与改进。政府通过调整政策设计的其他要素，对市场供需产生影响，从而间接影响价格。例如，在价格上涨幅度过高时，政府需要向企业提供更多排放权的体量，或调整排放上限。通过对交易方行为造成影响，最终发挥其作用。

3. 政府与市场角色互动

在碳交易机制中，政府与市场之间存在复杂多元的动态关系，两者需要相互补充、相辅相成。首先，碳交易机制的逻辑本身就高度强调政府和市场的并立与配合。碳市场成立的基础是国家的气候治理目标设定。中国有雄心的气候目标将使排放权限更稀缺，推动市场的发展与活跃。政府制定的减排力度越高，则碳配额的供给越少，市场稀缺性增强，因此能够形成稳定且高效的市场活动。由于碳交易对于实现"双碳"目标至关重要，近年来中国机制发展一直得到充分的重视，并通过政府与市场同步推进，将中国碳排放权交易发展为"政府引导与市场运作相结合"的模式，中国碳交易的整体机制基本由政府主导，其价格形成与成本优化的部分则由市场机制促成。

此外，市场的蓬勃发展和成熟是达成政府目标的主要路径。中国银行保险监督管理委员会曾经提出政策建议，认为交易市场应进行金融创新，发挥更强势的作用。在此基础上，交易市场中的金融体系将可以通过开创性的框架和制度，以市场化力量引导更多资本进入绿色投资范畴，赋能低碳技术发展，以社会共同贡献资源的方式，使现代金融工具能够同步支持经济增长与气候治理目标。可见，机制性创新的发展，同时也能够长远地深化经济结构性改革，实现真正的环境与经济可持续发展。此外，根据中国人民银行研究局关于碳中和经济的论点，以市场工具支持气候治理，仍然需要推进相关法律制度建设，以及完善市场机制。两种路径的具体事项包括：推进相关法律制度建设、加快市场交易机制建设、完善市场主体培育机制，以及加大金融产品创新力度。由此足见，碳交易机制的成立条件与后续影响皆呈现双轨并进的特点，这一双重属性市场的改革，也需要将市场创新与制度创新作为双重基础。

针对以上各项的角色互动关系，其最终方向都在于应尽早加快市场化建设及完善配合市场的措施。同时，必须留意的是，面对碳交易价格疲软、未形成稳定的价格发现机制、当前市场发育程度不足等一系列问题时，市场化发展是应对手段之一，然而碳交易价格越高并不必然意味着市场化程度就会越高，也并非市场化程度越高减排成效就必定越显著。市场化只是有效确保价格稳定的方法中的一种。本书认为，应对各项问题及目标，市场化是较具有经济效率的方式，但并非唯一方式。同时，温室气体排放，以及低碳技术的发展与企业的绿色转型，才是碳交易机制及其他碳定价形式的目标所在，市场化的建设与发展也应该服务于整体减排目标，发展市场本身并不是最终目的，市场化程度需要取得适度平衡，并非越高越好。

在以上的现实基础上，中国政策制定者必须结合中国长远的气候治理目标及减排量目标、中国金融市场及机制的发展情况、经济结构及企业现状等因素，制定制度框架，为市场的建构、供给、交易、核算及履约等各个环节提供制度支撑。下面将对这些重要环节进行说明及分析。同时，在市场化研究中，也必须将上述各项政府角色及功能纳入现实考虑，兼顾政策设置在实践层面的局限，并相应地制定合理的市场发展方针。

5.1.2　中国碳交易的制度框架

目前中国碳市场的运作仍以政府政策为主导，政府主要权责范围包括由政府设立涵盖标准及纳入企业，并对覆盖企业分配碳排放配额，允许排放权在市场内进行交易。此外，政府主管部门负责进行 MRV 方面的监管，以及运用报告的反馈数据，进行新一轮额度分配及政策调整。

作为市场化机制及制度化工具的结合，制度方案的设计及履约的经济成本（一般即指碳价格，同时也包括其他交易成本），都是影响碳市场的主要因素。因此，本章结合中国碳排放权交易市场试点以及全国碳市场的经验，比较中国不同交易制度及体系中的制度设计方案。

中国碳交易机制中包含了一系列的政府措施及支持，按照程序的时间顺序，最主体的环节可以概括为四个模块，分别为碳配额制度、碳交易制度、碳核算制度、履约机制。四个模块中，涵盖的具体环节包括碳排放配额分配、报告与核查、碳排放权登记、交易及结算、违约惩罚机制等，不同的机制相互配合，共同构成中国碳排放权交易市场的管理框架，奠定了中国碳定价的形成路径。

碳市场的交易及运行流程中，涉及国家主管部门、地方主管部门、交易机构、注册结算机构、第三方碳核算机构，以及重点控排企业的多方互动和合作，运行机制形成权力的层层下放及履约的逐级上报。中国碳排放权交易机制的管理框架与角色定位如图5-1所示。

首先，中国采取自上而下的模式，由国家主管部门进行顶层政策设计，包括选取碳市场的行业或企业覆盖范围、政策法规制定、管理授权、监察信息披露，形成基本制度框架，建构市场基础，并界定市场稀缺性，使碳排放权具备商品属性，为整个交易制度奠定基础。其次，由试点的地方主管部门，或次级主管部门进行市场制度设计，包括确立参与交易市场的单位名单，给予相应的配额，并在每个履约期主管核查和报告事宜。

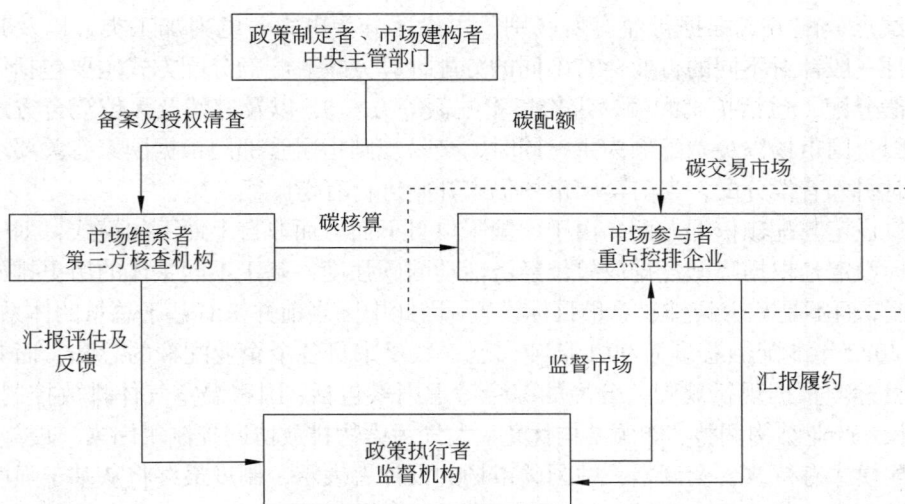

图 5-1　中国碳排放权交易机制的管理框架与角色定位

主管部门下设有交易机构及注册结算机构，负责管理市场交易的进行，并确保政策强制的排放限制与市场交易活动保持一致。最后，被管理的重点企业则需要在配额范围内进行温室气体排放，并根据配额量购入或售出碳额度。重点控排企业需要根据政府所公布的名单，委托指定的第三方碳核算机构，每个履约期后核查余额，并按期由国家指定的核查机构进行 MRV 评估及汇报。监管部门及核查机构所上报的数据将成为下一个履约期进行配额分配时的主要依据，同时也为长期的政策调整提供数据参考。

1. 碳配额制度

碳配额制度是建构碳交易机制的基础，通过确定各个交易主体的排放权上限，确保排放量的稀缺性，将温室气体排放从传统经济模式下的公共产品转为商品，使排放权具备政治经济学定义的商品属性，具备进行交易或交换的价值，由此形成了碳排放交易的最基础条件。

中国碳交易机制采用自上而下的政策模式。在七大碳交易试点中，由中央主管部门下达基本政策及地方配额总量，由各试点管理单位进一步对地方各企业及单位分配排放权配额；在全国市场中，则由中央政府直接对参与交易的两千多家企业进行配额分配。中国碳交易的配额模式，先是由中央管理部门根据统一的公式，以历史排放量及行业基准作为主要的依据，计算各试点的配额总量；再由各个试点的地方监管部门，按照特定的分配规则，对各纳入的企业和机构进行额度的分配。政府分配给企业的碳排放上限是一级市场的初始分配方式。目前而言，全国市场并未直接设定全国排放量总量的目标。

初始分配的制度设计方面，主要包括分配所依据的原则，以及分配的具体额度或数量。配额的计算方法是进行分配的核心规则，常见的可选方案包括历史排放法、历史碳强度下降法、行业基准线法等。其中，历史法需要由企业反馈及提交历史排放数据，根据过往情况发放配额；历史强度法要求按照历史排放数据有所降低；基准线法是指按照行业进行划分，先确定行业基准以确立配额数量。

各试点分配方式根据行业有所区别，主要区分为电力、电力加工类，以及其他行业。并且一般针对不同的行业会有不同的分配计算方式。配额分配方式主要包括无偿分配、有偿分配（包括拍卖配额、定价售卖配额等方式），以及有偿及无偿混合方式。目前，中国全国市场以免费配额为主，同时，交易规则指主管部门根据国家有关要求及需要，适时引入有偿分配，当前全国市场仍未开始进行有偿配额。

总量设定与配额依据方面，由于中国采取自下而上而非自上而下的模式，即中国制度的目标设定是根据降低各排放单位经济活动的碳强度，基于不同主体的历史排放强度进行限制，而不是减少碳排放总量目标设置，因此中国当前并未有基于总量的体系设计。如中国 2022 年的配额总量为 90.1 亿吨，这一数量来自各个企业配额的总和，而非预先设定的目标。根据现行规则，分配的综合考虑因素包括：国家温室气体排放控制要求、经济增长、产业结构调整、能源结构优化、大气污染物排放协同控制等因素。展望未来，这一分配模式有待改善及调整，中国碳市场的设计者表示，制度最终将从基于强度的体系逐步转变为基于总量的体系。

配额分配之后，需要由排放单位根据政策要求，对排放数据进行核算及上报，并将反馈的数据作为政策调整及下一年度进行碳配额的基础。初始配额方式由中央或试点政府管理单位确定，排放单位在分配的基础上，根据需要在试点碳交易所进行配额权的交易。在进行排放及交易之后，每一年度对于具体数据进行核查和汇报，因此，配额方案一般需要根据数据及信息适时调整。整体而言，政策制定者从排放单位的数据反馈中不断调整配额制度，适应于实际情况和年度需求，制度设计上主要包括了额度水平及计算方法的调整，细则更新则包括了计算公式、行业基准线等实时数据的更新。

2. 碳交易机制

在碳交易试点时期，中国各个试点市场分别设有相互独立的交易所，截至 2024 年，中国遵循《碳排放权交易管理暂行条例》进行碳排放权交易，全国市场统一确立由上海环境能源交易所作为交易系统，以位于湖北省武汉市的碳排放权注册登记系统（中碳登）作为注册登记结算系统，两者直接经营交易市场，面向重点控排企业提供交易场所，并进行交易结算。

中国碳排放权交易机制的管理框架如图 5-2 所示。

根据现行的全国交易规则，全国碳排放权交易主体为重点排放单位，以及符合国家有关交易规则的机构和个人，交易产品为碳排放配额，同时规则中指出，生态环境部可以根据国家有关规定适时增加其他交易产品。然而，到目前为止，市场仍然是以直接分配的配额为主要交易品。

具体交易模式方面，碳排放权交易应当通过全国碳排放权交易系统进行，可以采取协议转让（包括挂牌协议交易和大宗协议交易）、单向竞价或者其他符合规定的方式。其中，挂牌协议交易以自由价格竞争达成市场交易，大宗协议交易由买卖双方协商一致后达成交易，单向竞价则是指以有偿配额的方式，通过单向竞价进行交易，达成有偿的额度发放。目前中国市场的交易模式仍相对单一，交易以协议转让为主，还没有创新的交易模式或金融模式。

```
          ┌─────────────────────┐
          │   主管部门:          │
          │ 国家发展和改革委员会 │
          └──────────┬──────────┘
                     │ 监管
       ┌─────────────┴─────────────────────────┐
       │                                        │
┌──────┴──────────┐   信息共享   ┌──────────────┴────────────────────┐
│   交易系统:      │◄──────────►│  注册登记结算系统:                 │
│ 上海环境能源交易所│            │ 中国碳排放权注册登记系统(中碳登)  │
└──────┬──────────┘            └────────┬─────────────────┬─────────┘
       │                                │                 │
   开展交易                          汇报核算          配额划分
       │                                │                 │
       │        ┌───────────────────┐   │                 │
       └───────►│   交易主体:        │◄──┘                 │
                │ 重点排放单位及机构 │◄────────────────────┘
                └───────────────────┘
```

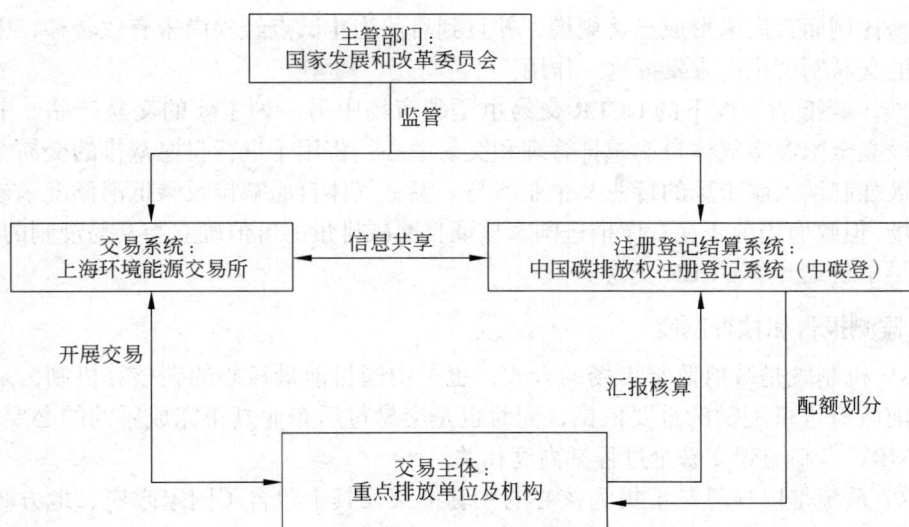

图 5-2　中国碳排放权交易机制的管理框架

交易规则为市场稳定提供了保障，通过交易量设定及交易价格调整，确保碳市场稳定可控。交易量方面，要求交易机构对不同交易方式的单笔买卖最小申报数量及最大申报数量进行设定，并可以根据市场风险状况进行调整。单笔买卖申报数量的设定和调整，必须由交易机构公布后报生态环境部备案。因此，虽然交易允许重点企业进行自由交易，但会对单次交易设定限制，使交易量能够被控制在一定的可预期范围之内。目前，全国市场的挂牌协议交易单笔买卖最大申报数量应当小于 10 万吨二氧化碳当量，大宗协议交易单笔买卖最小申报数量应当不小于 10 万吨二氧化碳当量。在交易价格的形成方面，中国制度同样对于政府赋予较高的调控权力，国家主管部门设有稳定机制作为安全阀，以确保价格具有稳定性。现行机制下生态环境部可以根据维护全国碳排放权交易市场健康发展的需要，建立市场调节保护机制。当交易价格出现异常波动触发调节保护机制时，生态环境部可以采取公开市场操作、调节国家核证自愿减排量使用方式等措施，进行必要的市场调节。政府调节手段是经由交易机构，直接施加涨跌幅限制制度，通过设定不同交易方式的涨跌幅比例，并根据市场风险状况对涨跌幅比例进行调整。

现行规则下，挂牌协议交易成交价格必须在上一个交易日收盘价的上下 10% 之间确定，大宗协议交易成交价格在上一个交易日收盘价的上下 30% 之间确定。价格稳定机制的确立对于市场稳定具有必要性，可以有效避免价格过度浮动，保障价格稳健，对于控排企业提供必要的保护，并避免引起市场过度投机行为。

除此之外，从理论上而言，交易体系建立的目标还包括纳入其他衍生交易产品，允许不同的碳产品同时在交易市场中进行买卖，作为对于碳现货交易的补充，更彻底地发挥碳排放权的货币化作用。在依托交易市场的前提下，加之碳排放本身具有可流动、可分割、可计量的特点，将能够衍生金融投资价值，有利于增强碳交易机制整体的溢出价值，并可以以更高的市场回报，保证减排技术投资的价值收益。然而，到目前为止，交易市场在这一方面的功能开发有限，过往试点城市曾短暂进行过小额的碳金融产品交易，但就交易比例而言尚未形成显著规模，并且到目前为止试点经验尚未有效转移，中国全国市场的交易制度也尚未发挥这一作用。

另外，碳抵消制度下的 CCER 交易也是碳市场中另一种主要的交易产品。中国已在北京设立全国温室气体自愿减排管理和交易中心，将用于进行自愿减排的交易，鼓励更多未被强制纳入碳市场的行业及企业参与。温室气体自愿减排及碳抵消额度未被纳入中国市场，但政府当前正在有序推进国家核证自愿减排量的价值确立与交易规则的开发，并计划尽早正式开展 CCER 交易。

3. 监测报告和核查制度

MRV 机制既是政府监督市场的方式，也是中国目前最核心的碳核算机制，是交易开始之前政府进行配额的重要依据，同时也是交易过后企业真正完成履约的必要步骤，因此，MRV 机制与碳交易全过程都高度相关。

MRV 系统是以核算与汇报为核心的一套框架，其中包含了国家政府、地方政府及排放单位之间多层及多轮的重复沟通反馈及汇报备案过程，包括由政府向下确立并公布方法论、受到认可及授权的第三方核查机构、对于机构的特定要求和限制等，由排放单位及核查机构具体执行核算，向上汇报结果，由监管部门向中央监管部门进行汇报，同时进行核查并向企业公布审定结果，同时以数据作为依据，确认后续的配额要求，公布相关的结果及要求。因此，MRV 机制需要通过科学的核算方式，对碳排放进行计量，并需要保证数据的准确性及统一性，其中包括了企业及机构进行核算的方法论、机构向监管部门汇报的方式、监管机构对于数据核查的方式等，MRV 机制对于碳交易的前置设定及后续反馈都至关重要，既是中央及地方监管部门确认总量目标的基础数据，也是对碳排放限额实际完成情况进行监测的依据。

MRV 机制实现的过程中需要确保数据的客观性及准确性，这将要求主管部门首先设立一定的标准及规则，再选取具有资格的核查机构，按照下发核查名单对企业进行核查，并通过建立反馈与通报系统，确保数据的有效传递和使用。可监测、可报告、可核查的"三可"原则，也是国际社会对温室气体排放和减排监测的基本要求。

中国碳交易试点基本采用自下而上的核算模式，即从排放单位个别层面进行数据核查，并逐级向上反馈数据，由此形成全国的气候治理及温室气体排放数据信息，系统的核心机制首先是由第三方机构对于排放单位的碳排放进行核算，其次则是这些报告数据的有效传递。政府进行政策及法规的执行、管理、反馈，都需要以排放单位每年的碳核算情况及减排效率数据作为基础。对于企业而言，MRV 制度则属于企业完成配额指标的验证方式及向上汇报义务。全国市场及各个试点城市曾使用的 MRV 模式如表5-1 所示。

表 5-1　全国市场及各个试点城市曾使用的 MRV 模式

市场	MRV 模式
全国	重点排放单位根据生态环境部所制定的温室气体排放核算与报告技术规范，编制该单位上一年度的温室气体排放报告，载明排放量，每年按时上报生产经营场所所在地的省级生态环境主管部门
北京	重点排放单位向主管部门提交年度排放报告及第三方核查机构的核查报告；由市发展改革委对符合本市规定条件的第三方核查机构予以备案，建立第三方核查机构目录库

市场	MRV 模式
天津	第三方核查机构对纳入企业的年度排放情况进行核查并出具核查报告；市发展改革委公布第三方核查机构名录，依据第三方核查机构出具的核查报告，审定纳入企业的年度碳排放量，将审定结果通知纳入企业
重庆	企业每年向市发展改革委报送碳排放报告和工程减排量报告，市发展改革委在收到报告后委托第三方核查机构进行复核
上海	由第三方机构每年直接向市发展改革委提交核查报告
广东	控排企业委托第三方机构进行核查，并将经第三方专业机构核查的上一年度碳排放信息报告主管部门
深圳	由管控单位每年向主管部门提交第三方核查机构出具的核查报告
湖北	由主管部门直接委托第三方核查机构对纳入碳排放配额管理的企业的碳排放量进行核查

4. 履约制度

执行履约惩罚机制是交易体系中的最终阶段，其中除了包括各项行政性的程序外，最重要的一环为履约汇报后对违约情况的惩罚。惩罚机制作为碳交易机制中的约束性安排，用以确保企业必须在未能完成履约时付出相应的成本。履约通过核算及报告后的一系列计算及确认程序后最终完成，而对于未完成履约的企业进行惩罚是履约的最后一步。企业及单位根据是否完成履约，需要付出罚款或扣除额度的成本，以及为实现碳排放履约而进行额度购买的成本。因此，惩罚机制的力度是影响企业进行碳交易及碳履约的动机及主动性的主要因素之一。惩罚机制的制定必须公平合理，同时，惩罚作为违约的机会成本，其力度必须高于市场碳价格水平及企业边际减排成本，以起到充分的约束作用。

碳排放市场制度设计中的惩罚机制，指针对限期内未完成限定配额总量履约的违规情况的惩罚，暂时不讨论程序性或行政性的违规行为。当前中国全国交易制度的违约惩罚以赔偿性质为主，试点市场时期主要可以分为罚款及扣除次年分配额度，而罚款可以进一步细分为按照市场价格比例的罚款及固定金额罚款。

从试点政策的内部迭代，到中国统一市场的政策中，履约惩罚机制一直在不断进行调整与更新，整体而言各项改动都反映了政府主管部门在惩罚力度上有所提升，并且有精细化的趋势，使碳交易机制的约束性变得更强。与此同时，全国交易市场启动不久，惩罚机制相对宽松，相对于企业履约成本而言几乎微不足道，因此企业履约动机仍然依赖于政府命令或政府控制型气候治理政策，出于政府方面的施压而必须完成碳额度履约，未能真正从经济效率上发挥市场作用，影响及引领企业积极贡献于减排目标，并通过低碳转型或参与交易市场两种方式实现经济效益的最大化。

5.1.3　中国碳交易体系的制度特征

中国碳交易体系已形成相对稳定的机制安排，由上述四个主要的管理框架共同构成，即碳配额制度、碳交易制度、监测报告和核查制度，以及履约制度共同确保市场的成立、运行以及维系，四者之间形成政策闭环，相互严密配合（见图 5-3）。

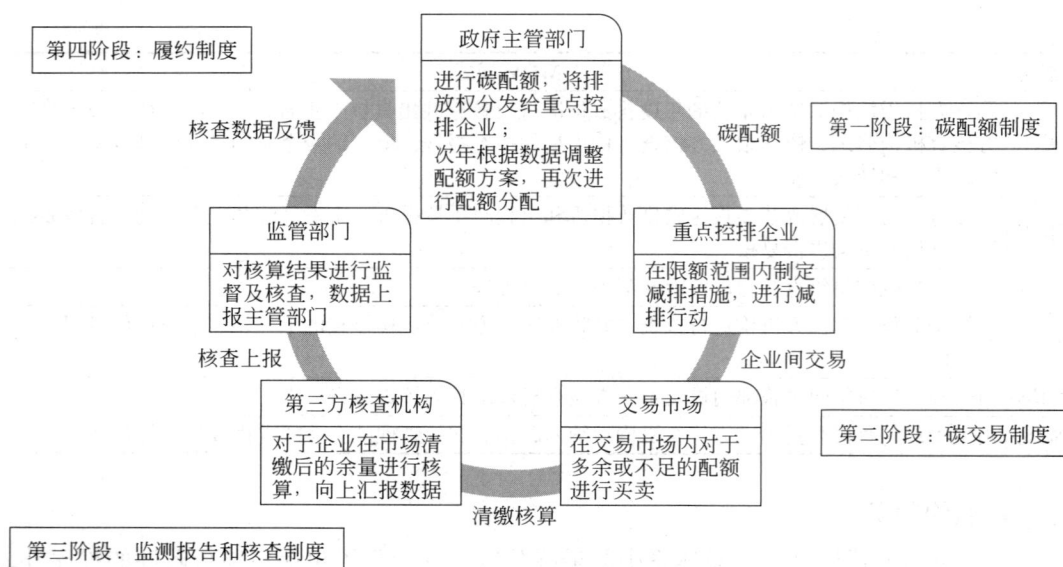

图 5-3　中国碳排放权交易机制的履约循环及角色互动关系

在制度循环过程中，政府与市场两者并行地贯彻始终，对于市场动态及减排成效发挥积极影响。到目前为止，通过观察市场数据，以及考察制度规则，中国碳市场基本行之有效，并且直接对接于中国的"双碳"目标，产生了积极而显著的影响。中国市场化机制之下，其独有的优势及作用主要体现于：第一，通过市场化的管控模式，可推动高排放行业实现产业结构及能耗模式上的转型，将政策焦点放在约束特定的行业及企业上，推动高排放行业尽早达峰；第二，市场可以为碳减排单位释放出价格信号，并通过价格的形成，提供经济激励机制，起到奖励作用；第三，依托全国碳市场，可以将资金引至减排空间更大的行业或企业，推动全社会的创新可能，促进前沿绿色技术的创新与突破，宏观而言，可长期为实现碳达峰碳中和提供可靠且可持续的融资渠道。

中国碳排放交易系统建设虽然取得了一定的成效，但其对于实现中国"双碳"目标仍然缺乏强度，此外，交易系统的发展也存在诸多不成熟之处，其成效及经济效率仍然存疑。例如，中国碳市场的规模宏大是其主要优势之一，然而，尽管全国碳市场覆盖的碳排放总量规模全球最大，超过欧盟两倍有余，但其交易量和交易额仅分别达到欧盟碳市场的 5% 和 1.3%，中国碳排放交易系统如何真正对实际减排起到积极作用，需要结合制度现存的问题和特点加以分析，主要体现在以下几个方面。

（1）中国碳交易价格仍然相对低迷，交易价格变动及投资活动皆不活跃，市场动力不足，制度未能充分调动市场及企业的能动性。相比起世界银行所展望的符合《巴黎协定》目标的全球定价标准，以及欧盟及美国等相对发达的市场价格水平，中国碳交易成交价格过低。在目前碳价较低、碳配额宽松的情况下，企业基本不需要为减排付出高昂成本，进行市场交易及完成履约与遵守强制性环境或污染法规并不存在本质区别，即使目前全国市场排放履约率高达 95% 以上，但仍然与碳市场的初始目标有差距。由于碳市场目前核心的功能之一在于提供长期的市场信号，激励市场主体开展低碳投资和其他活动。而如果碳价持续保持低位，将无法对未来低碳投资带来激励效应及引导作用，同时，对于经济回报较高的高碳投资活动，也难以起到抑制作用。

（2）中国碳交易制度的市场特点也在于长期性机制的不完备。除了价格平均水平较低外，其稳定性也不足，加上金融制度和产品创新有限，市场主要进行现货交易，碳排放权的市场保值率成疑，碳排放权交易套取投资收益的能力有限，都将导致市场难以进一步吸引参与者及投资方。因此，中国碳价格虽然可以发挥短期的"污染付费"作用，但难以长期起到激励减排行为，以及引导资本流向减排技术投资的作用，目前的市场除了进行交易外，尚未发挥引导资源流向的功能。

（3）价格疲软主要与中国制度的特点有直接关系。在配额制度方面，中国碳交易机制的配额一直较为宽松，配合我国的经济结构及产业发展需求，充分考虑企业历史排放情况，避免对行业过度施压。反映到碳交易机制中，对排放配额约束相对宽松，导致碳排放权缺乏商品稀缺性，价格和交易量持续性较差。在制度法规方面，中国碳交易机制仍然缺乏更细致、严谨的管理框架，政府需要扮演引导者及建构者的角色，对于制度的设计进行更细致的规范，同时给予市场充分的自主空间。就市场管理而言，违约机制的宽松、数据监控的不足，导致数据造假、交易规则不健全等问题，使企业积极参与交易的成本增加、动机下降。因此，作为政策制定者，政府主管部门首先需要完善制度，为支持市场提供动力。

（4）除了市场表现及具体措施的设计，中国交易市场在国际各个碳市场中，最突出的特点之一在于对政府角色的偏重。中国市场安排仍然具有发布命令-控制型政策及政府主导市场的特点，未能充分体现碳市场对我国气候治理的独有优势和额外贡献。具体而言，中国政府在市场覆盖、参与主体、配额方式、价格形成路径等方面，都比国际上其他交易市场更依赖于政府力量，而市场力量的作用相对被挤压，同时，在市场配套安排方面发展相对缓慢，尤其是在碳抵消机制及金融机制方面的欠缺，限制了市场的参与及活跃程度。中国碳交易制度偏重于政府主导的特点，除了我国传统治理模式及其他政策环境等原因外，也因为中国全国碳交易机制发展仍然处于初始阶段，对于具体执行方式的路径选择与设计目前处于探索及过渡期。针对上述种种不足，根据生态环境部的规划及中国碳交易规则的内容，中国也正计划逐步完善市场机制，继续走向更加市场化的方向。对于以上各项有待完善的机制安排，市场化的发展都是最有效的措施之一，能够有效适配于现存的漏洞，使市场化的优势得到更充分的运用，改善当前以政策及政府强制手段作为主导的、效力有限的、性质更偏向碳征税的市场现状。未来制度的发展仍然有待市场进一步发挥其主动性，逐步有序提高价格，释放市场潜力。这一改进过程，则需要政府与市场两方面的共同进步与有机结合。

就具体应对方式而言，针对市场疲软的现状，生态环境部与国家发展改革委正计划逐步在相关方面进行市场化的过渡与引入，包括：覆盖范围方面，从电力行业过渡到覆盖石化、化工、钢铁、航空等重点排放行业；参与主体方面，探索自主参与的安排，除了重点排放范围外，也鼓励更多符合条件的企业、机构或个人在碳市场登记开设账户，开展交易活动，同时吸引更多商业银行、投资银行等金融机构，以及碳基金、私募股权投资基金等衍生市场投资者进入交易体系；配额方式方面，以有偿配额逐步替代免费配额，并尽快建立成熟的储备配额机制或预留调节配额。此外，以总量—配额交易，替代基于历史排放量的免费排放权分配，避免违反"污染者付费"的公平原则，使市场更为稳健，激励机制更合理；交易模式方面，在拍卖配额的基础上，发展二级市场的配额交易，替代单一的免费配额与一级市场交易；交易产品方面，中国正在重新建立并计划尽快重开国家核证自愿减排量市场。

综上所述，中国碳排放交易制度仍存在漏洞及发展不足的情况，在法律支持、制度设计、数据质量、交易规则、市场创新、履约监督等方面都有待未来逐步完善。未来中国碳配额制度的长远发展目标，主要围绕以下几个方向展开：首先，需要逐渐调高有偿分配所占比例，增加交易活跃度；其次，配额量的计算方式从历史基准线法转向总量设置，避免出现公平性的问题；最后，逐步完善和收紧配额政策，收紧配额量，避免由配额过剩带来的价格疲软现象，加强碳排放交易市场的约束力，使碳排放交易成本高于企业减排及研发技术的成本。

5.2 中国碳排放总量测算及控制

5.2.1 中国碳排放总量测算

在确定全国范围内碳排放总量时，要建立起更为完善、科学的全国各级调查体系，对各品类排放物进行更加严格的筛查与核算，运用科学、合理的方法计算全国和地方的排放总量，为后期审核和配额分配打下坚实基础。

1. 全国范围的碳排放监察体系

碳排放监察体系毫无疑问是碳排放交易体系的基石，在碳市场全国推广以前，必须具备合理有效的碳排放总量监察方法和体系，否则碳市场将难以持续运营。在平衡效率和准确性后，我国目前使用"量化监测、报告及核查"方法对区域碳排放进行持续监察。

MRV 是指将各种测量方法综合运用起来，报告和核查重点排放单位在一定期间内产生的温室气体排放的过程，其中量化监测（monitoring）指的是对温室气体排放或其他有关温室气体数据的连续性或周期性的评价，报告（reporting）是指相关部门或机构提交有关温室气体排放的数据及相关文件，核查（verification）是指相关机构根据约定的核查准则对温室气体报告进行系统的、独立的评价，并形成文件的过程。

1）碳排放监测计划

MRV 机制中的定量监控功能主要应用于重点企业碳排放的有效核算和记录。制定和执行碳监测计划，不仅可以帮助重点排放企业更为准确地掌握自身的碳排放状况，还可以帮助推进主管部门的监督工作。重点排放单位纳入标准如表 5-2 第 2 列所示，除了深圳市外，其他的试点城市都已经提出并制定了对重点排放单位的监控计划和执行要求。北京、天津、上海、湖北四个试点省市，均要求重点排放单位在一定期限内制定下一年的碳排放监控计划，其他试点省市则没有发布这方面的管理办法。广东和重庆在其配套的规则中对监测方案作出了明确的规定，例如，《重庆市工业企业碳排放核算报告和核查细则（试行）》中明确指出，企业应当编制碳排放监测计划，并对碳排放活动实施动态监测。监控数据应当规范记录、归档与管理，且保存期不得少于 5 年。这都要求对重点排放单位碳排放进行有效监测。

表 5-2　碳排放报告单位纳入标准

地区	重点排放单位纳入标准	报告单位纳入标准
深圳	年二氧化碳排放量达到 3000 吨当量的企业	年二氧化碳排放量达到 1000 吨，但不足 3000 吨的企业
上海	钢铁、石化、化工、有色、电力、建材、纺织、造纸、橡胶、化纤等工业行业 2010 年、2011 年中任一年二氧化碳排放量 2 万吨及以上的重点排放企业，以及航空、港口、机场、铁路、商业、宾馆、金融等非工业行业 2010 年、2011 年中任一年二氧化碳排放量 1 万吨及以上的重点排放企业	年二氧化碳排放量 1 万吨及以上，但尚未纳入配额管理的排放企业
北京	固定设施年二氧化碳直接、间接排放总量 1 万吨（含）以上，且在中国境内注册的企业、事业单位、国家机关及其他单位	年综合能源消费总量 2000 吨标准煤（含）以上，且在中国境内注册的企业、事业单位、国家机关及其他单位
广东	年二氧化碳排放量 1 万吨及以上的工业行业企业，年二氧化碳排放量 5000 吨及以上的宾馆、饭店、金融、商贸、公共机构等单位	年二氧化碳排放量 5000 吨以上 1 万吨及以下的工业行业企业为要求报告的企业
天津	钢铁、化工、电力、热力、石化、油气开采等重点排放行业和民用建筑领域中 2009 年以来排放二氧化碳 2 万吨以上的企业或单位纳入试点初期市场范围	试点初期，天津市钢铁、化工、电力、热力、石化、油气开采等重点排放行业和民用建筑领域中 2009 年以来排放二氧化碳 1 万吨以上的企业或单位

2）碳排放量化、报告及其指南

在 MRV 机制中，报告的作用是获得全面、准确、可靠的排放数据，这对碳交易系统的高效运作和减排目标的实现具有重要的意义。为了提升碳排放量化与报告质量，各试点区域都出台了相应的核算方法与报告指南，用于指导重点企业的核算与报告工作。其中，既有对很多行业具有普适性的通用指南，也有针对各个行业的具体指南。

根据有关部门的数据，国家发展改革委先后公开发布了对 24 个相关行业的企业温室气体排放核算方法和报告指南，国家标准委发布了《工业企业温室气体排放核算和报告通则》及 10 个重点行业的企业温室气体排放核算和报告相关国家标准。各试点省市也发布了相关区域指南，北京市发布了 1 个通用指南和 6 个行业指南、天津市发布了 1 个通用指南和 4 个行业指南、广东省发布了 1 个通用指南和 4 个行业指南、上海市发布了 1 个通用指南和 9 个行业指南、湖北省发布了 12 个行业指南、深圳市发布了工业企业和建筑物 2 个通用指南并且正在编制相关行业指南、重庆市发布了 1 个通用指南。此外，为了更好地掌握本区域碳排放情况，各试点地区在其对应发布的管理办法或相关配套细则中均提出了明确要求，未纳入碳排放管控的单位，如果达到一定排放标准，也应提交年度碳排放报告，履行相应的报告义务。具体碳排放报告单位纳入标准如表 5-2 第 3 列所示。

碳排放核查的目的是保证重点排放单位所编制的碳排放报告与核算指南的要求相一致，并确保其具有一定的可信度和客观性。因此，各试点区域都要求重点排放单位的年度碳排放报告必须经过核查机构的核实，并要求核查机构根据各试点区域所发布的核查指南或规范进行核查工作。

3）主管部门复查或抽查的要求

为了保证核查机构能够客观、准确地按照核查指南履行相应的核查义务，每个试点地区的管理办法或其配套细则均对主管部门抽查或核查碳排放报告和核查报告作出了规定：主管部门应按照一定数量或比例，对重点排放单位提交的碳排放报告以及核查机构出具的核查报告进行抽查、复查。如果重点排放单位对抽查、复查结果存在异议，可根据相应的行政程序寻求复议。然而，在不同的试点地区，复查和抽查的标准各不相同，但总体上都包括了重点排放单位提交的碳排放报告和核查机构出具的核查报告存在重大偏差的情况。具体复查或抽查的要求参见表5-3。

表5-3　主管部门复查或抽查的要求

地区	抽查或复查要求
深圳	（1）随机抽查：抽查比例原则上不低于重点排放单位总数的10%。 （2）重点对风险等级高的重点排放单位进行抽查
上海	（1）年度碳排放报告与核查报告中认定的年度碳排放量相差10%或者10万吨以上。 （2）年度碳排放量相差20%以上。 （3）纳入配额管理的单位对核查报告有异议，并能提供相关证明材料。 （4）其他有必要进行复查的情况
北京	（1）市人民政府应对气候变化主管部门应当对排放报告和核查报告进行检查。 （2）市发展和改革委员会对重点排放单位的第三方核查报告进行抽查，根据需要开展现场调查
广东	（1）抽查：发展和改革委员会对企业碳排放信息报告进行抽查。 （2）复查：发展和改革委员会应当对企业和单位碳排放信息报告与核查报告中认定的年碳排放量相差10%或者10万吨以上的进行复查
天津	（1）碳排放报告与核查报告中认定的年碳排放量相差10%或者10万吨的。 （2）本年度碳排放量与上一年度碳排放量差额超过20%的。 （3）其他有必要进行核实或复查的情况
湖北	主管部门对第三方核查机构提交的核查报告采取抽查等方式进行审查
重庆	核查机构核定的碳排放量与配额管理单位报告的碳排放量相差超过10%或者超过1万吨的，配额管理单位可向主管部门提出复查申请

2. 中国碳市场发展体量测算

在国际碳交易中，一般都会设定"硬性排放总量限制"，即利用已有的清查数据设定未来一段时间的排放总量，并建立相对"弹性"的排放量限制机制。然而，中国在全国范围内推行碳市场仍处于起步阶段，且没有相关的清查统计部门对其开展调研，导致未来年度的碳排放总量很难准确预测，而且在较短的时间内，我国的总量约束机制还需要不断地完善和进步。在此基础上，国务院发展研究中心资源与环境政策研究所副所长李佐军先生在其所著的《中国碳交易市场机制建设》一书中提出了中国碳排放总量管制的五种方案。

1）能源总量控制方案

以我国明确的能源政策和相对完整的能源统计核算体系为依据，通过能源量与碳排放量之间的转换，对我国碳排放总量进行统计。如果我国选择采用此方案，最大的障碍就是国内能源管理体制的不通畅和碳排放因子的不确定性对测算结果会产生一定程度的影响。

2）碳强度方案

根据单位 GDP 中二氧化碳排放量测算中国的碳排放总量，该方法的应用因使用 GDP 预测参数，常受到经济增速、经济周期、GDP 核算方法等因素动态变化的影响，其自身固有的不确定性也会对最终预测结果的准确性造成干扰。

3）柔性总量控制方案

采用逐步推进先进技术改造的方法，以尽可能降低企业成本的方式，协助排放主体减排，同时通过提高技术标准，限制新进入企业的排放数量。这一设想符合国家调整产业结构、鼓励企业技术创新的需要，但是其缺陷在于短时间内很难得到全国的总量数据。

4）行业先进水平方案

本方案使用更为先进的技术手段，通过估算本地的局部温室气体总量，来实现对主要的碳排放源的直接管控，但在实际实施过程中，合适基准线方法的选取是最大的难题。

5）企业自愿协议方案

在缺乏温室气体统计机构、监督考核制度和信用制度不完善的情况下，根据企业社会责任、市场营销策略等因素，对温室气体排放进行自动申报。该方案可以对行业整体减排起到一定作用，但应用到国家碳排放总量的测算中却仍存在不足之处，仅环境成本内部化的动力问题，就能使该方法无法获得可靠的宏观数据。

五种方案都有其各自的优势，我国碳排放总量的测算需要根据实际情况，适时地选用适当的方案。具体来说，可以根据我国长、短期的不同需求，合理地选择相应的方案，并进行国家的排放总量测算。从短期来看，随着 2021 年 7 月全国碳排放权交易市场的正式启动，以及 2022 年 3 月《中共中央　国务院关于加快建设全国统一大市场的意见》的出台，中国碳排放总量的计量刻不容缓，因此，采用碳强度方案在短期内实现对中国碳排放总量的准确估算是必要的。中国最近 20 年 GDP 的预测是相对理性的，中国的能源统计相关资料数据比较完备，而且有比较权威的统计系统，可以为中国的碳强度测算提供数据支持，可以在短期内对中国未来的碳排放量进行一个比较客观的预估。从长远角度来看，应以我国实际国情为基础，构建出一套具有我国特色的碳排放总量统计与测算体系。首先，应该建立一个多层次的碳排放清查体系，可以按照不同的行业，选择历史排放法、基准线核算法，或者是这两种方法结合核查碳排放。其次，统一核查和核算的标准，建立能源管理系统，促进各地区核查和核算部门之间的技术交流，进一步提升核证清查数据的吻合度。最后，为了与国家的产业结构调整战略保持一致，各区域在总量排放的计算中，可以逐步推行灵活的总量控制方案，挖掘企业的技术创新潜能。此外，对于新的进入者，可以采取先进行业水平方案或者自愿协定方案核算排放量，从而逐步将其纳入全国的碳总排放量中。

5.2.2　中国碳排放总量控制

通过全国范围内进行的碳排放量清查及计量计划，计算出的全国范围内的碳排放总量，为实施中国碳排放总量管理提供依据。并在此基础上，利用第三方的验证、政策法规的合法性确认，以及柔性的调节等方法，保证碳排放总量管理的科学性和可操作性，并最终将其与规划目标相结合，在满足企业现实需求的同时，更好地满足国家经济发展的要求，从而达到对温室气体排放的有效控制目标。

1. 第三方监管机构核准碳排放总量

我国的碳市场是一个以政府为导向的市场，因此，在其建设过程中，政府扮演着举足轻重的角色。一方面，国家有关部门要在经济运行过程中，为高排放的企业制定总体的减排目标与规划，并建立相应的减排量核定标准与方法。另一方面，地方各级政府需要在国家总体目标和规划的基础上，制定地方的分目标和分规划，从而让全国各地高排放企业都能自觉地履行相应的减排责任，并在不同的层面上逐层实现国家总体减排目标。

政府作为减排总量目标的制定者，如果由它来核准减排总量，那么只要一个小小的失误，就可能导致政府的失灵或者寻租行为的产生，从而导致企业的排放量难以得到合理监控，加之政府在碳交易方面的专业知识不足，而且单凭单方监控也不符合法律的逻辑。因此，为避免不公平、不公正的情况，需要建立一个外部的监控体系。

在碳市场交易过程中，引入第三方监管者来监控各个排放主体的排放量是一种国际通行的做法。第三方认证机构能够从专业的角度来审核我国各级政府制定的碳排放总量，既可以为政策制定者提供更具权威性的排放总量数据，又可以减少行政机关之间的不必要冲突，提升行政效率，维护碳市场的顺利运行，因此，引入第三方认证机构是非常必要的。中国的第三方监管机构也在这一过程中得以快速发展壮大。目前，在山西省、江苏省等地，已经有了一大批第三方认证组织，其中包括中国质量认证中心在内的 27 家具备认证资格的第三方认证组织。这一批认证机构的兴起表明中国的碳排放总量控制在一定程度上是可行的，也是可操作的。

2. 设立专项法规保证碳排放总量控制行为有法可依

在国外通常通过立法的方式对碳排放总量控制进行规制，其中，欧盟的 2003/87/EC 指示、2009/29/EC 指示构成了较为完备的碳排放法律体系。从全国各地开展碳市场的试点工作开始，一系列的地方性法规相继出台，包括碳排放总量和配额分配制度、碳交易制度等。但是，各个试点地区的碳市场比较分散，各地的地方制度差别较大。目前，中国还没有建立起一套法律范畴内的统一碳交易制度，因此，迫切需要设立符合我国当前经济发展需要的碳总量约束目标、配额分配和交易制度、项目交易制度，建立具有中国特色的碳交易体系法律规范。

在建立完整的碳交易制度的过程中，在国家层面对碳排放总量控制进行法律定位是非常关键的，这也是未来的碳交易能够有序进行的先决条件。我国应通过立法的方式，对"总量管理机构""调查主体""第三方核查机制"等方面作出法律层面的明确规定，并结合目前中国地区碳市场的实践探索，建立以"总量控制为主"的碳交易体系。其本质就是在全国难以统一规定总量控制的范围和目标的情况下，通过法律的方式，要求地方政府公开总量目标的制定过程，以促进其履行减排责任，并规范交易主体的行为。

3. 建立适应性强的碳排放总量调节机制

经过核查确认的碳排放总量，不能一直维持不变，要根据国家的减排战略目标，及时进行调整。鉴于我国碳市场在国家减排策略下受到交易环境的严重制约，建立弹性的碳排放总量调节机制势在必行。

（1）建立弹性的碳排放总量调节机制，对碳排放总量进行及时的调节。深圳制定的"可调整的总量控制体系"，对全国的总量调控制度具有一定的参考价值。深圳将单位产出、部门交易量、组合标准等相关指标作为比较指标，并与各地的能源消费、碳强度、GDP 等因素相联系，确定碳抵消具体的比例。以上任何一项指标的变动都会影响到深圳的总排放量，因此，需要在确定总排放量目标的基础上建立一个适时的减排调节机制。

（2）弹性的碳排放总量调节机制能够有效地评价政府管理机构、相关主体及第三方监管机构的执行效果，如果执行过程中出现失误或操作不当，可以及时地调整监管机构，并引进更加高效的碳市场交易参与者。

（3）在全国碳排放总量控制下，各省及直辖市的碳交易主体拥有弹性自主权，各地政府可以依据当地情况，自行设计清查机制、监督机制及协调机制，在国家法律法规范围内实现碳排放总量的自主控制。

总而言之，只有根据时代要求而不断地对碳排放总量控制进行调整，才能避免因全球经济社会环境的变化而产生的碳交易风险，让交易产品的供给和需求都处于一个稳定的水平，从而推动市场的健康有序发展。

5.3 碳交易的初始配额分配

二氧化碳排放配额（以下简称"配额"）是指被纳入碳交易系统的各排放源在一定时间内能够合法产生二氧化碳的总排放量限额，也是由国家有关部门为应对气候变化向有关企业（机构）颁发的初始二氧化碳排放权。二氧化碳排放基准（以下简称"基准"）是指按照国家低碳发展目标及实现国家碳自主减排贡献（Intended Nationally Determined Contributions，INDC）目标，综合考虑各产业的碳减排潜力及成本，制定的各产业单位实际产量（活动水平）所能产生的二氧化碳排放量上限。在此基础上，国家应对气候变化主管部门制定和公布了各个产业的参考值。

按免费与否，配额分配方式可分为免费分配方式、公开拍卖方式和定价销售方式。免费分配，也就是政府或有关部门按照特定的标准（如排放量、产品产量、能源消耗量等指标），将特定数量的配额，无偿地发放给体系覆盖的排放企业。由于这一配额低于企业历史排放量，可以督促企业降低排放，以此达到减排效果。但采用免费分配法可能会出现"鞭打快牛"的弊端。为弥补这一缺陷，公开拍卖和定价出售应运而生。公开拍卖就是管理部门以一定的频率，向公众公开出售一定数量的配额，由企业进行竞标，最终出价高者可获得配额。从经济角度来说，公开拍卖是最为有效和促进减排的方法，通过价高者得的方法减少了市场扭曲和寻租行为的发生，能够更为迅速和有效地进行资源配置，实现减排。定价出售指的是相关管理部门为初始配额设定一个价格，然后统一将许可证销售给企业，企业则可以根据自己的排放量和经济状况来决定是购买配额还是实施减排。在巴黎联合国气候变化会议之前，我国政府已经作出了力争到 2030 年甚至更早达峰的承诺，并提出了与 2005 年相比，单位 GDP 的二氧化碳排放量降低 65% 以上的目标，这也预示着中国实现减排目标的进程将会加快。在这种情况下，配额分配需要借鉴国外的分配经验，同时也要避免出现类似欧盟那样的过度配额，造成供过于求，碳价格快速下跌的情况。所以，如何在总量控制下，将配额合理地分配到全国各个行业成为当前最重要的问题。

5.3.1 明确总量控制下配额分配原则和程序

1. "自上而下" 明确总量控制原则

"自上而下" 明确总量控制原则可以借鉴国外碳交易体系中欧盟体系的碳配额经验。欧盟体系的配额分配的核心交易原则是总量控制交易原则（Capand Trade）。初始阶段，每个成员国需要编写一份国家排放权分配计划（National Allocation Plans，NAPs），在文件中公布为本国分配的拟定配额，欧盟委员会对这些方案进行评估，批准或修订拟分配的配额总数。然而，编制 NAPs 的过程通常复杂、耗时且缺乏透明性与一致性，尤其是不同成员国可能采用不同的配额计算方法，导致不同成员国产业之间的竞争扭曲。因此，改革后成员国被要求准备一份国家执行措施（National Implementation Measures，NIMs），由欧盟委员会检查和批准 NIMs，必要时要求修改，确保统一所有成员国的分配方法，从而提高透明度和所有市场参与者的平等性。在分配方式上，也有了很大的变化，拍卖将逐渐变成主要的分配方式，免费分配的比重会逐渐减少，从过去的历史总量法和国家基准法相结合的方式，变成了采用统一的欧盟基准法来进行分配。

国内的 "自上而下" 碳配额总量控制原则，主要表现为：中国必须从政策法规层面，明确中国碳排放权的标准、方法、程序等，并在全国范围内进行统一的碳排放总量的清查与测算，按照中国向联合国作出的碳排放峰值与减排承诺，制定中国的总减排目标与总体减排规划。同时，要求当地政府按照自己的产业结构和经济发展水平，承担一定的减排责任，从而推动配额在各省之间的合理分配。在这种背景下，"总减排目标" 和 "总计划" 既是一种国家政策，也是一种评价各省市减排责任履行情况的重要条款，即各地方减排任务的衡量准则。我国由中央到地方的 "纵向" 碳排放分配制度涉及领域广泛，其复杂性难以量化，实施费用高昂，造成了碳市场交易费用的增加，严重打击了各参与方的积极性。

2. "自下而上" 决定配额再分配原则

"自下而上" 决定配额再分配原则可以借鉴美国加州碳市场配额经验，美国地区碳市场不受联邦政府控制，其分配方式以竞标为主。首场拍卖会在 2012 年 11 月 14 日开始，随后在每个季度的第二个月的第 12 个工作日拍卖，总共将在一年中进行四场拍卖会。为协助高碳泄漏风险企业应对当前碳交易机制，加州在产业配额分配模型中引入产业救助因子，并通过调节免费配额的数量，对面临泄漏风险的企业给予一定的优待。此外，还建立了一种配额价格控制储备（Allowance Price Containment Reserve，APCR）机制，使得只有履行实体才能参加对准备金配额的收购，而储备配额则以固定的价格被卖出。第一期销售总额占本年度总配额的 1%，第二期销售总额占 4%，第三期销售总额占 7%；

储备配额将以一年四期的形式进行出售，首次出售时间是 2013 年 3 月 8 日，其后是每季竞拍后的第六周。储备配额划分为三个价格等级，每一等级都有相同的额度。2013 年，三个等级的价格分别为 40 美元、45 美元和 50 美元，此后在考虑到当年物价指数的变动情况下，每一年都比上一年的价格上涨 5%。通过竞拍准备金额度所得的款项将用于空气污染防治基金（Air Pollution Control Fund）。

中国碳配额分配中的"自下而上"再分配程序是为防止在全国总量管制下，配额分配可能出现的不公正现象。出现这一问题的根本原因是，配额分配是按照重排工业的密集程度和重排企业的数目来决定的，对参与《京都议定书》CDM 的成员，或拥有可再生能源（如风电、太阳能）技术和可再生能源（如风电、太阳能）项目的成员，在当地配额有限、CCERs 抵消比率偏低的情况下，将会在市场上处于不利的位置，而且 CCERs 的地理局限性很大，例如，湖北省就要求全省项目的 CCER 只供湖北履行义务，因此，在资源禀赋型区域，这种不公正的差距更加突出。

3. "自上而下"与"自下而上"共同决定配额分配

"自上而下"和"自下而上"的本质，是指在建立中国的碳市场过程中，中央政府与地方政府应当共同承担责任，只有中央与地方政府之间共同进行沟通、协调和妥协，才能形成一个合理的碳配额分配制度。只有将国家减排总目标以及国家掌握的碳排放行业、排放主体及其排放数量信息都考虑进去，并与地方实际情况相结合，进行民主协调，共同决定配额，才能提高分配的客观性和公平性。

在实际操作中，国家可以根据"自上而下"制定的规章制度、相关法规、清查所得排放数据、重点排放企业地理分布及数量，以及第三方认证机构的批准文件，来确定污染物排放总量控制目标、考核标准及方法，并实现对污染物排放总量的宏观调控。地方政府或个人可以按照自己的意愿申报碳排放量和减排责任，将其逐级上报到国家层面之后，国家有关部门会将其与已掌握的信息进行审核与调整，从而最终确定各地方政府或地方个人的配额数量或 CCERs，并合理确定各地配额中 CCERs 的抵消比例。

5.3.2　中国碳市场配额分配调节机制

中国碳市场从建立之初即采用逐步递进的模式，7 个试点市场已为中国统一碳市场的运作积累了丰富的经验，并且加上已有的欧盟市场运作经验，在此基础上，未来全国碳市场的宏观碳交易可分为三个阶段：初始运作阶段、市场发育阶段和成熟期，配额采用无偿分配和竞标相结合的模式，无偿分配的份额会随着市场的发展而逐步缩减，而竞标份额则会随着市场的发展而逐步提高。对于新进入的企业，必须提前保留一定的份额，以体现公平竞争。如果这部分份额存在剩余，将通过拍卖的方式，将获得的收益用于未来的碳市场建设。对没有被列入减排产业但本身具有排放行为的关联企业，政府可以采取征收碳税或督促购买部分配额等手段来让其"买单"。

1. 深圳试点

深圳以 2010 年为基期，按照"十二五" 21% 的减排目标，采用"自下而上"与"自上而下"相结合的方式，制定可规律性调节的总量控制指标；引入柔性的碳排放强度指标，建立一个可对总量和结构进行规律性调节的碳市场；在配额总量限定的基础上，以单位工业增加值为基础，对各行业进行配额分配。深圳试点的总量目标有：首先，与经济增长速度有关；其次，把碳排放强度降低，作为一种强制约束；最后，以减排目标为依据，以期望产出为依据，来确定减排总量。

2. 上海试点

按照《上海市关于本市开展碳排放交易试点工作的实施意见》，上海市坚持"控制强度、相对减排"的原则，"以降低碳排放强度为目的，科学设定企业排放配额，以促进企业转型发展为导向，推进其碳减排目标的达成"。上海试点将编制城市温室气体排放清单，对参与碳交易的企业的碳排放情况进行详细盘查，并在此基础上，制定"自下而上"的碳减排目标，确定总量控制目标。

3. 北京试点

北京按照《北京市人民代表大会常务委员会关于北京市在严格控制碳排放总量前提下开展碳排放权交易试点工作的决定（表决稿）》，进行了"碳排放总量控制"。市人民政府根据本市国民经济和社会发展计划，科学设定年度碳排放总量控制目标，严格碳排放管理，确保控制目标的实现和碳排放强度逐年下降。要达到《巴黎协定》规定的气候变化目标，到 2030 年，北京人均二氧化碳排放量将较 2015 年降低 35%。同时，交通运输行业的二氧化碳排放量也必须由现在的年均 4% 的增速下降到年均 10%，并在"十四五"期间实现负增长拐点。

4. 广东试点

广东碳排放总量按照碳排放强度逐年降低、碳排放总量增幅逐年降低和相关约束性指标的要求，结合经济社会发展实际而定。确定总量目标的工作思路依据广东省"十二五"控制温室气体排放总体目标、国家和本省产业政策、行业发展规划，根据温室气体排放特点和产业结构特点，按照"现有控排企业逐步减少排放，预留新建项目排放空间"的总体思路确定配额总量。

5. 天津试点

天津市根据《天津市碳排放权交易试点纳入企业碳排放配额分配方案（试行）》要求：以"十二五"控制温室气体排放总体目标、国家产业政策、本市行业发展规划，结合覆盖范围行业和纳入企业历史排放等情况，确定天津市碳排放交易 2013—2015 年度配额总量。具体操作是通过一般均衡模型（computable general equilibrium，CGE）、能源环境情景分析模型（long-range energy alternatives planning system，LEAP），对基准线情景、无约束情景、宽松情景和低碳情景等不同情景进行分析，估算设定碳排放总量目标。

6. 湖北试点

湖北省根据《湖北省碳排放权交易试点工作实施方案》要求，以"十二五"期间单位生产总值二氧化碳排放下降 17% 和单位生产总值能耗下降 16% 为目标，确定全省2015—2020 年温室气体排放总量和分行业碳排放总量。

7. 重庆试点

重庆市根据企业历史排放水平和产业减排潜力等因素，采用简化的"自上而下"与"自下而上"结合的方法，设定总量控制目标。"自下而上"以 2008—2012 年各个企业的最高年度排放量为基础，加总确定 2013 年企业的基准配额总量。"自上而下"根据国家下达的碳排放下降目标确定交易覆盖企业的总体排放目标。

5.4　碳交易的配额再分配

中国当前经济仍处于增长阶段，因此，相关碳排放的配额总量也相应呈上升趋势。虽然当前总量增长趋势是"刚性"，但可以通过调节各个部分的碳排放配额结构，对配额结构进行"柔性"调整，降低碳价格波动，有助于推动实现区域节能减排的结构性目标，在经济高速增长大环境下保障经济增长和相关新增投资质量，并使得政府能对碳交易体系进行及时调控。为保证碳减排工作的有效进行，政府必须针对碳配额分配过程中的各个环节建立反馈机制，完善的配额分配反馈机制是检验承担减排责任的相关企业是否履行其职责的重要途径，有利于发现无法履行减排责任的企业，并在后续交易中对其进行相应处罚，以保证配额分配的公平性及碳交易的有序开展。中国全国碳交易体系的区域配额总量可以划分为如下三个部分。

第一，既有企业、既有设施部分。其是指分配给碳交易体系运行之初纳入碳交易体系既有企业的已经投产运行的既有项目、生产线和生产设施。

第二，新增企业、新增设施、产能增加预留部分。其是指在配额总量中预留一部分给达到纳入碳交易体系标准的新增企业，或是已经纳入碳交易体系的既有企业投产的新项目、新生产线或新生产设施，或者是已经纳入碳交易体系的既有企业的既有设施经过重大改造而明显提高的生产能力。

第三，政府预留部分。其是指政府在配额总量中预留的用于碳交易体系调控的部分配额。

5.4.1　控制既有企业、既有设施的排放

碳交易体系设计之初，配额总量中的大多数配额就被分配给"既有企业、既有设施"部分所属企业和相关设施，这部分碳排放主体是碳交易体系的主体排放源，具有一定特点。首先，这部分的碳排放量比较稳定，极少出现大幅度增减的情况。一般来说，设备会在长时间内维持其设计产能的一定比例下生产，设备的产量并不会出现大幅度的变化，此外，同一个设备的产量不可能超越其设计产能。因此，对"既有企业、既有设施"而言，该部分总体产量在一定范围内是相对稳定的，其碳排放量也是相对稳定的。其次，该部分新纳入的部分设施是比较老旧的，其单位产品碳排放量相对于新设备来说是比较高的，而部分新设备技术也可能随着时间的推移不再处于前沿。由于该部分的碳排放具有上述特点，针对配额总量中该部分能有效控制排放增长的作用，应当从紧发放，制造配额稀缺性，引导相关企业淘汰老旧设备。

5.4.2   确保经济增长空间，鼓励应用清洁技术的新增投资

"十二五"时期，中国经济仍继续高速发展，国内生产总值增速保持在 7% 以上。就地区层面而言，"十二五"期间，尤其是中西部地区，绝大多数省市的经济增长速度都超过了全国平均水平。从微观上讲，我国经济快速发展的特征有两个：一是新增企业落户；二是现有的企业将扩大生产规模，投入新的项目、新的生产线、新的生产设备。从经济效益角度来看，新项目通常都具有较高的生产效率和较低的单位产品能耗的特点，相应地，单位产品的碳排放量也较低。所以，在碳市场的总配额中，应该为这些新增产能保留足够的配额，既能保障国家的经济发展，又能激励更多的科技创新投入，促进企业应用清洁技术。同时，中国经济自 2015 年开始逐步步入"新常态"，未来 GDP 增速可能会出现小幅回落，对碳排放制度的总量预估存在一定的不确定性风险。而在配额期末，预留额度中没有发放的部分将予以注销，这也有助于控制不确定风险。目前中国的碳交易制度与发达国家最大的区别在于经济较快增长与未来增速不确定性使得与之相对应的碳排放量预测难度较大，因此，对新增产能预留一定配额的设计是我国碳交易体系中最具有特色的部分。

5.4.3   使政府实现有效的碳交易体系调控

在碳交易制度的配额总量中，也可以保留一部分配额，由政府对碳交易体系进行调控。这部分预留的配额具有两种功能：一是能够为经济发展创造条件；二是在未来碳排放增长速度存在一定不确定性的条件下，适当降低总量预测误差带来的风险。这也是中国进入"新常态"后，对碳排放制度进行总量设置面临的两大难题。

政府对碳排放的管制主要有两种方式：一种是通过价格管控，当碳市场碳价格发生剧烈变化时，政府可以采取设定价格上下限等政策措施限制这种波动；另一种更为有效的办法就是在配额市场上，政府进行像央行一样的公开市场操作，当配额价格过高时，就卖出配额，如果价格过低，就买进。而实施这一方法的重要前提是政府必须掌握一定的配额和资金。因此，政府通过预留一部分配额，采用拍卖其中部分配额的方式来调控碳交易系统。

此外，政府要投入一部分资源来激励企业对清洁技术的投入，或是对那些没有参与到碳交易系统中却受到碳交易体系冲击的企业进行补贴，即在制度上进行管制。但是，在实施碳交易体系的过程中，政府通常缺乏足够的资金来支持这种调控，所以国际上通常采用政府保留一部分配额，然后通过拍卖的方式获取相关的收益。在此基础上，通过对拍卖收益使用行为的严格规范与要求，达到从制度上对碳排放交易体系进行调节的目的。

5.5   中国碳配额交易框架

5.5.1   欧盟 EU-ETS 总体框架

在一般商品市场或金融市场上，市场化交易过程中产生的价格波动可以更好地反映资源稀缺程度和市场供求状况。但是，由于碳排放权本身就是一种特殊商品或者说特殊的市场交易品，而且还要在一个新型的特定市场进行交易，如果由人为因素确定排放权供应但又采取市场化交易机制，就可能在初期缺乏经验的情况下导致市场碳价格出现剧

烈震荡,进而有可能扰乱企业的减排计划和影响投资者对于低碳产业或技术投入的决策,反而不利于政府减排目标的实现。例如,欧盟 EU-ETS 在第一阶段就采用由市场主体自主定价的做法,将排放权价格建立在稀缺性基础上,导致碳市场价格剧烈震荡,甚至崩溃。

5.5.2　澳大利亚碳市场总体框架

澳大利亚在 EU-ETS 基础上吸收了欧盟经验,在碳市场建立初期明确由政府主导定价,包括实行固定碳价格和设定碳价格上限和下限"两个三年"的超前安排。这样,澳大利亚碳市场建设初期就可能由于碳价格相对稳定,与投资者预期吻合,激励减排行动。而这一推进过程大体可以分为四个阶段:第一个阶段的重点是制定企业的碳排放报告制度,并最终确定相关的法律法规;第二个阶段启动固定碳价格交易市场;第三个阶段推出可浮动的碳价格市场交易机制,为碳排放定价设定上下位;第四个阶段开放碳交易价格,将碳贸易自由化,以市场为导向,而不是由政府来干预。

5.5.3　中国碳市场总体框架

中国在参与国际 CDM 项目的过程中,受制于发达国家的审批规范,流程长、手续烦琐、成功率低、交易成本高、碳信用产品价格低;同时,中国对碳排放的定价没有发言权,也缺乏专门的中介组织,这使发达国家在交易中占据了一定的优势,导致我国谈判力量不足。针对上述中国和中国企业参与 CDM 项目存在的诸多问题,为简化 CDM 项目国际合作交易流程,推动中国碳市场发展完善,我国率先提出了具有中国特色的"核定自愿减排量"。同时,我国于 2012 年 6 月发布了《温室气体自愿减排交易管理暂行办法》,明确了由国家主管部门备案并经国家自愿减排管理机构签发的 CCER 为"核证自愿减排量",是中国已核准的 CDM 项目中的减排量,可在全国备案的碳交易机构进行交易。

1. CCERs 项目交易参与主体

1)供给方

在中国的自愿减排项目交易中,项目所有者被称为 CCER 的供应方或生产商。按照《温室气体自愿减排交易管理暂行办法》,国资委直属的中央企业、非国有企业法人应该向有关部门申报,经批准后方可参与自愿减排交易。国资委所辖的中央企业参加自愿减排活动时,可以直接向发展和改革委申报自愿减排项目备案,而不在国家限排名单中的企业,可以向当地发展和改革委相关部门提交自愿减排项目备案申请,经审核后转报国家主管部门即可申请备案,最后办理相关的抵销手续。

2)需求方

CCER 市场的需求主体主要是减排企业,包括如下三类:在碳排放总量超过限额,或者是碳减排目标达不到生产运营需要,或者是减排技术比较落后,不愿意投入治理费用进行减排,为了履行减排义务而避免经济处罚,需要提高碳排放比例的公司等;获取投资收入的投资人或金融机构;在环境保护和身体健康的基础上,自愿购买碳排放信用点以达到碳中和目标的机构或个体。当前,中国碳市场的需求主体主要是第一类,而第二类和第三类的相关企业由于其自身的 CCER 投资风险和环保意识以及 CCER 交易条件的制约，仍然没有达到很高的比例。

　　3）第三方认证机构

　　在中国开展 CDM 项目的过程中，第三方认证机构是其国际报告和核查机制中的重要参与方，也是其不可缺少的一环。为保证排放数据的可信性和交易的公平性，CDM 项目的碳市场减排指标选取、企业排放和检测都需要通过第三方认证机构进行评估和认证。此外，通过建立第三方认证机构，可以有效降低政府部门逐个核实企业碳排放所产生的高昂成本，提升政府碳排放监督工作的效率，彰显政府在碳监督方面的透明度与可信度。

　　为规范项目市场的运作，国家发展改革委经过严格的筛选，先后发布了四批 CCER 认证机构。我国现有 9 家通过国家发展改革委 CCER 认可和认证资格的机构，深圳华测检测有限公司是其中唯一一家上市公司，民营企业只有中创碳投科技有限公司。上述 9 个第三方认证机构，大部分都获得了联合国 CDM-EB 批准的 CDM 项目认可和核查资格，在各自的研究领域具有较高的权威性，能够对相关行业的减排量进行监控和审计。

2. CCERs 项目交易框架

　　中国 CCER 标准体系主要包括三类：已经向国家发展改革委登记，但尚未在联合国理事会登记的；遵守由北京环保交易所和 Bluenext 环境交易所共同制定的《自愿减排熊猫准则》；达到诸如黄金标准和国际核证减排标准（Verified Carbon Standard，VCS）（根据 VCS 计划得到认可的各个产业所制定的各种自愿排放标准，其中涉及林业、可再生能源、采矿、制造业、畜牧业和废弃物处置等）等符合国际自愿减排标准。

　　中国的自愿减排计划的运作模式是通过对减排量的认可和补偿来实现的。在此基础上，CCER 方法在整个交易活动开展中必须符合以下条件。

　　（1）符合国家主管部门备案的 CCER 方法的应用条件和额外论证的条件。从 2013 年 3 月到现在，我国已经制定和发布了 6 个温室气体的自愿减排方法学清单，其中包括碳汇造林、竹子造林碳汇、生物柴油、小规模非煤矿区生态修复、电动汽车充电站及充电桩温室气体减排、新建或改造电力线路中使用节能导线或电缆、焦炉煤气回收制液化天然气等以合理核定碳减排量。

　　（2）《温室气体减排项目备案暂行办法》关于参与 CCER 项目减排量开发提出相关规定：①在 2015 年 1 月后开工，应在 2 年内完成审批、核查；②从 2013 年 1 月 1 日开始实施的农林碳汇工程项目，需在 3 年内经审批、审核单位完成审批、核查并出具项目审批报告；③在国家碳排放系统控制设施上开展的项目，不得进行减排备案。这一约束对 CCER 总量进行了更加严苛的限制，旨在通过供应约束来维持 CCER 的价格，但抑制了投资者对 CCER 交易的信心和积极性。

　　若中国企业具备参加 CCER 项目的资格，可以按照下列程序进行：①委托专家对项目进行前期评价，对项目是否满足国家方法学（包括确定项目基准线、论证额外性、减排量计算、监测方案编制等）、研发成本及减排效益等方面的规定进行评价，如果具有一定可行性，则可编写有关文件；②准备权威第三方认证报告材料；③将企业抵消的申请递交给发展改革委；④发展改革委对企业抵消申请进行审查，如果被拒绝，应向企业进行反馈，否则通过审核并告知企业；⑤经审核合格后，在当地区域系统中进行登记注册企业配额。除了在《京都议定书》的范围内进行贸易外，这个过程和 CDM 项目计划没有任何区别。CCER 项目申请流程如图 5-4 所示。

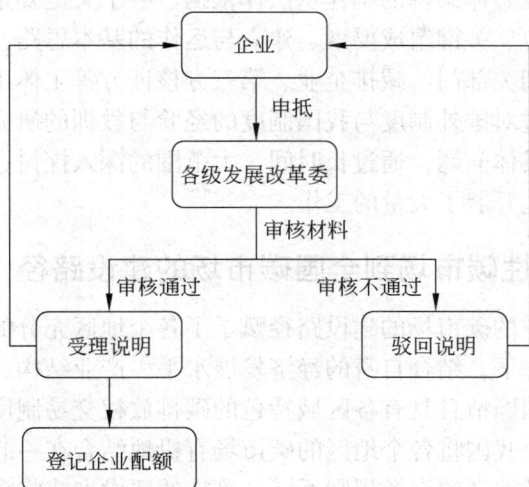

图 5-4　CCER 项目申请流程

5.5.4　中国现行碳市场总体框架的限制

由于我国各试点市场对 CCERs 限制过于严格，2015 年，中国首次引入 CCER 抵消机制，为 CCER 在全国范围内开展交易和履约的第一年。根据《21 世纪英文报》的数据，我国目前已经参与 501 项 CCER 备案项目，包括 2014 年备案的 87 个项目，2015 年备案的 254 个项目，2016 年仅第一季度的 CCER 项目就达到 160 项。CCER 作为碳配额市场的一个重要补充，由于其存在的调控作用而得到了快速的发展。但在我国 CCER 的发展进程中，由于各个试点地区的配额分配过于宽松，使得 CCER 的供应并没有出现短缺现象。据中国碳交易网络数据，7 个碳市场都对 CCER 做出了一定的限制，例如，北京碳交易所规定 CCER 最多不能达到总配额的 5%，城市范围内的开发数量也不能超过50%，剩下的需要结合河北、天津以及西部等地的减排计划分配，因此，每吨 CCER 的二氧化碳排放量相当于 1 吨二氧化碳排放配额，并且仅限于 2013 年 1 月 1 日之后的排放量。在其他的碳交易试点市场中，CCER 也受到了政策上的约束。

在不同的试点市场中，因其在 CCER 抵消配额量、优先地区和行业、项目或减排时限等方面都有不同程度的限制，使得不同地区的碳市场交易存在着一定的障碍。有部分学者认为，这种障碍的产生主要是由于各地区政策制定者的主观认识偏差，很多地方政府出于自身利益，对非本地建设项目减排额度进行了严格控制，不利于资源的合理分配，也阻碍了国家碳市场的一体化运作。为此，有必要建立一套严谨、统一的 CCER 抵消机制，并建立相应的交易体系，使得 CCER 计划能够保证在公平的条件下完成交易，从而为中国实现碳减排目标、推动经济社会可持续发展奠定坚实的理论基础。

5.6 从区域性碳市场到全国碳市场的框架构建

碳排放权交易制度整体架构的构建从法律依据、各个关键要素和制度安排三个层面展开，并对其法律地位、关键组成要素、建立与运作的基本思路，以及主管部门的权利与义务进行界定，为相关部门、减排企业、第三方核证方等主体工作的有效开展提供了重要的指导意见。通过对国外制度与我国制度的经验与教训的研究，同时考虑我国现行的碳交易制度存在的具体问题，通过长时间、大范围的深入探讨，初步形成了国家碳交易的整体架构，并据此开展了大量的工作。

5.6.1 从区域性碳市场到全国碳市场的建设路径

从区域到全国统一的碳市场的建设路径赋予了各个地区充分的建设自主性，并在国家统一碳市场建设理念下，结合自身的经济发展水平、产业结构、排放结构、技术能力等因素，构建符合我国国情且具有各区域特色的碳排放权交易制度。在我国，随着区域碳市场的发展和完善，我国将各个地区的碳市场有机地结合在一起，构成了全国统一的碳市场。但是，由于各地区的市场规则不同，这样的建设方式将会在系统一体化的前期影响到国家整体的资源分配与市场运作效率。此外，不同地区也有必要针对各自的碳交易体系单独立法，分别建立各自的登记系统和交易平台，这将极大完善国家碳市场的前期建设。

总量控制目标、配额分配方式、合规机制、定价机制、MRV 规则等因素之间的差异将导致连接过程中的技术壁垒与政治博弈，因此，体系连接要求所关联的体系在一些重要的设计要素上保持一致。由于各地区经济发展水平、行业结构、排放水平及结构等因素的不同，我国 7 个试点地区的碳交易体系呈现出差异化的特点，即立法形式、覆盖范围、配额分配、履约机制等关键因素的设计各有特色。由于试点市场的主要设计因素差异较大，兼容性较差，使得各试点系统间的互联互通存在较大的技术壁垒，从而直接影响到试点体系互联互通的可行性。另外，"自下而上"的构建方式也将进一步扩大区域碳市场范围，而地域越大，区域发展越不平衡，体系间的关键要素设计差异化和多样化程度越高，从而加剧了互联互通的技术壁垒与协同难度。另外，系统互联还要求对现有系统进行调整，这就要求各区域主管部门进行决策与协调，其过程烦琐、困难、执行成本高、政策抵触大。

5.6.2 构建全国碳市场的关键要素

构建全国碳市场需要考虑五个方面的关键要素，包括覆盖范围、配额管理办法、MRV 制度、交易管理和强制手段。

1. 覆盖范围

全国体系的涵盖范围包括体系所涵盖的区域、涵盖的温室气体类别的产业和纳入公司的界限等。国务院碳交易主管部门发布并实施《碳排放交易管理暂行办法》明确了其涵盖范围，但"经国务院碳交易主管机关批准后，可以适当扩大碳交易的行业，增加重点减排单位"。各地纳入全国系统的重点排污企业名单，由省级碳交易管理机构按照国家规定或核准的扩容后的标准提交，报国务院碳交易管理机构审批后发布。

2. 配额管理办法

在全国范围内，由国务院碳交易管理机构负责编制全国配额分配方案，明确各省、自治区、直辖市的配额，并确定全国范围内的统一配额分配办法。限额可分为"自下而上"和"自上而下"两种方法。"自上而下"，即在国家系统范围内，以全社会或产业层次的碳减排指标为基础，由政府来决定国家系统的总排放量。"自下而上"，就是先通过无偿发放的方式，将国家制度中的重点排污企业的无偿配额数目，与有偿配给的限额相加，得到国家体制的总限额。

3. MRV 制度

目前，国家发展改革委已印发 20 余种行业碳排放核算与报告指导指南，并在此基础上，提出一套从核算范围、核算方法、质量保证、文档归档、报告内容、格式等方面的统一规范。碳排放核查是一项非常专业的工作，相关核查机构的专业程度直接影响到其核查的效果，因此所选择的第三方机构需要具有足够的专业知识、技术和经验，才能保证对关键排放主体的相关信息、数据和排放报告的正确核实。为此，在国家碳交易系统中，必须通过"资格认证"来强化核查队伍，以保证核查结果的准确可靠，保障国家碳交易系统的数据质量。在全国范围内，其基本设计思路是：由国务院碳交易主管机关与承担认证责任的国家认监委一起，确定第三方核查机构的资格条件，对符合条件的核查机构授予资质，并对核查工作实施监管。各省碳市场监管机构对所属地区的核查工作进行监管。

4. 交易管理

碳排放交易市场要求通过健全的制度来保证交易活动的有序进行，并根据既定的规则对交易的产品和主体等进行监督。《碳排放交易管理暂行办法》规定，全国碳市场在初始阶段只引进了碳排放配额和国家认可的 CCER 两类商品，并将在未来适时加入其他可供交易的商品。这样的设计有助于在初始阶段逐步引导建立一个标准化规范的现货市场，当市场的活跃度与成熟度都达到了一定程度后，再逐渐增加其他的交易产品，如期权、期货等，从而更好地发挥碳市场对碳减排的激励作用。同时，在体系启动之初，亦可对交易参与者设定一定约束，并逐步引入更多投资人，以提升碳市场的活跃性。

5. 强制手段

作为一种市场化的政策工具，需要对存在违法违规行为的企业进行经济处罚，并通过提高企业的失信成本来促使企业和其他市场主体履行自己的责任。然而，在实际操作中，由于受到有关法律法规对经济处罚的制约，单纯运用经济制裁手段，难以保障制度的强制力。从我国的试点经验来看，一些重点减排主体可能会更加关注责任目标（如国有企业）、税收优惠和信息披露等。所以，在国家统一的制度下，还需要多个部门协同监管，针对重点排放单位等建立起多角度、全维度的失信惩戒机制，极大地提高失信行为的成本，从而使其更好地保障履约工作的顺利开展，确保国家碳市场的有效运行。

5.6.3　全国碳市场的框架

全国碳市场的建立主要以《碳排放权交易管理暂行办法》为基础，实行"中央—地方"的两级管理架构，其首要问题是相关职责的确立和关键要素的保障。

1. 管理框架

管理框架的确立主要在于以下方面：①国家安全保障制度是国家综合改革的一个重要方面，它必须与其他宏观经济体制改革的配套制度进行协调；②运用市场机制进行温室气体减排，应当与现行的行政管制措施进行协调；③构建符合我国多层次管制要求的多层次管制制度；④站在"简政放权"的立场上，应当尽可能地精简管制组织、精简管制程序、减少管制费用。在中央政府层面上，碳排放权交易市场监督需要国家发展改革委、财政部、工业和信息化部、证监会、认监委等多个部门参与，亟须建立适合我国国情的多部门协同监管体制，明确其职责和协作协调模式。从"中央—地方"的关系来看，国家碳市场覆盖面广，单靠中央政府进行调控会有一定的局限性，同时也与"简政放权"的需求不符，因此，在完善的碳排放权交易市场监督体系中也需要地方政府的积极参与。

2. 管理框架特点

全国碳市场管理框架的规则设定具有的主要特征如下：①由国务院碳交易主管部门（国家层面）与省级碳交易主管部门（地方层面）两个层级协同分工管理。国家一级负责制定制度的基本准则，地方一级负责实施制度规定，在顾及区域差异的情况下地方具有一些灵活性；②综合运用包括罚款、信用记录管理、取消享受节能减排等优惠政策资格等措施，促使各类市场主体依法经营；③确保系统信息的开放性和透明性，将适合公布的信息尽可能地向社会公布，主要包括：该制度涵盖的主要类型、产业、被列入的主要排放者名单、配额分配办法、配额使用、储存与注销规定、每年重点排污企业的配额清理、审核机构的名录、确认的交易机构名单、交易信息（价格、交易量、交易额、大额交易等）。

由于国家系统涵盖了数以百亿吨计的二氧化碳排放，以及数以千计的企业，因此，国家系统采取了"中央—地方"双重管理体制。其中，国务院碳交易管理机构侧重于法规的制定和体系整体运行情况监管，省级碳交易机构侧重于对当地地方政府规章的贯彻实施和监管。同时，鉴于地区间的差异性，在全国范围内，还将赋予各省市碳交易管理机构一定程度上的灵活性，其中包括：允许各省级碳交易机构对其所在区域实行更为严格的无偿配额分配办法；由严格的无偿配额分配方式造成的超额排放限额，由各省碳市场管理机构负责组织实施有偿分配，并将有偿分配所得资金全部投入区域内的减排能力建设中。

5.7　本　章　小　结

5.1 节对中国碳交易机制进行了制度分析，之后围绕中国碳市场的构建展开。5.2 节介绍了碳排放总量测算方法，指出我国需要根据长短期不同发展需要选择合适的测算方法，并进行严格的总量控制。5.3 节明确全国范围内总量控制下的配额分配原则，主要包含"自上而下"决定配额再分配原则和"自下而上"决定配额再分配原则，在实践中采用两者结合的方法确定配额，并详细介绍了我国 7 个试点省市配额分配调节制度。5.4 节介绍我国碳交易体系下区域配额总量的划分，主要包括：既有企业、既有设施部分，新增企业、新增设施、产能增加预留部分和政府预留部分，并针对三部分配额进行了阐述。5.5 节在介绍欧盟和澳大利亚碳市场总体框架的基础上，提出了我国碳市场总体框架与限制。5.6 节从区域性碳市场到全国碳市场、构建全国碳市场的五点关键要素和全国碳市场框架四个方面阐明了我国全国碳市场构建的框架。

第 6 章

中国碳市场运行机制

知识目标

1. 熟悉碳产品的准确定义，了解我国碳市场中碳产品的不足与发展，熟悉我国碳市场的主体构成；

2. 探讨中国碳排放交易模式，了解其价格机制的形成；

3. 熟悉我国碳市场激励机制、监管机制和反馈机制的框架。

素质目标

1. 使学生对我国碳市场运行机制有深入的了解；

2. 深刻理解碳市场激励机制如何通过经济手段促进减排，从而增强环保意识，加深对经济与环境关系的理解。

6.1　中国碳市场运行的前提——碳产品

在本书的第 1 章中，已详细介绍为避免人类遭受气候变暖的威胁而颁布的《京都议定书》。根据该议定书允许采取的减排方式，衍生出了三个核心的碳排放交易市场机制：IET 机制、JI 机制和 CDM 机制。这三种市场机制使得温室气体减排量（碳排放量）成为可交易的无形商品——碳产品，《京都议定书》缔约国可通过交易碳产品来调整本国的碳排放约束。三大机制与交易单位如表 6-1 所示。

表 6-1　碳排放机制与交易单位

机　　制	简称	交易单位	交　易　方　式
国际排放贸易	IET	AAUs	发达国家之间买卖超额完成的 AAUs
联合履约	JI	ERUs	发达国家帮助其他发达国家减排获得 ERUs
清洁发展机制	CDM	CERs	发达国家帮助发展中国家减排获得 CERs

目前，中国碳市场的运行机制有两种形式。配额交易机制，在总量管制原则下，由政府向企业或个人分配碳排放配额，参与者可根据自身需求在市场上进行交易，从而达到被分配的环境绩效。绿色发展项目机制，参与者合作完成绿色发展项目，由参与碳排

放配额的买方提供项目资金，卖方换取温室气体减排额度。由于发达国家减排成本往往比发展中国家更高，因此，发达国家的企业通过提供资金、技术及设备等方式来帮助发展中国家或经济转型国家的企业减排，从而获取被帮助企业所产生的减排额度。除自用外，这些额度还可以在市场上进一步交易。由此可见，我国碳市场的运行机制主要围绕碳排放额度展开，拥有碳排放额度等碳产品是我国碳市场运行的前提。

6.1.1　中国碳产品的开发

目前，碳配额与国家核证自愿减排量（CCER）是我国碳市场的主要产品。在满足国家有关规定的情形下，我国生态环境部还可以根据实际情况增加其他交易产品。碳配额是指由政府主管部门分配发放给企业，限定其在一定时期内向大气中排放温室气体（以二氧化碳计）的总量。碳配额包括全国碳排放配额（CEA）与各省市试点碳配额，如北京碳排放配额（BEA）、上海碳排放配额（SHEA）等。除现货产品外，我国正逐步推出碳配额的各类衍生品期货交易产品。中国核证自愿减排量是全国温室气体自愿减排交易市场的交易产品，该产品主要表现为我国境内由可再生能源、林业碳汇、甲烷减排、节能增效等对温室气体减排产生贡献的项目进行量化核证后的减排量（CCER），该产品可以用于在地方碳市场或者全国碳市场进行交易。但该产品交易环节仅面向控排企业和机构投资者开放，暂不向个人投资者开放。然而，地方试点碳市场的配额除了对纳入地方试点交易的控排企业及机构投资者开放以外，部分试点地区也对个人投资者开放。

碳产品的交易主要依托交易所进行，目前我国共有北京绿色交易所、上海环境能源交易所、天津排放权交易所、深圳碳排放权交易所、广州碳排放权交易所、湖北碳排放权交易中心、重庆碳排放权交易中心、四川联合环境交易所、海峡股权交易中心 9 家交易所。

1. 北京绿色交易所

北京绿色交易所有限公司（北京绿色交易所）成立于 2008 年 8 月，原名北京环境交易所有限公司，是集各类环境权益交易服务于一体的国内首家环境权益交易机构。2008 年 8 月 5 日，北京环境交易所挂牌，同年 12 月 12 日，推出首个在北京地区进行生态补偿交易的项目——"绿色出行碳路行动"碳排放量。从促成中国首单自愿减排交易、发行国内首张低碳信用卡、创建国内首家碳中和银行，到研发首个自愿减排标准——熊猫标准，北京绿色交易所在"双碳"工作中成为"排头兵"，同时也成为绿色金融改革发展的"试验田"和"示范区"，国内影响力较强。2020 年，根据北京市委、市政府关于绿色金融的工作部署，北京环境交易所更名为北京绿色交易所。表 6-2 展示了北京绿色交易所的主要交易产品。

表 6-2　北京绿色交易所的主要交易产品

交 易 产 品	产品性质	所 属 市 场	上线年份
北京市碳排放配额（BEA）	现货产品	北京碳排放交易市场	2013 年
国家核证自愿减排量（CCER）	现货产品	北京碳排放交易市场	2013 年
北京林业碳汇抵消机制（BCER）	现货产品	北京碳排放交易市场	2013 年
碳排放配额（CEA）	现货产品	全国碳排放权交易市场	2021 年

2. 上海环境能源交易所

上海环境能源交易所（上海环交所）自 2013 年 11 月 26 日开市以来，已平稳运行 10 余年，纳入钢铁、化工、航空、水运、建筑施工等 27 个行业的 300 多家企业和 800 多家投资机构，是全国唯一一个连续 11 年实现 100% 企业履约清缴率的试点。值得一提的是，上海环交所于 2017 年与上海清算所合作推出了上海碳配额远期产品，这是国内首个中央对手清算的碳远期产品。目前，上海环境能源交易所已经成为全国规模和业务量最大的环境交易所之一。表 6-3 展示了上海环境能源交易所的主要交易产品。

表 6-3　上海环境能源交易所的主要交易产品

交 易 产 品	产品性质	所 属 市 场	上线年份
上海碳排放配额（SHEA）	现货产品	上海碳排放交易市场	2013 年
国家核证自愿减排量（CCER）	现货产品	上海碳排放交易市场	2013 年
上海碳配额远期（SHEAF）	远期产品	上海碳排放交易市场	2017 年
碳排放配额（CEA）	现货产品	全国碳排放权交易市场	2021 年

3. 天津排放权交易所

天津排放权交易所是利用市场化和金融创新双轮驱动节能减排的国际化交易平台，是国内首批成立的综合性环境权益交易机构之一。天津排放权交易所成立初期主要致力于开发二氧化硫、化学需氧量等主要污染物交易产品和能源效率交易产品。就碳产品而言，除碳配额和国家核证自愿减排量外，天津排放权交易所还上线了自愿减排量、排污权等碳产品。相较于国家核证自愿减排量，自愿减排量可以选择行业指定的或买卖双方均认可的交易平台进行登记、注册、交易、核销等流程，无须经国家主管部门登记备案。排污权则以二氧化硫、化学需氧量、氮氧化物和氨氮等污染物为主要交易标的物。天津排放权交易所具体交易产品如表 6-4 所示，碳交易基本流程如图 6-1 所示。

表 6-4　天津排放权交易所交易产品

交 易 产 品	产品性质	所 属 市 场	上线年份
排污权	现货产品	排污权市场	2008 年[①]
天津市自愿减排量	现货产品	自愿减排量交易市场	2010 年[②]
天津市碳排放配额（TJEA）	现货产品	天津排放权交易所市场	2013 年
核证自愿减排量（CCER）	现货产品	天津排放权交易所市场	2015 年
碳排放配额（CEA）	现货产品	全国碳排放权交易市场	2021 年

注：
① 2008 年 12 月 23 日，天津排放权交易所成功组织一笔二氧化硫排放指标交易，这是全国第一笔基于互联网进行的主要污染物排放指标电子竞价交易，标志着我国主要污染物排放权交易综合试点在天津启动。
② 2010 年 6 月 3 日，天津排放权交易所自主开发的温室气体自愿减排服务平台上线试运行，为首批项目自愿减排量提供电子编码和公示服务。

```
┌──────────┐   ┌─省级主管部门─┐ ┌──企业──┐      ┌──交易所──┐      ┌─核查机构─┐
│ 企业注册 │
└────┬─────┘                  ┌─────────────────┐
     │                        │ 1. 企业在注册登记 │
     ▼                        │    系统注册       │
┌──────────┐                  └─────────────────┘
│ 配额发放 │   ┌─────────────────┐
└────┬─────┘   │ 2. 省主管部门给  │
     │         │    企业发配额    │
     ▼         └─────────────────┘
┌──────────┐   ┌─────────────────┐  ┌─────────────────┐  ┌─────────────────┐
│ 配额交易 │   │ 3. 企业获取配额, │  │ 4. 企业在交易    │  │ 企业提交排放    │
└────┬─────┘   │    可划到交易账户 │  │    系统参与交易  │  │    报告          │
     │         └─────────────────┘  └─────────────────┘  └─────────────────┘
     ▼         ┌─────────────────┐                       ┌─────────────────┐
┌──────────┐   │ 5. 企业根据排放量 │                       │ 核查机构确定    │
│ 排放量核查│   │    准备履约       │                       │ 企业排放量      │
└────┬─────┘   └─────────────────┘                       │ 主管部门审定    │
     │                                                    └─────────────────┘
     ▼                              ┌─────────────────┐
┌──────────┐                        │ 6. 企业在市场买  │
│   交易   │                        │    卖配额和CCER  │
└────┬─────┘                        └─────────────────┘
     │         ┌─────────────────┐  ┌─────────────────┐
     ▼         │ 8. 多余配额结转至 │  │ 7. 企业注销与排放 │
┌──────────┐   │    下一年度       │  │    量相当的配额   │
│ 履约注销 │   └─────────────────┘  │    完成履约       │
│ 结转配额 │                        └─────────────────┘
└──────────┘
```

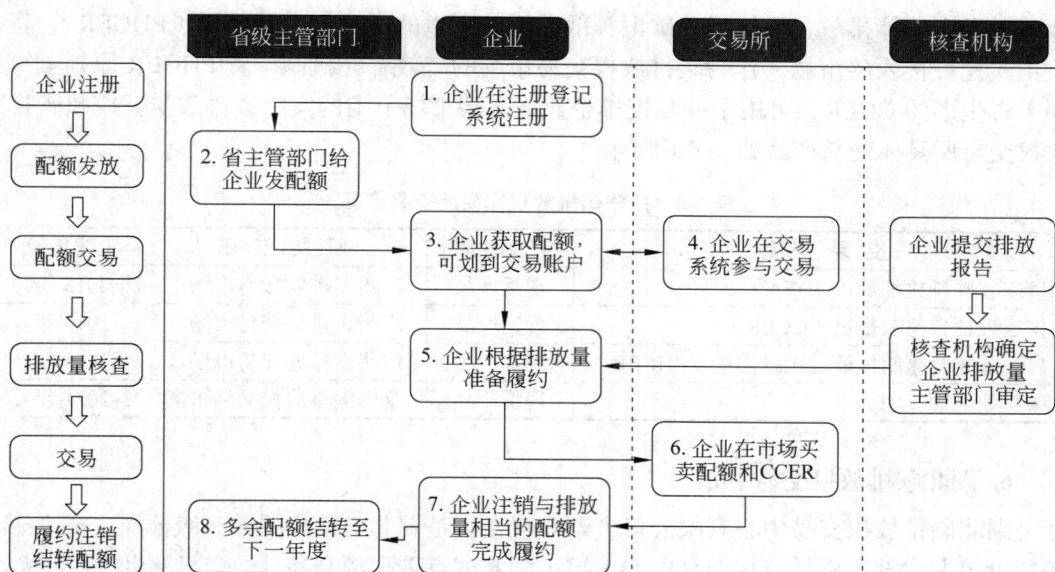

图 6-1　天津试点碳交易基本流程图

4. 深圳排放权交易所

深圳排放权交易所成立于 2010 年 9 月，是深圳市唯一指定从事排放权交易的专业平台和服务机构，同时也是全国首批温室气体自愿减排交易机构之一。在碳交易与碳普惠、绿色金融与气候投融资、应对气候变化与国际合作等领域，深圳排放权交易所以绿色智库、"双碳"顾问为重点特色，助力深圳走在全国碳市场前列，试点工作成效显著。深圳排放权交易所的交易产品可细分为固体废弃物处置交易、生态产品价值交易、排污权交易、用水权交易、用能权交易与绿电绿证交易六大类型；就碳产品而言，主要包括碳配额与国家核证自愿减排量。深圳排放权交易所具体交易产品如表 6-5 所示。

表 6-5　深圳排放权交易所交易产品

交 易 产 品	产品性质	所 属 市 场	上线年份
深圳市碳排放配额（SZEA）	现货产品	深圳碳排放交易市场	2013 年
国家核证自愿减排量（CCER）	现货产品	深圳碳排放交易市场	2013 年
碳排放配额（CEA）	现货产品	全国碳排放权交易市场	2021 年

5. 广州碳排放权交易所

广州碳排放权交易中心有限公司（广碳所）由广州交易所集团于 2009 年独资成立。广碳所致力于搭建"立足广东、服务全国、面向世界"的第三方公共交易服务平台，为企业开展碳排放权交易提供规范且有信用保障的服务，是国家发展改革委首批认定的国家核证自愿减排量交易机构，同时也是大湾区唯一同时具备国家碳交易试点和绿色金融改革创新试验区试点的机构。2017 年 4 月，广东省发展改革委颁布的《关于碳普惠制核证减排量管理的暂行办法》指出，纳入广东省碳普惠制试点地区的有关企业或个人自愿参加减少温室气体排放、增加绿色碳汇等低碳活动产生的核证自愿减排量（PHCER），将被正式允许接入碳市场。作为碳排放权交易市场的有效补充机制，省 PHCER 原则上等同于省生产的 CCER，可用于冲减控排企业纳入碳市场范围的实际碳排放量。广州碳排放权交易所具体交易产品如表 6-6 所示。

表 6-6　广州碳排放权交易所交易产品

交 易 产 品	产品性质	所 属 市 场	上线年份
广东省碳排放配额（GDEA）	现货产品	广州碳排放交易市场	2013 年
国家核证自愿减排量（CCER）	现货产品	广州碳排放交易市场	2013 年
广东省碳普惠制核证自愿减排量（PHCER）	现货产品	广州碳排放交易市场	2015 年
碳排放配额（CEA）	现货产品	全国碳排放权交易市场	2021 年

6. 湖北碳排放权交易中心

湖北碳排放权交易中心有限公司（湖北碳交）是湖北宏泰集团的二级公司，成立于 2012 年 9 月。湖北碳排放权交易中心承担了湖北试点碳配额交易、国家自愿碳减排交易、湖北省绿色金融综合服务等工作，是全国碳交易能力建设培训中心。相对于其他碳排放权交易中心，湖北碳排放权交易中心的产品较为丰富，但远期碳产品还在进一步开发与规范中，具体交易产品如表 6-7 所示。

表 6-7　湖北碳排放权交易中心交易产品

交 易 产 品	产品性质	所 属 市 场	上线年份
湖北碳排放权交易配额（HBEA）	现货产品	湖北碳排放交易市场	2014 年
国家核证自愿减排量（CCER）	现货产品	湖北碳排放交易市场	2015 年
湖北碳排放权交易配额远期	远期产品	湖北碳排放交易市场	2017 年
国家核证自愿减排量远期	远期产品	湖北碳排放交易市场	—
碳排放配额（CEA）	现货产品	全国碳排放权交易市场	2021 年

7. 重庆碳排放权交易中心

重庆碳排放权交易中心又称重庆联合产权交易所（重庆联交所），是一个综合性的要素资源交易市场，涵盖各种权益交易（股权、实物资产、知识产权、环境资源、特许经营权及其他权益）和配套金融服务，拥有中央企业、中央金融企业产权交易、中央国家机关事业单位资产处置、国家专利技术展示交易、中小企业产权交易和碳排放权交易 6 个国家级交易资质和 4 个省级交易资质。重庆碳排放权交易中心具体交易产品如表 6-8 所示。

表 6-8　重庆碳排放权交易中心交易产品

交 易 产 品	产品性质	所 属 市 场	上线年份
重庆市碳排放配额（CQEA）	现货产品	重庆碳排放交易市场	2013 年
国家核证自愿减排量（CCER）	现货产品	重庆碳排放交易市场	2013 年
碳排放配额（CEA）	现货产品	全国碳排放权交易市场	2021 年

8. 四川联合环境交易所

四川联合环境交易所成立于 2011 年 9 月，是全国非试点地区第一家经国家备案的碳交易机构，同时也是四川省公共资源交易平台、绿色金融综合服务平台、碳中和创新服务平台。具体交易产品如表 6-9 所示。

表 6-9　四川联合环境交易所交易产品

交 易 产 品	产品性质	所 属 市 场	上线年份
国家核证自愿减排量（CCER）	现货产品	四川碳排放交易市场	2019 年
碳排放配额（CEA）	现货产品	全国碳排放权交易市场	2021 年

9. 海峡股权交易中心

海峡股权交易中心为福建省内中小微企业（包括台资企业）提供排污权、碳排放权、用能权、林权等资源环境权益流转等服务，同时可以提供多样化的综合金融服务。福建省林业碳汇（FFCER）是经由福建省生态环境厅在福建自愿减排交易登记簿进行备案登记的碳汇项目，可进行减排量交易（林业碳汇项目需根据政府部门发布的林业碳汇项目方法科学实施）。简单来说，林业碳汇可以让森林中的树木吸收和固定的二氧化碳变成无形的碳资产参与交易。所以林业碳汇可以让传统林农在木材资源收入基础上，通过出售碳汇增加收入。因此，林业碳汇项目不仅可以吸引企业主动减排，还可以带动农村发展，在实现碳中和的同时让农村地区共享发展红利。具体交易产品如表 6-10 所示。

表 6-10　海峡股权交易中心交易产品

交 易 产 品	产品性质	所 属 市 场	上线年份
福建省碳排放配额（FJEA）	现货产品	福建省碳排放交易市场	2016 年
福建省林业碳汇（FFCER）	现货产品	福建省碳排放交易市场	2016 年
国家核证自愿减排量（CCER）	现货产品	福建省碳排放交易市场	2016 年
碳排放配额（CEA）	现货产品	全国碳排放权交易市场	2021 年

6.1.2　中国碳产品的不足与发展建议

1. 我国碳市场情况与特征

（1）碳市场带动企业主动减排的效果显著，国内各地碳市场的碳产品种类共计 10 余种，交易规模逐年增长。我国碳排放权交易市场于 2021 年 7 月 16 日正式运行，截至 2023 年 7 月 16 日，我国碳市场累计成交量达 2.4 亿吨，累计成交额高达 110.3 亿元，已经成为全球范围内覆盖规模最大的碳市场，并且就各国的长期目标而言，以欧洲、中亚、北美等地区为代表的国家均将生态保护与经济发展对立，仅以绝对减少二氧化碳排放量为目标，而我国积极探索绿色可持续发展道路，实现了经济效益与环境效益的协同发展。

（2）碳交易有效开发了欠发达地区的绿色能源。类似于国际上的清洁能源机制，国内碳市场的绿色发展机制允许经济发达地区的企业通过水电、光伏和森林碳汇等方式从经济欠发达地区获得中国核证自愿减排量，实现绿色发展的同时也有助于促进国内经济发展的地区均衡。

2. 我国碳产品的不足之处

（1）碳交易活跃度不高，存在明显的周期性、季节性特征。我国碳交易成交日期集中于碳配额最终核定发放期（9月）与履约期末（12月）。一半以上的碳交易均集中在碳配额最终核定发放期与履约期末，从侧面反映出企业的主动减排意识还不够强烈、日常碳交易缺少活力、全国碳市场的流动性不足。碳交易的活跃度不高将会导致碳交易不平衡，碳产品难以在周期性的供需关系中形成合理的碳价。

（2）碳产品交易主体覆盖面窄。目前，我国碳产品交易参与主体仅纳入电力行业企业，覆盖全国碳排放量不到50%，化工、钢铁、石化、有色、造纸、建材等高能耗行业仍未被纳入碳市场，并且碳市场针对不同行业的准入时间及配额分配标准均未向公众公布，配额分配中公众参与机制缺位。

（3）碳产品品种相对单一，碳金融产品规模化运用不足。在我国的碳金融产品中，碳信贷和碳债券等融资类产品发展较快；而碳期货、碳远期、场外碳期权等产品发展相对滞后；碳指数和碳保险缺乏规模化运用。国际经验表明：引入碳金融产品，特别是期货和远期产品，有助于碳市场形成有效的市场定价机制，增强碳交易活跃度，降低碳资产投资风险。而我国碳金融更多地被定位为服务于碳减排的从属性市场工具而非资本市场的组成部分。2016年8月，中国人民银行、财政部、国家发展改革委等七部委联合出台《关于构建绿色金融体系的指导意见》，明确指出碳金融是绿色金融体系的关键环节，并对我国碳金融发展作出了重大部署。自此，我国金融机构以碳配额为标的，相继开展了一系列碳金融产品的服务和探索，碳远期、碳掉期、碳期权、碳借贷、碳回购、碳指数等均有涉及。然而，我国碳金融的发展仍未形成规模，大部分产品发行规模较小，目前仅处于零星试点阶段。从全国碳市场来看，交易产品仅限于碳排放配额现货。因此，我国碳市场仍然以碳配额现货交易为主，交易品种相对单一，缺乏有效的价格发现和风险对冲工具，控排企业和金融机构难以管理碳资产和碳市场价格波动带来的风险。

3. 针对我国碳产品的发展建议

（1）逐步开放非控排企业、机构及个人进入碳市场，增加碳市场的交易活跃度，形成全民低碳生活的社会风尚。通过建设全民碳普惠体系实现中小微企业及个人碳减排量的精准计量，并提交官方进行核证，最后进入全国碳市场实现碳减排量的线上交易，可激励中小微企业以及个人主动进行绿色低碳行为，真正体现"绿色也是一种财富"。

（2）加快引入碳市场参与主体。扩大碳市场的行业覆盖势在必行，化工、钢铁、石化、有色、造纸、建材等高能耗行业应被逐步纳入全国碳市场，实现全国碳市场活跃度的有效提高。与此同时，要积极完善碳市场参与主体链，适当发挥市场价格调节机制与公众参与机制，完善碳市场信息公开制度，适当公开年度配额分配标准等信息，为碳交易参与主体的投资决策提供科学依据。

（3）有序推进碳远期、碳期货、碳期权的市场布局。发挥远期对现货的价格导向作用，以透明、稳定、合理的碳价格引导资金流向绿色低碳经济领域。在碳金融领域应加速构建碳金融监管体系，规范各省市的碳金融市场建设，确保全国碳金融市场稳健发展。

6.2　中国碳市场主体构成

我国碳市场包括一主一辅两个市场。主市场是以控排企业、金融机构、个人投资者等为主要交易主体的碳配额交易市场（碳排放权交易市场），以碳配额为主要交易标的，实际排放量大于初始碳配额的企业可向存在剩余碳配额的企业购买碳配额。辅市场是以控排企业和自愿减排企业为交易主体的碳信用交易市场（自愿减排市场），以碳信用为交易标的（核证减排量）。控排企业可使用碳信用完成配额清缴，但一般不会超过控排企业应清缴碳排放配额的 5% 或 10%，以保证控排企业的有效减排。碳信用配额清缴机制也叫基线和信用机制。当前中国碳市场的参与主体主要包括碳交易管理机构、碳排放交易平台、试点企业和第三方核查机构等。

6.2.1　碳交易管理机构

除了对碳交易的参与主体和交易流程进行监管外，全国及各省市试点碳交易管理机构还应具备以下职能。

1. 设定碳排放总量目标

若碳排放总量目标过高，则对环境的改善作用有限，无法完全发挥碳市场的绿色发展效能；若碳排放总量目标过低，则对企业的环境管制压力过大，挫伤企业进行节能减排或进行碳交易的积极性。因此，在总量管理原则下，碳交易管理机构应当根据政府的环境保护要求与相关政策方案，结合当地的实际环境容量与最大碳排放量制定出明确的碳排放控制目标，再进行后续的碳排放配额具体分配。

2. 确定配额分配方式

碳排放配额的基本分配方式包括免费分配、公开拍卖及混合分配三种。其中，免费分配方式可依据控排企业的历史碳排放数据或者实际碳排放数据，由碳交易管理机构直接进行分配；公开拍卖分配方式则是由碳交易管理机构对一定年度的碳排放权进行公开拍卖，有减排需求的企业可自行参与拍卖；混合分配方式是指免费分配方式与公开拍卖方式的结合，即先由碳交易管理机构免费分配一定比例的碳配额，剩余部分的配额再采取公开拍卖的形式进行分配，以满足部分有较重减排压力企业的需要。欧盟碳排放交易体系在建设初期采取的是公开拍卖形式，对企业而言，公开拍卖形式是一种有偿的分配机制，一经实行即会立刻产生相应成本，不利于控排企业在初期的平稳过渡，并且会使企业产生消极抵抗情绪。因此，我国在初期采取的是在综合考虑市场需求和企业成本的基础上向企业免费分配碳配额的方式，当企业的绿色全要素生产率提高至一定水平再考虑转变成其他方式。

3. 选择试点行业

试点行业的选择应满足以下三个特征：一是碳排放量大或者增长速度快的行业；二是历史数据和企业能源计量体系基础较好、排放来源相对集中的行业，以提高试点的可操作性；三是在多行业选择控排企业，提高碳市场的覆盖面。

6.2.2　碳排放交易平台

碳排放交易平台的关键在于完善的碳排放交易系统与合理的碳排放交易规则。而碳排放交易规则难以从开始就尽善尽美，碳排放交易系统也必然会在实践的基础上不断更新完善。因此，我国碳排放交易平台以碳产品的现货交易为出发点，不断完善碳排放交易平台的市场机制，分阶段推出碳远期、碳期货、碳掉期等碳金融产品。

6.2.3　试点企业

控排企业是碳市场的重要参与主体之一，在碳市场建设初期，我国各试点省市均在电力行业开展试点，为下一阶段扩大试点企业范围积累经验。如果试点企业因产能扩大或其他原因造成实际排放量大于分配配额，那么为了抵消碳排放超标额，该试点企业就必须购买相应的碳排放权。碳排放权主要有三种购买途径：一是通过碳排放权交易平台购买；二是直接向排放总量小于配额实施量的企业采购；三是利用基金定投申购。同时，碳排放权交易管理机构应当制定系统的惩罚机制，对碳排放仍不能达标的企业实施超额惩罚。如果试点企业由于产能降低或技术进步，实际排放量比分配配额少，那么相应额度的碳排放权就可以卖出获得收益。碳排放权主要存在三种卖出途径：一是借助碳排放权交易平台卖出；二是直接卖给排放总量大于配额实施量的企业；三是卖给自愿碳市场的买主。

6.2.4　第三方核查机构

第三方核查机构是碳市场的重要建设保障。碳产品的合理定价是碳交易的基础，而碳产品的定价依赖于基础数据的获取。第三方核查机构需要确保碳排放、碳减排及市场交易数据的真实性，为了实现这一重要功能，第三方核查机构必须是与碳项目没有利益关联的独立性机构或组织。以欧盟排放交易体系和英国排放交易体系的做法为例，具体程序如下：控排企业上报碳排放数据→形成碳排放报告→第三方核查机构核查→向区域碳交易管理机构出具核查报告。

6.3　中国碳交易模式和价格机制

随着各国对如何应对气候变化问题的日益关注，"碳定价"开始频繁地出现在人们的生活中。为实现减排以应对气候变化，以世界银行集团为代表的各类组织正强烈呼吁世界各国政府制定并实施碳价机制。

6.3.1　中国碳交易模式

1. 国际碳排放交易模式

目前国际碳排放权交易市场主要分布在美国、加拿大、澳大利亚以及欧盟等地区。

根据交易机制的不同，目前国际上的碳排放交易形式主要有强制配额交易市场和碳排放自愿交易市场两种。强制配额交易的代表主要是欧盟，强制配额交易机制下各国根据本国的排放总量来分配企业的排放配额，并允许存在剩余的配额企业对碳配额进行买卖。碳排放自愿交易市场的代表主要是美国和加拿大，这两个国家的政府和企业自愿对碳减排量进行承诺，未用完的承诺额度可以进行交易。当前全球气候环境受到严峻考验，不少地区对碳排放权交易青睐有加，不少交易模式已在国外不同市场进行试点，各国都想在未来占据更高的碳排放权交易市场份额。目前比较有特色的两类交易市场是欧盟排放交易系统和美国芝加哥气候交易所。

　　1）EU-ETS 模式

　　欧盟排放交易系统（EU-ETS）于 2005 年年初正式开始运营。在总量控制模式下，超过全球 3/4 的碳交易量和交易额使得 EU-ETS 在全球碳市场中占主导地位。欧盟也一直主导着碳排放权交易的实践，并且在推动气候变化谈判中扮演着极其重要的角色。面对一直难以生效的《京都议定书》，欧盟以强硬的 ET 机制实践了其一直坚持的温室气体减排目标，兑现了《京都议定书》的承诺。目前，EU-ETS 主要有欧洲气候交易所、欧洲能源交易所、北欧电力交易所三大交易所。

　　欧洲气候交易所成立于 2004 年，是当前全球交易量最大的交易所。2002 年，作为欧洲能源交易和市场运作平台的欧洲能源交易所成立，主要从事电力、天然气、能源贸易及二氧化碳排放限制的现货和期货交易；北欧电力交易所则是世界上第一家跨国电力交易所，同时也是欧洲最主要从事碳排放权期货和现货交易机构之一。

　　2）CCX 模式

　　美国芝加哥气候交易所（CCX）成立于 2003 年，是世界上第一个自愿建立的温室气体交易平台。CO_2、CH_4、PFCS、SF_6、N_2O、HFCS 等污染物为其主要交易品种。美国芝加哥气候交易所有两类会员：一类是投资者（也称流动性的提供者）；另一类是 CCX 的会员，承诺自愿减排的企业、城市等实体均为其会员。2006 年年底，芝加哥气候交易所第一阶段（2003—2006 年）结束；2008 年 CCX 交易总额达 3.1 亿美元；2010 年年底，第二阶段（2007—2010 年）计划结束，CCX 会员在第一阶段完成削减至各阶段基线以下 4% 的任务，在第二阶段完成削减至各阶段基线以下 6% 的任务。美国芝加哥气候交易所于 2004 年在欧洲建立了欧洲气候交易所，2005 年与印度交易所建立了合作伙伴关系，目前拥有 225 家公司。美国芝加哥气候交易所的自愿交易模式不仅培养了民众的减排意识，也促使美国政府履行《联合国气候变化框架公约》，帮助民间部门和政府构建温室气体减排框架，加大温室气体减排执行力度。

2. 中国碳排放交易模式探讨——CDM 机制

　　按照《京都议定书》的规定，我国现阶段主要围绕基于项目的 CDM 机制开展碳交易。我国正积极努力推进 CDM 项目的发展。2002 年 6 月 29 日，我国首次颁布了 3 个行业的清洁发展标准、10 个行业的批报稿和 18 个行业的意见稿。2004 年 5 月，《清洁发展机制项目运行管理暂行办法》的出台，对部分行业的碳排放标准进行了直接的限制，成为节能减排和清洁发展的试金石。《清洁发展机制项目运行管理办法》也于 2011 年正式颁布实施。

我国能源生产和消费继续保持高位，但现阶段能源利用率相对不高、技术落后，温室气体排放量居高不下，面临着巨大的减排空间。因此，中国被认为是《京都议定书》生效后 CDM 市场发展潜力最大的国家。2005 年 1 月 25 日，第一个 CDM 项目获得国家立项，标志着中国 CDM 项目开始起步。2009 年 1 月 26 日，我国 CDM 项目注册数量首次跃升为全球第一，注册项目数量、预期年度减排量以及已签发核证减排量全面超越印度。此后，中国一直牢牢占据着世界排名第一的位置，并逐渐将领先优势扩大。CDM 机制的迅猛发展不仅为中国带来了丰厚的资金，同时也有力地推动了碳排放权交易市场的发展。据估算，CDM 给中国带来的资金总额在 20 亿美元左右，同时通过研发、建设和运营 CDM 项目也间接获得数百亿美元融资。随着 CDM 项目在中国的实施，无论是政府还是普通民众，都已经逐渐接受了碳市场机制和低碳发展理念。

6.3.2　中国碳交易价格机制

1. 碳定价的影响因素

二氧化碳等温室气体本身虽不具备商业价值，但碳排放权却因全球应对气候变化的现实需求成为稀缺资源，继而演变成可交易的商品，最终形成碳市场。在碳市场中，发展中国家通过转让碳排放权获得一定的资本收益和技术转让，而发达国家企业或机构为了保证企业的正常生产经营，通过支付一定费用并转让部分节能减排技术来获得相应额度的碳减排量，从而使碳排放权具有类似于传统商品的交易价值。在碳市场的产生、发展和壮大过程中，碳价格作为市场体系中的核心要素，具有举足轻重的地位。市场普遍认为，碳交易价格主要是以下几个因素共同决定的。

1）减排的边际成本

减排的边际成本主要是由减排技术来决定的。一般而言，减排技术在短期内不会取得较大突破，因此当节能减排目标越高时，相应的价格曲线也会向左移动，从而促使碳交易价格上涨；反之，当节能减排目标降低时，碳交易价格也会随之下降。因此，节能减排目标降低时，碳交易价格就会向下调整。当然，在某种特殊情况下（如节能减排技术取得较大突破时），碳交易价格也会随着减排成本的下降而下降。除技术因素外，包括煤炭、石油、天然气和电力价格在内的能源市场价格也将对碳交易价格产生联动影响。

2）供需关系

类似于传统市场上的商品，碳市场中碳减排配额的交易价格不仅受减排成本的影响，市场中的供需关系对碳交易价格也会产生重要影响。举例来说，碳交易价格会在碳市场供过于求的情况下有所回落，会在供小于求的情况下走高，这与供给理论中的理念一致。经济增长率、燃料价格、排放降低信息、配额分配情况，甚至天气状况等因素都可以通过影响供给和需求间接影响碳价格。例如，欧盟在第一阶段初期，煤炭与天然气之间的价差加大，使得发电厂在选择烧更多煤炭的同时也排放了更多的二氧化碳，于是电力生产商对碳配额的需求上升，碳价格也随之上升。

3）政府管制强度

政府管制对碳交易价格的影响主要依赖于碳减排配额的分配。例如，在欧盟排放交易系统第一阶段实施初期，免费分配的碳减排配额比企业的实际排放量多出 4 个百分点，大多数企业根本无须进行碳交易，致使碳交易价格短期内持续低迷。为了改变这一情况，EU-ETS 主管机构决定在分配配额的第二阶段减少碳减排配额的发放，最终碳减排配额低于市场需求，从而使得碳交易价格再次出现一定程度的回升。由此不难发现，上述价格波动显然是政府干预的结果。除此之外，碳交易价格在国际和各国国内经济大环境变动中也极易受到影响。2008 年金融危机席卷全球，这不仅对传统实体经济造成了毁灭性打击，也对新兴的国际碳市场产生了不可避免的消极影响，碳交易价格直接由每吨二氧化碳当量 25 欧元跌至 10 欧元。

从 CDM 项目交易来看，欧盟配额数量、各国实际排放量、国际制度变化、交易成本以及碳信用认证标准等是影响中国碳交易价格的主要因素。国际碳市场需求量是国内市场价格的首要影响因素，而国际碳市场需求由需求方配额数量和实际排放量共同决定，即碳市场需求 = 配额数量 – 实际排放量。因为欧盟是世界上最大的碳排放需求方，所以对全球碳排放权的需求来说，欧盟设定的配额数量具有决定性的作用。各国在总量配额设定宽松的情况下，企业机构等需要采购的碳排放数量减少，造成我国碳市场价格持续低下。在总量配额设定更加严格的情况下，需求的增加将导致更加强烈的碳排放需求，我国碳市场价格也会随之上涨。同时，碳排放的实际情况也会对全球需求产生影响，从而对碳排放价格产生影响。在 CDM 条件下的交易成本是指 CERs 的买方和卖方为完成 CERs 交易的支出的全部费用，包括寻求项目成本、项目文件开发成本等与 CDM 项目活动有关的交易成本。

2. 碳定价的类型

碳定价是指以每吨二氧化碳当量为单位，对温室气体的排放给予明确定价的机制。目前，常用的碳定价机制有以下五种形式。

1）碳排放权交易系统（ETS）

碳排放权交易系统是一种基于市场的节能减排政策工具，排放者每排放一吨二氧化碳就需要有一个单位的碳排放配额，以符合其排放目标。碳排放的市场价格是通过创造碳排放单位的供求关系而形成的。由于排放者可以对排放单位进行交易，这些控排企业可能会实施减少排放的内部减排措施，也可能会和其他企业一起获得额度或买卖额度，而具体的选择则会视各方案的相对费用而定。ETS 主要有以下两种类型。

（1）总量控制与交易（cap and trade）系统：政府遵循"总量控制与交易"的原则，对一个或多个行业的碳排放实行总量控制，在此限额内纳入交易制度的企业可进行无偿或拍卖交易。

（2）基准线与信贷（baseline and credit）系统：该系统为纳入交易体系的企业规定各自的排放基准，并将信用额度发放给已将排放量降至此水平以下的企业。拥有信用额度的企业可以向超过排放基准的其他企业出售这些信用额度。

世界上第一个主要的碳排放权交易系统于 2005 年投入运行——欧盟排放交易系统。

截至目前，24 个碳交易系统已经陆续亮相，遍布四大洲。随着越来越多的政府考虑采纳碳市场作为节能减排的政策工具，碳交易已逐渐成为全球应对气候变化的关键工具。大部分碳市场交易系统均涵盖工业和能源行业，部分碳交易系统也被用于减少其他行业（如航空业）的碳排放。

2）碳税

碳税是以化石燃料的含碳量或碳排放量的比例为基准，对石油、煤炭、天然气等征收的税种，对各种形式的碳价均进行了明确的税收规定。尽管碳税与碳交易都是建立在调节市场机制基础上的手段，但两者却存在极大区别。

碳交易往往会导致碳配额价格的波动，但碳排放量可以事先准确预测；而碳税的税率虽然相对平稳但会引起碳排放量的波动，且该波动预测起来比较困难。

征收碳税只需额外增加较少的管理费用即可实现，而碳市场交易的前期投入成本较高。

3）碳信用

碳信用（carbon credit）又称碳权。国家或企业在经过联合国认证的条件下，以增加能效或减少污染的开发形式减少碳排放的权利，从而获得可以进入碳市场的碳排放计量单位。碳信用是碳排放量的计量标准，1 个碳信用折合 1 吨二氧化碳。碳信贷具有决定其交换价值的稀缺性。在国际碳市场上，通常由发达国家作为碳信贷的购买方，由发展中国家作为碳信贷的出售方，在国际碳市场进行交易。碳信用既可以通过现货交易实现即期交割，通过期货交易也可以在未来的某一天实现交割。碳信贷具有国家信用基础，如果没有政府的信用认证和牌照作为依托，碳信贷将不再具备交换价值。这与建立在国家信用基础上的货币是非常相似的。碳信用作为企业可交易的排放单位之一，与 ETS 的不同之处是：ETS 的减排是强制性义务，而碳信用是自愿交易机制。

4）气候金融

气候金融是指投资方与受资方在项目开展前约定气候目标，由投资方在受资方完成该气候目标时支付资金，非履约类的自愿型碳信用采购是基于结果的气候金融的一种实施形式。

5）内部碳定价

为了使气候因素纳入决策考量范围，机构在内部政策分析中赋予温室气体排放以财务价值的方式被称为内部碳定价。目前公认的内部碳定价机制包括 ETS 碳排放交易系统和碳税，其中，碳税的定价由市场机制决定，而不是由政府定价。ETS 碳市场定价规则与证券市场的股票定价规则有异曲同工之妙。

3. 碳定价的现金流模型

碳产品具备融资和交易的功能，因此，可认为碳排放权是一种典型的金融产品。不同的金融产品定价方法不尽相同，但基本途径无外乎三大类。

（1）基于现金流贴现的估值方法（如净现值模型）。

（2）基于不存在无风险收益的无套利的定价方法（如期权定价模型）。

（3）基于风险、收益的定价方法（如 CAPM 模型）。

基于现金流贴现的估值方法（如净现值模型）是巴菲特最看重的企业内在价值的估算方法，也是最为简单易用的定价方法。具体模型如下。

设第 t 期每单位碳产品的预期收入为 D_t，贴现率为 K（或投资者要求的实际收益率），n 期碳产品的理论价格为 V，则

$$V = \frac{D_1}{1+K} + \frac{D_2}{(1+K)^2} + \cdots + \frac{D_n}{(1+K)^n} \qquad (6\text{-}1)$$

式中，V 为期初内在价值；D_t 为时期 t 末以现金形式表示的每单位收益；K 为一定风险程度下现金流的适合贴现率（必要收益率）。以下公式是典型的现金流贴现公式。

$$NPV = V - P = \sum_{t=1}^{n} \frac{D_t}{(1+K)^t} - P \qquad (6\text{-}2)$$

式中，NPV 为净现值；P 为 $t=0$ 时的初始成本。又因为内部收益率是指投资净现值 NPV 等于零的贴现率，那么有

$$NPV = V - P = \sum_{t=1}^{n} \frac{D_t}{(1+K)^t} - P = 0 \qquad (6\text{-}3)$$

此时有

$$P = \sum_{t=1}^{n} \frac{D_t}{(1+K^*)^t} \qquad (6\text{-}4)$$

式中，K^* 代表内部收益率。将 K^* 与具有同等风险水平的金融产品的必要收益率 K 相比较，若 $K^* > K$，此碳产品可以考虑购买；若 $K^* < K$，则不建议购买。

6.4　中国碳市场运行激励机制与监管机制框架

随着全球气候变化日益加剧，各国纷纷采取行动减缓碳排放，实现可持续发展。作为全球最大的碳排放国家之一，中国积极响应国际气候变化合作，着力推动碳减排工作。其中，碳市场作为重要的减排机制之一，成为中国减排策略的重要组成部分。本节将深入探讨中国碳市场的运行激励机制，包括强制约束排放总量、市场交易碳排放权的原理和实施效果，以及激励机制与监管机制。全国碳市场运行机制框架如图 6-2 所示。

6.4.1　运行机制之强制约束排放总量

1. 制定减排目标和碳排放总量

中国政府在应对气候变化过程中，明确了碳减排目标。首先，制定长期目标，力争实现在 2050 年前达到碳中和状态，即减排量等于碳吸收量。其次，确定中长期碳减排目标，规划各个阶段的减排目标，逐步推进碳减排进程。例如，将目标确定为在 2030 年前将二氧化碳排放强度降低 65%~70%。

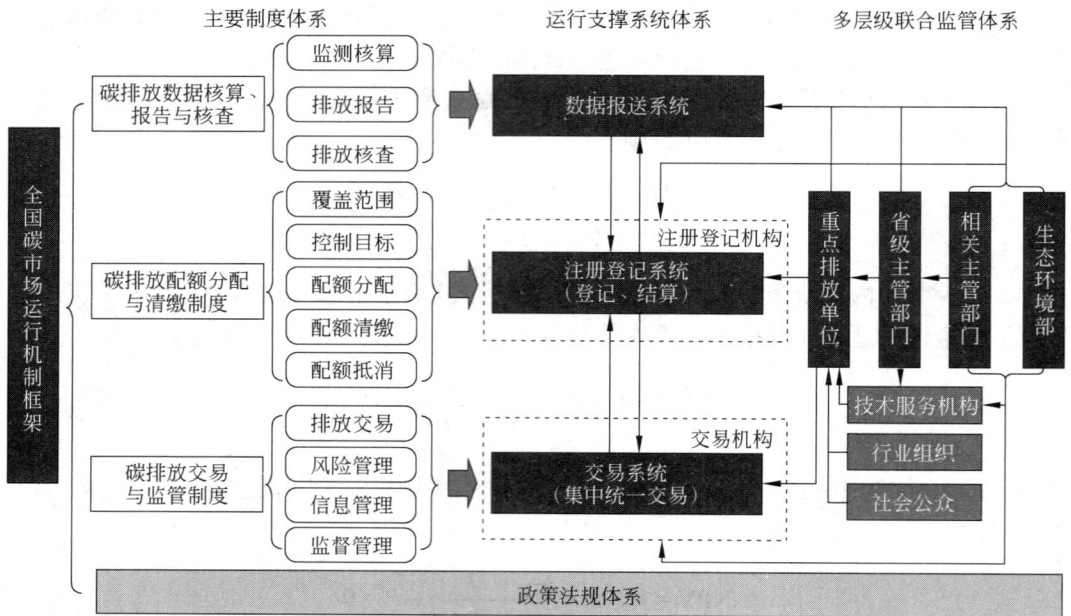

图 6-2   全国碳市场运行机制框架

2. 建立碳交易体系

为了实现减排目标,中国政府建立了碳交易体系。首先,确定纳入碳交易的行业范围,包括能源、工业、交通、建筑等高碳排放行业。其次,对这些行业设置碳排放总量上限,形成总量控制。最后,将碳排放的限定指标预分配给这些高碳排放企业,这项限定指标称为碳配额。企业需要根据预分配的碳配额进行排放,超过部分需进行削减或购买碳排放权,同时也可以通过免费分配或拍卖获得碳排放权,为企业实现减排目标提供灵活性。

3. 实施"刚性约束"

约束排放总量必须是"刚性"的,即强制性的。中国政府通过对超标排放实施高额的罚款等手段,确保企业必须在市场内解决超额排放,推动企业积极参与碳市场。这种刚性约束机制保障了碳减排措施的严肃性和可行性。

6.4.2   运行机制之市场交易碳排放权

1. 市场交易碳排放权

碳市场的核心是市场交易碳排放权。企业根据自身情况选择减排手段,若实际排放量未超过碳排放配额,则拥有剩余的碳排放权,可以通过销售碳排放权获取收益;若排放量超过配额,则需要购买碳排放权,以弥补超排的部分。通过市场交易碳排放权,企业可以根据市场供求关系确定的碳排放的市场价格,实现碳减排的最大化和成本的最小化。

2. 促进低碳技术创新

市场交易碳排放权激励企业通过自主研发和引进低碳技术,减少碳排放。碳价的存在使得低碳技术投资更加具有吸引力，企业将积极寻求碳排放的削减路径。同时，碳排放权的交易所得可以投入技术创新，推动低碳技术的研发与推广，从而进一步降低碳排放。

3. 引导资源配置与投资

碳市场还能引导资源配置与投资，推动绿色产业和绿色投资的发展。在碳市场的影响下，高耗能和高排放的产业将受到抑制，而绿色产业和清洁能源产业将获得更多投资。这将带动经济转型升级，促进绿色可持续发展。

6.4.3　中国碳市场激励机制

1. 中国碳市场激励机制的定义与内容

中国碳市场激励机制是指政府和相关机构通过一系列经济、金融、政策等手段，以激励和引导企业、机构和个人积极参与碳减排行动，并推动低碳技术应用和绿色经济转型。该机制的目标是促进碳减排目标的实现，提高碳排放效率，推动经济可持续发展，同时满足国际气候承诺。

中国碳市场激励机制主要包括以下方面。

1）碳排放权配额分配与激励

政府依据国内碳减排目标和企业实际情况，制定碳排放总量控制目标，并进行排放权指标预分配。对于低碳企业和环保先进企业，政府通过免费或优惠方式提供额外的碳排放权，鼓励减排工作的进行。而高碳排放企业则需要购买碳排放权，以满足其实际排放量需要。这样的激励机制将推动企业积极参与碳减排行动，有助于实现经济增长与碳排放的脱钩。

2）低碳技术研发与应用激励

政府通过设立低碳技术研发专项资金、给予税收减免、补贴奖励等方式，支持企业和科研机构进行低碳技术的研究和开发。此外，政府还可以建立低碳技术示范项目，推动低碳技术在产业领域的快速应用。一系列激励措施的应用，促使企业将更多资金投入低碳技术的研发和应用中，推动了低碳经济转型。

3）绿色金融与碳金融创新

政府通过设立碳交易基金，引导社会资本投向碳减排项目，支持碳市场的发展。同时，政府还通过发行碳债券、碳资产证券化产品等来推动碳金融产品的创新，扩大碳市场的资金来源。这样的激励机制将为碳市场注入更多活力与"活水"。

4）制度建设与政策支持

政府持续制定和完善相关的政策法规，明确市场参与者的义务和责任。同时，政府还加强对市场参与者的合规监管与执法力度，确保企业严格遵守碳交易规则和法规。

5）公众教育与宣传

政府高度注重加强对公众的教育与宣传，提高社会对碳市场的认知度和参与意愿。同时，政府还鼓励企业和机构开展碳减排行动的宣传，强化社会对碳减排的共识和支持。

中国碳市场激励机制将综合运用市场手段和政府政策，通过激励和引导市场主体参与碳减排行动，促进低碳技术的应用和绿色经济的发展，推动碳减排目标的实现，实现经济增长与环境保护的双赢局面。

2. 碳排放权配额分配与激励

碳排放权配额分配与激励是中国碳市场运行的核心。政府依据国内碳减排目标和企业实际情况，制定碳排放总量控制目标，并进行排放权指标预分配。对低碳企业和环保先进企业与高碳排放企业进行配额分配区分，政府将通过免费或优惠方式向低碳环保企业提供额外的碳排放权，鼓励其继续减排，而高碳排放企业为了满足其实际排放量则需要购买碳排放权。这样的激励机制将推动企业积极参与碳减排行动，实现经济增长与碳排放的脱钩。为了进一步提高企业的减排积极性，政府可以设立碳减排绩效考核机制，对企业在碳减排方面取得的成绩进行奖励，如给予税收减免、补贴奖励等。此外，政府还可以推行碳排放权交易激励计划，鼓励企业在交易市场进行碳排放权交易，以获得更多的激励和收益。

3. 碳技术研发与应用激励

低碳技术是实现碳减排的关键手段之一。为了促进低碳技术的研发与应用，政府推出了一系列激励措施。首先，设立低碳技术研发专项资金，支持企业和科研机构进行低碳技术的研究和开发。通过政府资金的支持，企业将更有动力投入低碳技术的研发中，推动低碳技术的不断创新与突破。其次，政府对采用低碳技术的企业给予税收减免、补贴奖励等政策支持。这样的激励措施将降低企业减排的成本，增加企业参与低碳技术应用的积极性。在市场交易中，企业通过实施低碳技术降低碳排放量，从而获得额外的碳减排收益。此外，政府可以建立低碳技术示范项目，支持企业在实践中验证和推广低碳技术。通过示范项目的经验总结与推广，促进低碳技术在产业领域的快速应用，推动整个产业链的低碳转型。

4. 绿色金融与碳金融创新

绿色金融与碳金融是支持碳市场健康发展的重要保障。为了推动绿色金融与碳金融的创新，政府通过设立碳交易基金来引导社会资本投向碳减排项目，支持碳市场的发展。碳交易基金将成为支持碳市场发展的重要资金来源，为碳市场的健康运行提供坚实的财务保障。此外，政府还通过发行碳债券、碳资产证券化产品等推动碳金融产品的创新，通过创新金融产品来扩大碳市场的资金来源，吸引更多的金融机构参与碳市场，为碳减排行动提供更多的资金支持。同时，为了应对碳市场的风险事件，政府设立了碳市场的风险保障基金。碳市场存在着市场风险、信用风险等，风险保障基金为市场参与者提供相应的保障，为市场的稳定性和可持续性保驾护航。

中国碳市场的激励机制是实现碳减排目标的关键措施，通过碳排放权配额分配与激励、低碳技术研发与应用激励、绿色金融与碳金融创新等，推动企业积极参与碳减排行动，实现经济增长与碳排放的脱钩。同时，政府还通过加强对碳市场的监管，确保市场的规范运行和风险防范。通过政府、企业和金融机构的共同努力，中国碳市场将为全球低碳经济的转型升级作出积极贡献。为此，需要坚定信心，加强合作，推动中国碳市场不断发展，共同建设好美丽中国。

6.4.4　中国碳市场监管机制

1. 中国碳市场监管机制定义与内容

中国碳市场监管机制是指由政府和相关监管机构负责制定、实施和执行有关碳市场的监管规则和政策的主体，以确保市场的健康、公平、透明运行，维护市场秩序，保障市场参与者的合法权益，并有效应对市场风险，推动碳市场的稳定发展。监管机制涵盖多个方面，主要内容如下。

1）制定监管法规和规则

政府和相关监管机构制定具有约束力的监管法规和规则，明确碳市场的运行规范和参与者的权利与义务。这些法规和规则包括碳排放权的配额分配规则、交易规则、价格监管等内容，确保市场参与者遵守规则，按规则交易。

2）市场准入和退出机制

监管机制建立市场准入和退出机制，对参与碳市场的企业和机构进行资质审核，确保市场参与者具备合法资格。同时，对不符合条件或违反规则的企业和机构实施市场退出措施，维护市场的公平竞争环境。

3）价格监管和风险防控

实时监测和调查碳市场的价格行为，防止市场操纵和虚假交易。同时，建立风险监测和预警机制，及时发现和应对市场风险，保障市场的稳定运行。

4）信息披露和公开透明

要求市场参与者进行信息披露，公开交易信息和企业排放数据，确保市场的透明度和公开性。政府和监管机构也定期发布市场运行数据和情况，向公众提供信息服务。

5）处罚和监督检查

建立违规行为的处罚机制，对违反规则的市场参与者进行惩罚，维护市场秩序。同时，加强对市场的监督检查，定期进行市场调查和风险评估，及时发现问题，并采取措施解决问题。

6）国际合作与交流

注重加强与国际监管机构和组织的合作与交流，学习借鉴国际经验，提高监管水平和能力，推动中国碳市场与国际市场接轨。

中国碳市场监管机制将保障市场的规范运行，促进市场的健康发展，确保市场参与者的合法权益，为碳市场的有效运行提供坚实的保障。同时，政府和监管机构将密切关注市场发展的变化，不断完善监管机制，提高市场监管的有效性和适应性。

2. 中国碳市场监管法规和规则

中国碳市场监管法规和规则是确保碳市场健康运行的重要依据。这些法规和规则由政府和相关监管机构制定，涵盖了碳市场的各个方面，包括市场准入、交易规则、价格监管、信息披露、监督检查等内容。以下将详细阐述中国碳市场监管法规和规则的主要内容。

1）碳排放权配额分配规则

中国碳市场监管法规和规则明确了政府对高排放行业的碳排放总量设定上限，然后将碳排放指标按照产业分配给相应企业。政府将依据国家碳减排目标、行业特点和企业实际情况，制定碳排放总量控制目标，并将排放权配额逐年分配给相关企业。这样的规则确保了整个市场的总碳排放量不会超过规定的限值，实现碳排放的精准控制。

2）交易规则

中国碳市场监管法规和规则规定了碳排放权交易的具体流程和条件，包括交易对象、交易方式、交易平台、交易时间等细节规定。交易规则要求交易过程公平、公正、透明，确保市场参与者能够依据市场价格自主决定是否参与交易，并按规则实施交易行为。

3）价格监管规则

中国碳市场监管法规和规则确保碳市场价格的形成合理、透明。政府和相关监管机构建立价格监管机制，对市场价格进行监测和评估。对于操纵市场价格、虚假交易等不当行为，将进行严厉打击和处罚，保护市场的公平竞争环境。

4）信息披露规则

中国碳市场监管法规和规则要求市场参与者进行信息披露、公开交易信息和企业排放数据。政府和相关监管机构将建立信息披露平台，对市场参与者的信息进行公开，确保市场的透明度和公开性。信息披露规则提供了参与者和公众获取市场信息的途径，增加了市场的透明度和可信度。

5）监督检查规则

中国碳市场监管法规和规则要求建立健全监督检查机制，对市场参与者的行为进行监督和检查。监督检查规则将对市场参与者的合规行为进行监测和评估，对于违规行为采取相应的监管措施，包括警告、罚款、暂停交易资格等，确保市场的稳定运行。

6）处罚规则

中国碳市场监管法规和规则规定了对违反市场规则和法规的市场参与者进行处罚的具体措施。对于违规行为，将根据情节严重程度进行相应的处罚，确保市场参与者依法经营，维护市场的健康发展。

7）国际合作规则

中国碳市场监管法规和规则规定了中国与国际碳市场的合作与交流的具体方式和机制。政府将积极参与国际碳交易合作与交流活动，加强与国际监管机构和组织的合作，学习借鉴国际经验，提高监管水平和能力，推动中国碳市场与国际市场接轨。

中国碳市场监管法规和规则有力确保了市场的规范运行，促进了市场的健康发展，保障了市场参与者的合法权益，为碳市场的有效运行提供了坚实的制度保障。这些法规和规则的制定将逐步完善和优化，以适应市场发展的需要和国家碳减排目标的实现。

6.4.5　中国碳市场激励机制与监管机制的作用与意义

中国碳市场的激励机制与监管机制在碳减排和气候变化应对方面扮演着关键的角色，对于推动低碳转型、促进绿色发展以及全球气候治理都具有重要的作用与意义。

（1）促进低碳发展和碳减排意识。碳市场激励机制将企业的排碳行为与经济利益紧密相连，通过建立碳定价机制，让企业感受到碳排放的经济成本，从而增强企业的低碳发展意识。企业将开始思考如何降低碳排放，采取更加清洁和环保的生产方式，推动技术创新和产业升级，以降低碳排放并实现经济可持续发展。

（2）促进碳减排行为的主动性。激励机制使企业可以通过碳交易获得减排收益，使减排行为成为经济行为的一部分。在碳市场中，企业可以通过减排项目获得碳排放权，这些权益可以在市场上进行交易，从而获得经济回报。这将鼓励企业主动参与减排活动，积极推动碳减排目标的实现。

（3）推动低碳技术创新。碳市场的激励机制为低碳技术的研发和推广提供了动力。企业为了降低碳排放，需要采取更加清洁和低碳的生产技术，这将推动低碳技术的创新和应用。同时，企业可以通过碳市场获得减排收益，将这些资金投入技术创新和研发中，加速低碳技术的推广和普及。

（4）引导市场资源优化配置。激励机制通过价格信号的传导，引导市场资源优化配置，从高碳排放行业向低碳排放行业转移。高碳排放企业需要支付更高的碳排放权成本，而低碳排放企业可以通过减排获得额外收益，这将促使市场资源从高碳排放行业向低碳排放行业流动，实现碳排放的优化配置。

（5）提高碳市场的效率与流动性。监管机制在碳市场中发挥着重要作用，通过建立健全的监管体系，维护市场的公平竞争环境和秩序。监管机制能够防止市场操纵和虚假交易，确保市场的高效运转和流动性。有效的监管机制还可以吸引更多的参与者进入市场，增加碳排放权的供给和需求，提高碳市场的流动性。

（6）促进全球气候治理和国际合作。中国碳市场的建设和运行不仅对于国内碳减排目标的实现具有重要意义，同时也在全球气候治理和国际合作中发挥着积极作用。中国积极参与国际碳交易合作与交流活动，与其他国家共同推动碳减排行动，共同应对气候变化挑战。作为全球最大的温室气体排放国家之一，中国碳市场的运行将对全球碳市场产生重要影响。

中国碳市场的激励机制和监管机制在促进低碳发展、推动碳减排、引导资源优化配置、提高市场效率和流动性、推动全球气候治理等方面发挥着重要的作用与意义。这些机制将推动中国碳市场的健康发展，为应对气候变化和建设美丽中国作出积极贡献。同时，中国碳市场的成功经验也将为其他国家碳减排和气候治理提供借鉴。

6.4.6　中国碳市场激励机制与监管机制的优化

中国碳市场的激励机制和监管机制需要不断优化和完善，以适应市场的发展和国家碳减排目标的实现。优化方向主要包括从现货市场向远期市场的拓展，加强期货和期权市场建设，引导投资和推动技术创新等方面。同时，也需要提高监管力度和监管要求，确保市场的公平竞争和秩序。

（1）拓展远期市场。现货市场主要解决企业的日常碳排放交易，而远期市场则可以更好地应对长期减排目标和投资规划。在远期市场，期货和期权交易将成为重要组成部分，企业可以根据未来碳定价预期进行长期碳排放权交易和投资计划。通过远期市场的拓展，碳市场也可以更好地适应国家碳减排政策和企业的长期低碳发展需求。

（2）引导投资。优化激励机制的中长期目标应当是引导资金投入低碳技术、设备、工艺等领域，推动技术创新和碳减排效率提升。政府可以通过设立碳减排专项基金，向低碳项目提供财政支持和激励，吸引更多资金流入低碳领域。同时，建立投资者适当性认定制度，鼓励更多的社会资本参与碳市场，推动市场的多元化和活跃度。

（3）完善期货和期权市场。期货和期权市场可以为企业提供更灵活的风险管理工具，降低碳市场的不确定性，提高市场的流动性和效率。政府可以通过鼓励金融机构发展碳期货和期权产品，推动市场的多样化和创新。同时，加强市场监管，防范市场操纵和不当行为，维护市场的公平竞争和稳定运行。

（4）增强监管力度。为了确保市场的公平、公正和透明，监管机制需要加强对市场参与者的监督和检查。政府可以建立行业自律组织，加强对市场交易的监管，防止虚假交易和价格操纵。同时，加强信息披露，可以让市场参与者及时了解市场情况，增加市场信息的透明度和可信度。

（5）强化国际合作。优化碳市场的激励机制和监管机制需要积极参与国际合作与交流。政府可以加强与国际监管机构和组织的合作，学习借鉴国际经验，提高监管水平和能力。同时，推动建立碳市场的国际标准和规则，为国际碳交易合作提供制度支持。

通过以上措施，可以进一步推动碳市场的发展，促进低碳经济的发展，实现碳减排目标，为全球气候治理作出积极贡献。

6.5　中国碳市场反馈机制

中国碳市场的反馈机制是一个重要的组织结构，旨在监测、评估和改进碳市场的运行效果，确保市场健康、公平、高效地发展，实现碳减排目标。

1. 中国碳市场的数据监测与收集

中国碳市场的数据监测与收集是保障碳市场运行顺利、公平、透明的关键环节。在碳市场中，监测与收集数据涵盖了企业碳排放数据、市场交易数据、碳价格数据等。通过对这些数据进行收集和分析，可以帮助政府和市场参与者了解市场的运行情况，制定科学合理的政策措施，促进企业的减排行为，推动低碳技术的发展，从而实现碳减排目标。

具体来说，中国碳市场数据的监测与收集应包括以下方面。

（1）企业碳排放数据：通过监测和收集企业的碳排放数据，全面了解企业的碳排放情况，对企业的排放行为进行跟踪和评估，为碳配额的分配和交易提供依据。

（2）市场交易数据：市场交易数据是衡量市场供求关系和碳价格波动的重要指标；监测和收集市场交易数据可以了解市场的供求状况，掌握碳价格的变化趋势，为投资者和参与者提供决策参考。

（3）碳价格数据：碳价格是市场交易的关键因素之一；监测和收集碳价格数据可以了解市场的投资情况和预期，促进投资者对碳市场的参与和支持。

（4）其他相关数据：包括碳减排技术和设备的发展情况、碳市场参与者的投资意愿和风险偏好、政策的变化等。

为保障数据监测与收集的质量，省级生态环境主管部门管理对象涵盖了排放企业、咨询机构、检验检测机构、核查技术服务机构等，并负有组织开展碳排放配额分配、核查、企业清缴履约及有关监督管理等重要职责。省级生态环境主管部门将核查技术服务机构的评估结果在部门网站、环境信息平台（全国排污许可证管理信息平台）向社会公开。定期核实和随机抽查工作机制进一步加强对发电行业重点排放单位、核查技术服务机构、咨询机构、检验检测机构监督的管理。发现有关数据虚报、瞒报的，在相应年度履约量与配额核定工作中予以调整，如在履约清缴工作完成后发现问题，在下一年度配额核定工作中予以核减，同时依法予以处罚，有关情况及时向社会公开。

中国碳市场的数据监测与收集是碳市场运行的基础和保障，通过科学有效地监测和收集数据，可以实现碳市场的有序运行，实现碳减排目标，促进可持续发展。

2. 依托履约周期的碳市场绩效评估

碳排放权交易体系是排放控制领域的一项制度创新。过去，我国一直采用行政手段强制企业节能、限制节能目标。但由于不同企业的目标不同，政府难以准确确定边际减排成本，行政手段的社会成本较高，企业也缺乏决策自主权。为解决这一问题，碳市场应运而生。碳市场通过对纳入行业的碳排放总量进行控制，设定允许排放的最大总量，在企业间分配碳排放配额，企业可以根据需要买卖排放配额。这种经济手段能够激励企业进行转型，提高能源利用效率，从而减少市场整体的碳排放量。

通过碳市场，政府可以更加精准地控制碳排放总量，降低企业减排成本，促进经济转型升级，实现经济增长和碳排放减少的双赢。此外，碳市场还有助于促进技术创新和能源转型，推动新能源产业的发展，为可持续发展和应对气候变化贡献力量。然而，由于碳市场的建设和发展是一个持续的过程，其能力需要不断增强，政策环境也需要不断优化。因此，为确保碳市场的顺利运行和实现减排目标，需要不断地进行评估和改进，加强监督与管理，以确保碳市场的长期稳定和可持续发展。

为系统总结全国碳排放权交易市场第一个履约周期建设运行经验，让社会各界更好地了解全国碳市场建设情况，生态环境部组织编制了《全国碳排放权交易市场第一个履约周期报告》。履约周期是指碳市场的一轮交易周期，通常为一年或更长时间。我国碳市场第一个履约周期为 2021 年 1 月 1 日—2021 年 12 月 31 日。以下是基于履约周期的碳市场绩效评估的关键指标和方法。

（1）监测与核查。生态环境部对全国碳市场进行监测和核查，定期发布碳市场履约周期报告，报告中包括碳排放交易量、成交额、价格走势，以及重点排放单位的履约情况等关键数据，以便对碳市场的绩效进行评估。

（2）交易量与价格。碳市场的交易量和价格是评估市场运行状况的重要指标。报告指出，全国碳市场第一个履约周期的交易量 1.79 亿吨，成交额 76.61 亿元，市场运行平稳有序，交易价格稳中有升，彰显了碳市场的活跃程度和价格发现机制的作用。

（3）配额履约率。配额履约率是衡量碳市场有效性的重要参数。报告中提到，全国碳市场总体配额履约率为 99.5%，1833 家重点排放单位按时足额完成配额清缴，表明大部分参与企业遵守了碳交易配额的要求。

（4）配额缺口。报告还指出在第一个履约周期中，847家重点排放单位存在配额缺口，缺口总量为1.88亿吨。这个数据反映了碳市场在第一个周期中所存在的挑战，也警醒宏观主体需要进一步完善市场机制，以确保更多参与企业能够符合减排要求。

（5）透明度和数据质量。报告强调持续完善制度机制，提升监管水平，强化数据质量管理。透明度和数据质量的提高有助于确保碳市场运行的公开透明、规范有序，并增强市场的可信度和监管效果。

以上评估指标可以帮助监管部门和决策者了解碳市场的运行状况，识别运行问题，并制定相应的改进和发展策略，推动我国碳市场的健康发展。

3. 参与者意见征集

主动征集参与者（包括企业、投资者、政府机构等）对碳市场运行的意见和建议，建立反馈渠道，接收和分析参与者的反馈意见。这些意见可用于优化市场机制和政策。自全国碳市场建立以来，生态环境部发布了关于《碳排放权交易管理暂行条例（草案修改稿）》《温室气体自愿减排交易管理办法（试行）》等多项文件的意见征集，以完善碳市场。

4. 风险预警与防控

省级碳交易主管部门和重点排放单位应高度重视政策、技术调整给碳市场带来的不确定性和各类风险。为此，建立风险评估和预警机制，以应对市场风险、技术风险、媒体风险和宏观经济发展波动对碳交易的潜在影响十分必要。这些机制可包括及时评估和预警碳市场风险的能力，针对不同的风险类型制定有效的风险管理策略，并制定风险应急预案，以最大限度地降低风险可能造成的危害。举例来说，建立省级或跨区域碳市场预警机制，可使相关部门在碳市场出现异常情况时能够及时做出反应，采取必要的调控措施。建立政府碳基金、专项资金和配额储备等，均有助于在市场波动时提供调控资金支持，维护市场稳定。建立跨区域碳价防控战略伙伴关系，可以加强不同地区间的合作，共同应对碳市场波动。建立减排量交易担保机制，可为交易提供更可靠的保障，提振市场信心。此外，碳资产管理中介机构和交易机构在调控碳市场方面也发挥着关键作用，可通过提供专业的服务和建议，帮助各方更好地理解市场动态和风险，并提供相应的解决方案。

建立综合的风险评估和预警机制，加强风险管理和防范措施，并充分发挥相关机构的作用，有助于稳定碳市场，保障碳交易的顺利运行，推动碳市场与区域经济高质量发展相互促进。

6.6 本 章 小 结

中国碳市场作为应对气候变化和推动碳减排的重要手段，其运行机制在碳产品、主体构成、交易模式、价格机制、激励机制、监管机制及反馈机制等方面构建了一个全面的框架。这一框架不仅有助于促进经济绿色发展，也为我国在全球气候挑战中树立了坚定和积极作为的形象。

6.1 节明确碳市场的运行前提在于碳产品的准确定义和界定。通过明确碳产品范畴，包括碳排放权、碳减排项目和碳补偿项目等，为市场交易提供了清晰的标的物，有助于规范市场的交易行为，确保交易的有效性和透明度。同时，明确的碳产品界定也为碳减排提供了经济激励，推动企业积极参与低碳转型。6.2 节详细介绍中国碳市场的主体构成，涵盖了排放单位、投资者和服务机构等各类参与者，同时介绍了跨行业、跨地区的合作与交流。6.3 节论述了中国碳市场的模式和价格机制以市场化为基础，强调供需平衡和价格发现。采用弹性的碳排放配额分配和交易方式，使市场能够灵活应对不同行业、不同企业的实际情况。同时，引入市场价格机制，通过供需关系影响碳价格，从而引导企业在市场中寻求碳减排的经济效益，激发市场的创新活力。6.4 节介绍了我国碳市场激励机制和监管机制的框架，激励机制通过碳配额分配、奖励等手段，激励企业积极减排，鼓励技术创新，形成全社会的碳减排共识；监管机制则通过配额核查、数据监测、风险防控等手段，确保市场的公平、透明和稳定。6.5 节介绍了中国碳市场的反馈机制框架，强调数据监测与收集、履约周期绩效评估、参与者意见征集，以及风险预警与防控等方面的工作。这一框架通过多方位的反馈机制，实现了市场信息的畅通流动，以便政府和市场参与者能够更好地了解市场的运行情况，识别问题，优化机制。

第 7 章

中国碳衍生工具市场运行机制

知识目标

1. 了解全球主要碳市场及中国碳衍生工具市场的发展；
2. 了解中国碳衍生工具子市场及其运行机制。

素质目标

1. 使学生对我国碳衍生工具市场运行机制有深入的了解；
2. 使学生深刻理解发展碳衍生工具的必要性。

7.1 碳衍生工具市场概述

7.1.1 发展碳衍生工具的必要性

碳配额及碳排放权交易已经成为国家实现碳达峰碳中和目标的核心政策工具。2011年以来，碳排放权交易的试点工作在北京、天津、上海等地逐步开展，2017年年底，中国启动碳排放权交易工作，2021年7月16日，全国碳排放权交易市场开市，首批2162家发电行业重点碳排放控制单位纳入全国碳排放权市场，这意味着国家层面控制碳排放的职责强制推广至企业。一年的交易时间，碳配额累计成交量超过1.94亿吨，累计成交额接近85亿元，超过50%的发电企业都参与了碳排放权交易，市场配额的履约率达到99.5%以上。由此可见，我国碳市场发展迅速，市场交易活跃，企业等社会主体需求迫切，这为碳衍生工具市场的建立奠定现货标的根基。

在环境治理要求下，各污染性企业均成为主要减排主体，随着碳配额及碳排放权交易的开始，减排能力强的企业会结余排放配额，而减排能力弱的企业则需要到市场购买配额。基于此，碳排放权融入企业生产经营之中，碳配额成为企业资产，对企业生产成本有决定性影响。碳排放权成为与企业生产资料类似的原材料商品，其价格的涨跌直接影响企业经营风险。而从外国碳排放权市场交易价格来看，碳排放权价格波动剧烈，最高达30欧元，最低能到5欧元，这种波动必然会给企业带来灾难性风险。为应对碳排放权价格的波动，单纯的现货交易市场已经无法满足企业生产经营需要，企业更需要了解未来远期市场上碳排放权的价格走势及动向，也需要引入衍生工具对冲自身因碳排放权价格波动所导致的经营风险。因此，为了碳金融市场更加持续健康地运行，降低碳排放权交易给实体企业带来的风险冲击，推动碳金融衍生工具市场的发展十分有必要。

此外，从国际市场来看，碳金融衍生品市场与碳现货市场的发展相辅相成。无论是欧盟还是美国，在碳市场设计过程中均同时考虑碳现货与远期、期货等衍生品交易工具，构成了完整的碳金融市场结构，使得现货与衍生品市场之间能够互相支撑。以 EU-ETS 为例，欧洲气候交易所和欧洲能源交易所在 2005 年碳市场启动伊始，便同时开展了碳配额以及核证减排量的期货和期权交易，分别为碳配额的线上交易及 CDM 项目开发提供套期保值和风险管理工具。在美国 RGGI 碳交易体系中，期货交易甚至早于现货出现。RGGI 的现货交易于 2009 年 1 月 1 日启动，而芝加哥气候交易所下属的芝加哥气候期货交易所在 2008 年 8 月便已经开始了 RGGI 期货交易，比现货整整早了 5 个月。期货先于现货推出，不仅为控排企业和参与碳交易的金融机构提供了风险控制的工具，降低了碳市场设立之初的冲击，更重要的是期货的价格发现功能为碳现货初次定价提供了重要的依据，降低了不必要的价格波动风险。

7.1.2　全球碳衍生工具市场

全球碳交易所碳衍生品情况如表 7-1 所示。1997 年 12 月通过的《京都议定书》赋予了碳排放权商品属性，碳金融正是以此为契机发展起来的一项金融创新，它是指服务于低碳经济活动，以减少温室气体排放为目的的投融资活动或者围绕碳排放权交易而开展的直接衍生金融活动。伴随全球碳减排需求及交易规模的上升，基于碳交易的金融衍生工具层出不穷，其中，碳期货成为交易最为活跃的金融产品。

从区域市场上来看，世界银行 2014—2016 年全球碳定价报告显示，对全球碳交易贡献最大的市场主要是欧盟碳市场和北美碳市场。

欧洲具有最大规模的碳金融市场。2005 年，欧盟通过碳排放配额和核证减排量两个产品开启了碳市场，与此同时，基于碳排放配额和核证减排量的期货产品也被推向市场，其中 EUA 碳期货交易量和交易额一直维持快速增长趋势，交易规模远超碳现货，成为当下主流的碳交易产品。

美国第一个以市场手段强制执行的以减少温室气体排放的区域性产品被称为"区域温室气体减排行动"。2008 年，芝加哥气候期货交易所（CCFE）推出了基于 RGGI 的期货合约的交易。在此基础上，CCFE 于 2009 年又推出了"碳排放权金融工具——美国期货"（CFI-US）；洲际交易所（ICE）推出了基于加州碳排放权交易的"加州碳中和期货"（CCO）。

在新兴市场，印度、巴西也拥有碳期货交易市场。其中，印度是在国内缺少碳现货交易情况下，依托欧盟的碳排放配额和核证减排量两个现货市场推出的相应期货产品，其上市交易所分别为多种商品交易所（MCX）和国家商品及衍生品交易所（NCDEX）。印度国内的碳期货交易提升了印度在国际碳市场中的地位。

表 7-1　全球碳交易所碳衍生品

区域	交 易 所	碳 衍 生 品
欧洲	欧洲气候交易所（ECX，被 ICE 收购）	UKA、CCA 拍卖、EUA、ERU 和 CER、CCA 类期货产品、期权产品，EUA 和 CER 类现货产品、期货期权产品
	欧洲能源交易所（EEX）	EUA、EUAA、NZX 拍卖、EUA、EUAA、CER 期现货，EUA 与 CER 价差、时间价差，EUA 期权
	北欧电力库（INP）	EUA 和 CER 类现货、期货、远期和期权产品
	BlueNext 交易所（已关闭）	EUA、CER、ERU 现货产品，EUA 和 CER 类期货产品
	Cimex 交易所	EUAs、CERS、VERS、ERUS 和 AAUs
美洲	绿色交易所（GreenX）	EUA 类现货、期货和期权产品，CER 类期货和期权产品，RGGI、加州碳排放配额和气候储备行动（CAR）的期货和期权合约
	芝加哥气候期货交易所（CCFE，被 ICE 收购）	CER 类期货和期权、CFI 期货、欧洲 CFI 期货、ECO 指数期货、RGGI 期货和期权
	蒙特利尔气候交易所（MCeX）	加拿大减排单位 MCX 期货合约
	巴西期货交易所（BM&F）	CERs 的拍卖
大洋洲	澳大利亚气候交易所（ACX）	CERs、VERs、RECs
	澳大利亚证券交易所（ASX）	RECs
	澳大利亚金融与能源交易所（FEX）	环境产品的场外交易（OTC）
亚洲	新加坡贸易交易所	碳信用期货及期权
	新加坡亚洲碳交易所（ACX-Exchange）	远期合约，CERs 或者 VERs 的拍卖
	印度多种商品交易所有限公司（MCX）	CERs、CFIs
	印度国家商品及衍生品交易所有限公司（NCDEX）	CERs

资料来源：知网、EEX、ICE、华宝证券研究创新院。

7.1.3　中国碳衍生工具市场的发展

为推动碳减排工作，碳配额现货交易的试点工作自 2013 年逐步展开，直至 2016 年，以碳远期为代表的碳金融衍生工具才推向市场。

广州碳排放权交易所于 2016 年 2 月发布了《远期交易业务指引》，并于 3 月 28 日完成了第一单交易。广碳所碳远期为非标准协议下的场外交易，由广碳所承担交易监管、交割，以及信息披露的职责。由于是非标协议，交易撮合的难度较大、市场流动性较低，目前成交较为单薄。2016 年 4 月 27 日，湖北碳排放权交易中心推出了标准化的碳远期产品，上线当日成交量达到 680 万吨，成交额超过 1.5 亿元。湖北碳排放权交易中心的碳远期产品推出至今，日均成交量始终保持在现货成交量的 10 倍以上，市场十分活跃。但也由于湖北金融市场基础薄弱，金融机构参与碳市场交易的积极性有限。

由于我国政策监管和管理体制的限制，碳金融衍生产品的发展始终处在滞后阶段。

碳市场的日常交易活动也都设置在专业性能源环境交易机构，归口管理权也在发展改革委而非金融市场监管部门。本着降低风险的原则，我国试点碳市场在建设之初并未涉及衍生品市场的建设，仅设有必要性的银行资金结算服务，对金融机构及非实需投资者的引入也较为谨慎。且在碳市场设立之初，碳排放基础信息不全、市场监管与风险控制能力欠佳、市场规模与流动性不足、企业对碳交易的认识与参与交易的能力和意愿都较为有限。在这样的高风险背景下，控制碳市场金融属性、严控金融风险具有合理性。随着碳市场的逐步成熟，碳衍生品的缺失对碳市场造成的不利影响日益凸显，如市场流动性不足、价格发现功能失效；市场成交的"潮汐"现象严重，控排企业大多都在履约前集中交易导致市场拥堵、价格波动剧烈；碳配额变现能力弱，企业碳资产管理手段匮乏等。

我国《期货交易管理条例》规定，期货交易只能在国家批准的专业期货交易所进行，这意味着现有的几家碳排放权交易所无法承担碳期货交易任务。2016 年 4 月 27 日，全国首个碳排放权现货远期交易产品在湖北碳排放权交易中心上市。碳排放权现货远期交易产品的推出，丰富了控排企业碳资产管理，降低了企业履约成本和风险，为市场参与者提供更加灵活的交易手段，有助于弥补碳现货市场流动性不足、配额交易过度集中造成的价格非合理性波动，能够有效降低交易成本、规避远期风险。同年，上海、广州也陆续上线了碳配额远期交易，其中，上海环境能源交易所推出的碳配额远期产品为标准化协议，采取线上交易，并且由上海清算所进行中央清算，其形式和功能已经十分接近期货。

2019 年 2 月 18 日，中共中央、国务院印发《粤港澳大湾区发展规划纲要》，在"大力发展特色金融产业"的背景下，明确支持"广州建设绿色金融改革创新试验区，研究设立以碳排放为首个品种的创新型期货交易所"。这不仅为广州未来的期货交易所提出了一个全新的方向，也为中国碳期货产品的发展和运行奠定政策基础。2021 年 1 月 22 日，中国证监会批准设立广州期货交易所。广州期货交易所贯彻新发展理念，立足于服务实体经济、服务绿色发展，坚持市场化、法治化、国际化导向，以产品、制度、技术创新为引领，积极稳妥推进期货市场建设，更好地服务我国生态文明建设和经济高质量发展。证监会进一步指出，将加大对绿色低碳产业的融资支持力度，引导市场主体树立绿色投资理念，继续支持绿色主题基金产品的发行，加快推进碳排放权期货市场建设。

7.2　中国碳衍生工具市场及其运行机制

中国碳市场虽然起步于十几年前，但真正全国性质的交易市场尚处于起步阶段，碳现货市场发展的滞后严重影响了碳衍生工具市场的发展。从中国碳市场的现有产品来看，目前主要的碳衍生工具包括碳远期、碳掉期和碳期权，由于这些产品市场均具有区域特性，其交易规模和市场作用均有限。

7.2.1　碳远期

碳远期是指交易双方在未来某一确定时间以某一确定价格购买或出售一定数量碳排放权额度或碳单位。碳远期产生的目的是交易主体为适应和规避现货交易风险，有温室气体排放控制需求的企业能够通过购买碳远期产品提前锁定清缴履约成本。

依托 CDM 项目，碳远期的交易和应用得到充分发挥；CDM 项目的主要收益来源是其成功运作后的碳减排单位，但该交易通常面临投资流动性差的缺陷，为解决这一问题，投行借助碳远期将该项目资产证券化，从而获得投资流动性。CDM 项目的交易思路是，核证减排的需求方和项目供给方按照各自的需求签订一份协议，约定未来某一特定时间以某一价格购买一定数量的碳排放权。可见，碳远期协议签署时，项目通常还未开始运作，碳信用也未产生，因此这种合约属于远期合约。碳远期合约的定价方式有两种，固定价格和浮动价格。其中，固定价格是指在未来特定时间交割核证减排额时的交易价格是确定的，而浮动价格是指未来交割核证减排额的交易价格是浮动的，一般是在最基本的保底价格基础上附加与配额挂钩的浮动价格，挂钩的浮动价格通常在合同中有约定。我国碳市场中的碳远期产品如表 7-2 所示。

表 7-2　我国碳市场中的碳远期产品

产品名称	上海碳配额远期合约	湖北碳配额远期合约	广东碳配额远期交易
交易场所	上海环境能源交易所	湖北碳排放权交易中心	广州碳排放权交易所
清算方式	中央对手方（上海清算所）清算	双边清算	双边清算
是否标准化 / 合约是否可转让	是（可转让）	是（可转让）	否（不可转让）
标的物	上海碳排放配额（SHEA）	湖北省碳排放配额（HBEA）	广东省碳排放配额（GDEA）、CCER
适用规则	《上海碳配额远期业务规则》、上海清算所《大宗商品衍生品中央对手清算业务指南》	《关于碳排放权现货远期产品上市交易的公告》《湖北碳排放权交易中心碳排放权现货远期交易规则》《湖北碳排放权交易中心碳排放权现货远期交易结算细则》《湖北碳排放权交易中心碳排放权现货远期交易履约细则》《湖北碳排放权交易中心碳排放权现货远期交易风险控制管理办法》	《广州碳排放权交易中心远期交易业务指引》
参与者范围	纳入上海市碳配额管理的单位以及符合《上海环境能源交易所碳排放交易机构投资者适当性制度实施办法（试行）》有关规定的企业法人或者其他经济组织	国内外机构、企业、组织和个人（第三方核证机构与结算银行除外）	远期交易参与人应至少取得广碳所综合会员、经纪会员或自营会员的其中一种会员资格

注：广州碳排放权交易所远期产品已于 2021 年 7 月暂停交易。

⬧ 拓展案例

1. 上海碳配额远期

上海碳配额远期是以上海碳排放配额为标的，以人民币进行计价并交易，在约定的未来某一日期进行清算和结算的远期协议。交易所为上海碳配额远期提供了专业的金融交易平台，组织报价和交易；上海清算所为上海碳配额远期交易提供中央对手清算服务，进行合约替代并承担担保履约的责任，上海碳配额远期协议要素表如表 7-3 所示。

表 7-3　上海碳配额远期协议要素表

产品种类	上海碳配额远期
协议名称	上海碳配额远期协议
协议简称	SHEAF
协议规模	100 吨
报价单位	元人民币 / 吨
最低价格波幅	0.01 元 / 吨
协议数量	为交易单位的整数倍，交易单位为"个"
协议期限	当月起，未来 1 年的 2 月、5 月、8 月、11 月月度协议
交易时间	为每周一至周五（国家法定节假日及上海环境能源交易所公告休市日除外）的交易日 10:30—15:00（北京时间）
最后交易日	到期月倒数第 5 个工作日
最终结算日	最后交易日后第 1 个工作日
每日结算价格	上海清算所发布的远期价格
最终结算价格	最后 5 个交易日日终结算价格的算术平均值
交割方式	实物交割 / 现金交割
交割品种	可用于到期月协议所在碳配额清缴周期清缴的碳配额

资料来源：上海环境能源交易所。

1）开户

远期账户的申请条件为在中华人民共和国境内登记注册且同时在上海环境能源交易所开立交易账户和配额账户的法人或其他经济组织。上海碳配额远期开户流程如图 7-1 所示。

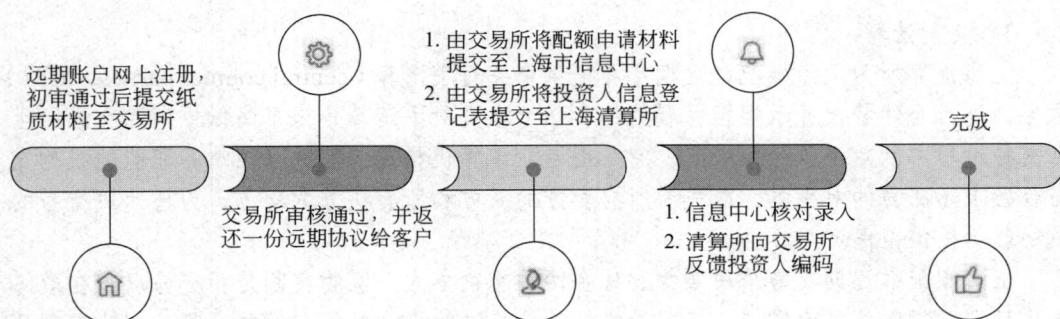

远期账户网上注册，初审通过后提交纸质材料至交易所

交易所审核通过，并返还一份远期协议给客户

1. 由交易所将配额申请材料提交至上海市信息中心
2. 由交易所将投资人信息登记表提交至上海清算所

1. 信息中心核对录入
2. 清算所向交易所反馈投资人编码

完成

图 7-1　上海碳配额远期开户流程

2）交易规则

上海环境能源交易所为上海碳配额远期提供交易平台，组织报价和交易。交易参与人通过上海环境能源交易所远期交易系统采用询价方式进行报价和交易。询价交易方式是指交易双方自行协商确定产品号、协议号、交易价格，以及交易数量的交易方式，包括报价、议价和确认成交三个步骤。在询价交易方式下，报价可以向所有交易参与人发出，也可以向特定交易参与人发出。报价方式包括对话报价、点击成交报价等。对话报价是指交易参与人与交易对手方直接通过对话议价达成成交申请。点击成交报价是指交易参与人就某一协议报出买入或卖出价格及数量的报价，经交易对手方点击该报价后形成的成交申请。交易参与人可以根据需求选择报价方式。

交易参与人通过询价就报价要素达成一致后可向上海环境能源交易所远期交易系统提交确认成交的请求。符合交易规则规定并通过上海清算所风控检查的上海碳配额远期交易，远期交易系统向交易参与人反馈成交结果。上海碳配额远期交易系统如图 7-2 所示。

图 7-2　上海碳配额远期交易系统

3）交割清算

上海清算所为上海碳配额远期交易提供中央对手清算（central counter parties，CCPs）服务，进行合约替代并承担担保履约的责任。中央对手清算是为了降低或消除金融衍生品交易过程中的对手风险而兴起，它是由专业清算机构或者其他承担清算职能的机构充当金融市场交易的对手方，即成为所有卖方的买方和所有买方的卖方，为已达成交易的最终履行提供担保。

上海碳配额远期交易采用实物和现金两种交割方式。实物交割是指交易双方在最终结算日，以货款兑付为原则，按照最终结算价格进行资金结算与实物交割。实物交割品种是指可用于到期协议所在年度履约的上海碳排放配额。现金交割是指交易双方在最终结算日，按照最终结算价格进行现金差额结算。在规定时间内，交易参与人可以根据上海清算所相关规定提出实物转现金交割申请；申请通过的，交易参与人的实物交割头寸将被转为现金交割头寸。

4）风险控制

上海清算所负责制定实施清算业务相关的风险管理制度，主要包括清算限额、持仓限额、保证金、强行平仓、日间容忍度、实时监控、交割终止分配、多边净额终止、清算基金、风险准备金等措施。其中碳配额远期持仓限额如表 7-4 所示。

表 7-4　上海碳配额远期持仓限额　　　　　　　　　　　　单位：手

产品号	全部	次到期月卖持仓限额	到期月卖持仓限额
SHEAF	3000	2250	1500

注：次到期月卖持仓限额为次到期月协议净卖持仓上限，到期月卖持仓限额为到期月协议净卖持仓上限。

2. 湖北碳排放权交易中心碳排放权现货远期

湖北碳排放权交易中心碳排放权现货远期交易的标的物为国家发展和改革委员会，以及湖北省发展和改革委员会所核发的能够在市场中有效流通且在当年度履约的碳排放权。湖北碳排放权交易中心碳排放权现货远期交易参数如表 7-5 所示。

表 7-5　湖北碳排放权交易中心碳排放权现货远期交易参数

交易代码	HBEA+ 年月
交易单位	手（100 吨）
报价单位	元（人民币）/ 吨
最小变动单位	0.01 元 / 吨
每日价格最大变动	不超过上一个交易日结算价 ±4%
最小单笔交易量	1 手
结算准备金	不得低于零
最低交易保证金比例	20%
履约月份	×××× 年 5 月
交易时间	每周一至周五（国家法定节假日及交易中心公告的休市日除外）9:30—11:30；13:00 至 15:00，以及交易中心公告的其他时间
最小交收申报量	1 手
交易手续费	订单价值的 0.05%
违约金	交易价值的 20%
结算方式	当日结算制度
履约方式	电子履约
履约手续费	履约价值的 0.45%
最后交易日	履约月份第 10 个交易日
最后履约日	最后交易日后第 5 个交易日

1）市场参与人

湖北碳排放权交易中心碳排放权现货远期交易的参与人可以是国内外机构、企业、组织和个人（第三方核证机构与结算银行除外）。交易中心根据标的物现货远期交易的特点,对市场参与人的财务状况、相关市场知识水平、投资经验,以及诚信记录等进行综合评估,选择适当的市场参与人和参与标的物进行现货远期交易。

2)交易规则

现货远期交易通过电子方式进行履约,在履约期内通过湖北省碳排放权注册登记系统和交易系统进行标的物划转。现货远期交易的报价按交易方向可分为买报价、卖报价;按交易性质可分为订立报价、转让报价:订立报价是指买入或卖出一定数量的标的物以增加买单持仓或卖单持仓的报价;转让报价是指转让买单持仓或卖单持仓的报价。

3)结算履约

湖北碳排放权交易中心实行统一结算原则和当日结算制度。当日交易结束后,交易中心对市场参与人的盈亏、保证金、手续费等款项进行结算。结算准备金低于中心规定的最低金额时,市场参与人须在下一个交易日开市前补足交易中心规定的最低金额。未补足结算准备金的禁止订立报价,且交易中心有权对其持仓强行转让,并以约定的方式通知市场参与人。

最后交易日结束后未转让的持仓进入履约流程,最后履约日为最后交易日后第5个交易日。买方按履约结算价支付货款并收取标的物,卖方按实际履约量交付标的物并按履约结算价收取货款。现货远期交易的履约采用电子履约的方式。电子履约在最后交易日之后的5个交易日完成,自最后交易日后的第一个交易日起,卖单持仓所有者可以申请将与持仓相对应数量的标的物从注册登记系统划转至交易系统,买单持仓所有者可以申请将与持仓相对应的差额货款划入交易系统。最后交易日后的第三个、第四个、第五个交易日分别为匹配日、标的物提交截止日和最后履约日。在最后交易日后,所有持仓市场参与人须进行电子履约,同一账户买卖持仓相对应部分的持仓视为自动转让,不予办理履约,转让价按电子履约的履约结算价计算,同一账户以其净持仓进行履约。

4)风险控制

湖北碳排放权交易中心实行保证金制度。碳排放权现货远期交易的最低交易保证金为订单价值的20%。交易中心将交易时间划分为普通交易月份、履约前一月和履约月三个时间段,并根据三个时间段设置不同的最低交易保证金比例,不同时间段最低交易保证金收取标准如表7-6所示。

表7-6　不同时间段最低交易保证金收取标准

交易时间	普通交易月份	履约前一月	履约月
保证金比例	20%	25%	30%

交易中心实行价格涨跌停板制度,由交易中心制定现货远期交易的每日最大价格波动幅度。交易中心可以根据市场情况调整涨跌停板幅度。碳排放权现货远期交易的涨跌停板幅度为上一交易日结算价的4%。

交易中心实行限仓制度。限仓是指交易中心规定市场参与人可以持有的,按净持仓数量计算的持仓量的最大数额,具体情况如表7-7所示。

表7-7　现货远期交易法人客户和个人客户的持仓限额　　　　　单位：手

品　　种	时间段	法人客户	个人客户
HBEA+ 年月	普通交易月份	10000	5000
	履约月前一个月	4000	2000
	履约月份	2000	1000

为控制市场风险，交易中心实行强行转让制度。强行转让是指当市场参与人违规时，交易中心对有关持仓实行转让的一种强制措施。

7.2.2　碳互换/掉期

碳排放权场外掉期交易是交易双方以碳排放权为标的物，以现金形式结算固定价格和浮动价格价差的合约交易。交易双方以协商形式签署固定价格交易的合约，并在合同中约定在未来某个时间以当时的市场价格完成与固定价格交易相对应的反向交易。最终结算时，交易双方就两次交易的现金流差进行现金结算。

碳排放权场外掉期交易的主要交易环节如下。

1. 固定价格交易

A、B 双方同意，A 方于合约结算日（如合约生效后 6 个月）以双方约定的固定价格 $P_{固}$ 向乙方购买标的碳排放权。

2. 浮动价交易

A、B 双方同意，B 方于合约结算日以 $P_{浮}$ 价格向 A 方购买标的碳排放权。$P_{浮}$ 价格与标的碳排放权在交易所的现货市场交易价格相挂钩，例如，$P_{浮}$ 价格等于合约结算日之前 20 个交易日北京碳排放配额的公开交易平均价。

3. 差价结算

在合约结算日，交易所根据 $P_{固}$ 和 $P_{浮}$ 之间的差价对交易结果进行结算。若 $P_{固} < P_{浮}$，则 A 为盈利方，B 为亏损方，B 向 A 支付资金 = ($P_{浮} - P_{固}$) × 标的碳排放权；若 $P_{固} > P_{浮}$，则 A 为亏损方，B 为盈利方，A 向 B 支付资金 = ($P_{固} - P_{浮}$) × 标的碳排放权。

4. 保证金监管

交易所根据掉期合约的约定，向 A、B 双方收取初始保证金，并在合约期内根据现货市场价格的变化情况定期对保证金进行清算。交易所可根据清算结果，要求浮动亏损方补充维持保证金；若未按期补足，交易所有权进行强制平仓。

2015 年 6 月 15 日，中信证券股份有限公司、北京京能源创碳资产管理有限公司（现名为"北京京能碳资产管理有限公司"）、北京环境交易所在"第六届地坛论坛"上正式签署了国内首笔碳排放权场外掉期合约，交易量为 1 万吨。掉期合约交易双方以非标准化书面合同形式开展掉期交易，并委托北京环境交易所负责保证金监管与交易清算工作。中信证券股份有限公司作为中国最大的证券公司，北京京能源创碳资产管理有限公司作为京内最大的控排主体京能集团的子公司，各自在所属领域具有很强的代表性。

　　碳配额场外掉期交易是场外交易双方以碳配额为标的物，以现金结算标的物即期与远期差价的场外交易活动。具体交易条款由场外交易双方自主约定，交易所主要负责保证金监管、交易鉴证及交易清算和结算。碳排放权场外掉期交易为碳市场交易参与人提供了一个在场外对冲价格风险、开展套期保值的手段，同时也可以为企业管理碳资产间接创造流动性，是碳金融领域的重要创新。

7.2.3　碳期权

　　碳期权即交易双方以碳排放权配额为标的物，通过签署书面合同进行的期权交易。国际主要碳市场中的碳期权与碳期货交易已相对成熟，而我国当前碳期权均为场外期权，并委托交易所监管权利金与合约执行。图 7-3 清晰展示了碳期权运行过程。

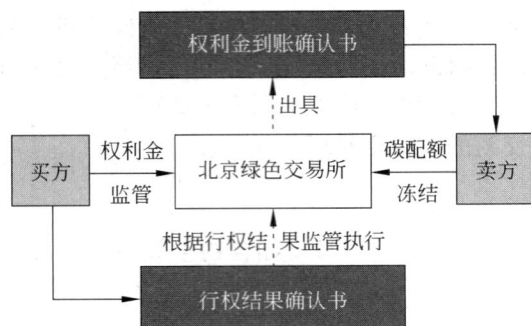

图 7-3　碳期权运行过程

7.3　本 章 小 结

　　金融衍生工具是依托基础标的资产衍生而成的，它是标的资产市场发展到一定程度后的必然产物；主流的衍生工具主要有远期合约（forward contract）、期货合约（futures contract）、掉期/互换合约（swap contract）、期权（option），它们的主要作用是提升标的资产定价效率、有助于交易主体规避自身风险。进入 21 世纪后，我国温室气体控排举措越来越丰富，以碳配额、碳排放权交易为主体的市场控排手段逐渐成为污染治理的主要措施。伴随现货交易市场的成熟与发展，碳衍生工具的必要性逐渐得到市场及国家的认可，碳远期、碳掉期、碳期权等与碳交易相关的衍生工具相继出现在中国碳市场中，这些衍生工具不仅为控排企业提供了风险对冲途径，也为金融机构参与到碳达峰碳中和创造了基本路径。从碳衍生工具的国际发展经验来看，碳期货是最为主要的碳衍生工具；湖北碳排放权交易中心推出的标准化碳远期产品虽然最接近期货形式，但其风险控制过于严格，市场交易并不活跃，合约设置过于单一，与真正的碳期货产品相差甚远。未来，随着广州期货交易所的发展，碳期货的上市运行将指日可待，中国碳市场也将因此发展成为全球最大的碳市场，中国碳市场机制将进一步完善，控排企业的风险管理工具将更加完善。

碳市场有效运行的市场环境条件

1. 了解我国碳市场相关法规支撑;
2. 熟悉碳排放基础数据核算内容,了解国际及我国 MRV 体系和我国现有 MRV 体系存在的问题;
3. 充分认识中国碳市场基础能力建设存在的问题。

1. 使学生对我国碳市场运行的市场环境有深入的了解;
2. 通过学习我国碳市场相关法律法规,增强法律合规意识,确保在参与碳交易活动时遵守法律法规。

8.1 市场法规支撑

8.1.1 相关基本法律法规体系的支撑

在国际社会,EU-ETS 计划对每一个成员国都设置了气体排放的限制额度,所有成员国排放的气体限制额度总和不能够超过《京都议定书》中规定的排量总和,每一个成员国的气体排放限制额度都是根据其历史气体排放数据及预测排放数据等因素所决定的,并充分考虑其技术潜力对减排所带来的影响。欧盟指令针对所有成员国制定一个具有共同标准和程序的排放交易体系,各个国家所制定的有关排放量及排放权的分配方案必须通过欧盟指令审核后方可生效。欧盟在接到成员国分配方案后 3 个月内完成对排放量和排放权分配方案的评估,以 ETS 指令为标准评价其是否符合规定,若有不符则退回修订。

对于国内而言,2021 年 3 月,中国清洁发展机制基金管理中心发布的《全国碳市场交易制度法律法规政策汇编》从管理办法和操作政策两个角度出发,对我国碳市场有效运行的基本法律保障体系作出具体描述。其中,《碳排放权交易管理办法(试行)》在应对气候变化,推动我国绿色低碳理念发展中发挥了重要的机制作用,规定全国碳排放权交易市场所包含的具体温室气体种类及所涉及的行业范围应该由生态环境部拟定后公开。

8.1.2　市场监管立法

国际上，为了保证监管机构能够对碳市场中存在的不法行为进行处置，欧盟在《金融工具市场指令》的基础上提出了另一个改革方案《金融工具市场指令 II》（*Markets in Financial Instruments Directive II*，MiFID II），该方案将二级碳现货市场纳入监管范围。此后，碳配额成功演化成为一种金融工具。2016 年 7 月 3 日，《反市场滥用条例》（*Market Abuse Regulation*，MAR）正式生效，扩展了对于市场滥用进行反应与处置的市场框架，旨在提高市场诚信度和对投资者的保护水平。与《反市场滥用指令》（*Market Abuse Directive*，MAD）相比，《反市场滥用条例》适用的金融工具更广，处置应对的条例更加详细。随着碳现货市场加入 MAR 监管范围，碳市场中内幕交易和市场操作的风险大幅下降。此外，《京都议定书》创设的三种灵活的机制对碳市场的法律调整及监管发挥了巨大的作用，《结算终局性指令》（*Settlement Finality Directive*）、《反洗钱指令》（*Anti-money Laundering Directive*），如能拓展至碳现货市场，也将发挥巨大潜能。

在国内，2014 年发布的《北京市碳排放权交易管理办法》，以及 2020 年发布的《天津市碳排放权交易管理暂行办法》等条例，对碳排放权交易提出了明确要求，办法规定市发展改革委应增强审核报告单位的碳排放报告，将第三方核查机构的报告列为重点排放单位的碳排放量控制检查；市发展改革委应对违规的报告单位以及核查机构予以通报，并按照规定对这些单位进行处罚。系列立法与条例都强化了市发展改革委对碳排放市场的监管作用，极大维护了碳市场的正常秩序。

8.1.3　MRV 体系

MRV 是指对于碳排放的监测（monitoring）、报告（reporting）、核查（verification），系统化理论化的 MRV 体系对于碳市场的有效运行是必不可少的，它也是企业实现低碳转型及区域进行低碳决策的重要理论依据。

碳排放核算、报告、核查体系的核心要素是一个条例、三个办法、八个行业、两种方法、一套制度和一个系统。其中一个条例指的是《碳排放权交易管理暂行条例》，三个办法指的是碳排放权交易管理条例和企业碳排放报告管理办法、碳交易第三方核查机构管理办法、碳市场交易管理办法，八个行业指的是石化、化工、建材、钢铁、有色、造纸、电力和航空，两种方法指的是基准法和历史法，一套制度指的是排放报告核查制度，一个系统指的是国家碳排放权交易注册登记系统。碳排放核查遵循客观独立、诚实守信、公平公正、专业严谨的原则。核查的程序包括三个阶段，即准备、实施和报告。其中，准备阶段工作内容主要包含协议签订和核查准备两项内容，实施阶段需要经历文件评审、现场核查、核查报告编制三项流程，报告阶段包括内部技术评审、核查报告交付和记录保存。

我国从 2011 年开始陆续启动了碳交易试点，经过 10 多年的时间我国各地区已经建立了相对完善的 MRV 体系，为构建全国统一的碳市场 MRV 体系提供了经验。但相较于欧盟、美国和日本等碳市场运行较早的组织及国家，我国 MRV 体制存在一定的薄弱之处，特别是在管理机制、数据基础、政策实施等方面有待完善。

8.1.4　主管部门配套制度和细则

全国碳市场多项配套制度的出台，为碳市场的有效运行保驾护航。目前我国正在推行的《碳排放权交易管理办法（试行）》和《全国碳排放权登记交易结算管理办法（试行）》制定了重点排放单位准入标准，基本覆盖了行业内大部分企业和其他经济组织。其中，管理办法明确了配额分配方法，该方法始于免费分配，后进一步引入有偿分配，并逐步提高有偿分配的比例；除此之外，还规定了碳核查的主管部门和核查方式，即省级生态环境主管部门牵头，按照"双随机、一公开"的原则对重点排放单位开展核查工作。

2020 年 11 月，生态环境部发布了《2019—2020 年全国碳排放权交易配额总量设定与分配实施方案（发电行业）》（征求意见稿），随后在 2020 年 12 月 30 日正式公布该方案，明确 2019—2020 年度碳排放配额实行全部免费分配，并确定采用基准法核算各单位的具体配额量。并一同公布纳入 2019—2020 年全国碳排放权交易配额管理的重点排放单位名单，全国 2225 家重点排放单位被列入碳市场交易之中。次年 3 月 30 日，生态环境部发布《关于公开征求〈碳排放权交易管理暂行条例（草案修改稿）〉意见的通知》，简称《暂行条例草案》。相比管理办法，《暂行条例草案》进一步强调和突出了"政府引导"的基本原则，明确了职责分工，不仅完善了具体规则，加强了风险防控，还细化了追责情形，加大了处罚力度。

8.1.5　相关的技术法律支持

在国际层面，与技术支撑密切相关的法律制度可谓丰富多样，其中最为引人注目的当属《欧盟排放贸易指令》（*Eu Emissions Trading System Directive*）的初始框架指令（*Directive 2003/87/EC*）、后续重大修订指令（*Directive 2009/29/EC*）及新修订指令 [*Directive（Eu）2018/410*]，它们共同构成了欧盟碳市场的核心框架，为减少温室气体排放、推动低碳经济发展提供了坚实的法律基础。此外，欧盟关于监测共同温室气体排放还制定了特别监测指令（*Decision No. 280/2004/EC*），对碳市场的运行情况进行严密监控，确保各项政策得到有效执行。同时，《碳捕集与封存指令》等也为碳捕集与储存技术的发展和应用提供了法律支持。这些法律制度相互补充、相互支撑，共同保障了欧盟碳市场的有序、高效运行，为全球应对气候变化、实现可持续发展贡献了重要力量。

国内也正更有针对性地开展重点行业碳排放核查的技术研究，努力完善我国行业碳排放核查技术体系，发展低碳产品认证技术体系；聚焦于电力、钢铁、建材、化工等多个重点行业，不断完善相关技术法律支持；通过技术创新，推进碳市场运行的数字化转型，推动碳市场监管治理现代化，构建碳市场运行国际与国内行动互信体系。生态环境部于 2020 年发布的《碳排放权结算管理规则（试行）》及《碳排放权交易管理办法（试行）》等"碳市场系列新政"，加快推动了能源行业快速转型发展和清洁能源市场可持续发展。

8.2　碳排放基础数据核算

8.2.1　温室气体排放种类

1997 年的《京都议定书》中要求减排的温室气体包括二氧化碳（CO_2）、甲烷（CH_4）、氧化亚氮（N_2O）、氢氟碳化物（HFCs）、全氟化碳（PFCs）、六氟化硫（SF_6）六种气体，是人类历史上首次以法规的形式约束气体的排放。不同地区的碳交易机制在温室气体核算方面存在一定的差异，除了这六种气体外，美国加州的碳交易机制还把 NF_3 和其他氟化物也纳入了其中；澳大利亚、新西兰的碳交易机制均只将 CO_2、CH_4、N_2O、PFCs 纳入核算过程中。

《中华人民共和国气候变化第三次国家信息通报》中指出，中国的温室气体清单包括二氧化碳、甲烷、氧化亚氮、氢氟碳化物、全氟化碳、六氯化硫，这六种排放气体涉及的主要活动类型为能源活动、工业生产活动、农业活动、土地利用、林业变化及废弃物处理。工业生产活动和化石燃料的使用是中国二氧化碳排放的主要来源，能源活动和农业活动是中国甲烷和氧化亚氮排放的主要来源，而含氟气体主要来自我国的工业生产过程，其中主要包含氢氟化合物（HFCs）、全氟化碳（PFCs）和六氟化硫（SF_6）等几种气体。

8.2.2　门槛标准

1. 欧盟碳市场（EU-ETS）纳入门槛

作为世界上最大的碳排放权交易市场，欧盟碳市场在三个阶段的建设和发展过程中，其纳入门槛体系也在不断完善。欧盟碳市场建立之初在发电业和制造业中 CO_2 日排放量超过 50 吨的石灰生产设施、CO_2 日排放量超过 20 吨的玻璃生产设施和矿业生产设施强制纳入 EU-ETS 中，在发展的第二阶段和第三阶段，欧盟碳市场所涵盖的温室气体种类不断增加，纳入门槛的设定体系不断扩张，根据各行业特点设定了基于排放量和产量等因素计算的纳入标准。从 EU-ETS 的新设定门槛不难看出其适用范围较广，根据不同的企业的实际情况采取了不同的纳入门槛，时效性较强，其覆盖行业范围随着碳市场的发展而不断变化完善。

2. 新西兰碳市场纳入门槛

新西兰的碳市场存在三种门槛标准，分别为排放量门槛、产能门槛和能耗门槛。排放量门槛是指每年利用地热发电和工业采热排出的温室气体超过 4000 吨的行业或企业需被纳入碳市场；产能门槛是指每年煤炭开采超过 2000 吨的行业或者企业需被纳入碳市场；能耗门槛是指燃烧超过 1500 吨废油或者制热的行业或企业需被纳入市场。

3. 国内碳市场纳入门槛

在我国，纳入门槛的设定方法为"控排目标＋历史排放"，大部分试点碳市场均选择基准年段内"任一年达标排放量"为纳入门槛，只有北京以年均排放量作为纳入门槛。深圳碳市场的纳入门槛相对于其他碳市场而言最低，具体设限为 CO_2 年排放量在 3000 吨以上。为了保证碳排放总量达到一定的规模，对于一些经济相对发达，化石能源消耗在总能源消耗中所占比重较低的地区设定了较低的纳入门槛，如北京、深圳等。每一个地区的排放门槛设置不同，会导致其覆盖的行业不同，因此，《碳排放权交易管理办法（试行）》明确规定了全国碳市场的纳入门槛，以及纳入门槛的设定标准和设定程序。

8.3　检测报告核查体系

8.3.1　检测报告核查体系（MRV）发展现状

1. 欧盟 MRV

欧盟碳市场相较于其他市场而言发展得相对成熟，MRV 机制的建立较早、体系建设较为完善，在政策法规方面，欧洲议会和理事会 2003/87/EC 指令、温室气体排放检测和报告指南（MRR）及温室气体认证与核查指南（AVR）等相关政策法规为 MRV 的有效运行提供了保障。欧盟 MRV 体系建设以完整性、透明度、准确性、成本有效性等原则为目标导向，监测主体为控排企业，监测方法有计算法和测量法。具体的监测内容为 CO_2 的直接排放活动，通过线上与线下核查相结合的方式对企业或单位的温室气体排放进行核查，通过制定标准模板实现对质量的保证与控制。

2. 美国 MRV

2009 年 10 月，美国环保署发布了《温室气体强制报告制度》，该制度明确了覆盖的温室气体排放源、温室气体排放的核算方法和相关报告的具体细则等。其监测主体分为上游排放源和下游排放源，通过实时排放监测和排放因子计算法等方法进行监测，具体的报告内容与欧盟相同，均为 CO_2 的直接排放活动。美国 MRV 的核查方式为电子系统核查和现场核查两种方式。

3. 中国 MRV

2020 年，生态环境部正式颁布了《碳排放权交易管理办法（试行）》，明确规定了重点排放单位必须依据相关规范自主编制温室气体排放计划，并对每年提交的温室气体排放报告提出了详尽的要求。此外，该管理办法还强调，重点排放单位必须确保其提交的报告和气体排放监测计划具备高度的真实性、完整性和准确性，以确保碳排放权交易的公正与有效。我国现有 MRV 体系的监测主体为企业及企业内部单元，主要的监测方法包含计算法和测量法两种方法，在报告内容方面我国与欧盟和美国有较大的不同，除了对 CO_2 的直接排放活动进行报告外，还需对 CO_2 的间接排放活动进行报告。在质量保证与控制方面，我国采取的是抽查或复查等双重核查制度。

8.3.2　现有 MRV 体系存在的问题

目前，我国 MRV 体系的发展并不完善，相关的报告与核查制度的正式实施时间较短，因此在一些行业或企业中，由于监测能力的欠缺，其提交的气体排放报告中的数据往往难以保证准确性和真实性。

当前阶段，我国各地区的经济发展均处于关键转型时期，这一时期对钢铁、水泥、建材和电力等重点单位的生产规模造成重大影响，而部分地方政府对温室气体排放的重视程度不够、经费投入不足，未能根据排放单位的具体情况制定相应的核查质量标准，且大部分企业没有制定具有操作性的监测计划，因此，实施监测这一行动就更是无从谈起。缺乏具体的监测计划会导致企业对于温室气体排放过程的监测出现不可控的情况，基于此种情况下取得的数据编制的报告的可信度无疑会大打折扣。除此之外，还有部分地方为了培养相关核查机构，会将部分行业或者企业的温室气体排放核查工作委托给这些机构进行，而这些核查机构往往缺乏经验，且核查的经费非常有限，直接影响了核查的质量。

由于不同行业的产业结构特点不同，对不同的行业需要采用不同的核算方法，目前我国采取的核算方法比较单一，且仅涉及了 24 个行业，与碳交易的要求仍然存在一定的差距。不同行业指南中部分定义和标准不一致，给相关的排放企业和核查机构带来巨大的问题，且不同行业指南中对于同种燃料的单位发热量、单位热值含碳量，以及碳氧化率的数据标准规定不一致，导致使用同种燃料的不同企业计算的排放量也会存在误差。

对于补充数据表而言，虽然结构已经相对完整，但在具体细节方面还缺少相应的说明。例如，过程中，核算边界的确定、净购入使用和消耗使用的电力和热力的区别、排放因子的计算等工作往往在实际核算中还会依赖专家和核查机构的分析，使得 MRV 的一致性问题日益凸显。虽然行业内部的规则是一致的，但是自由裁量权较大，这无疑会对未来行业或者企业的核查带来一定的困扰。

化工、石化和钢铁等许多行业情况比较复杂，其包含的产品较多，行业运行过程中涉及的工序也较为繁多，现有的指南和标准，以及一些国家发展改革委制定的临时指南和模板显然在某种程度上已经不能满足当前行业发展形势的需要，存在很多有待改进的地方，并且针对同一指南和标准，不同企业的理解也不尽相同，导致数据处理方法不一致，使得各企业对于数据的处理存在偏差。

此外，不同地区对于相关机构核算人才的经费投入参差不齐，缺乏统一的技术指导和相关政策普及。

8.4　中国碳市场基础能力建设的关键问题

8.4.1　碳市场运营问题和障碍分析

中国碳市场运营与发展面临着巨大的挑战，具体表现为中国经济增长模式转变、缺乏统一市场、碳金融体系建设起步晚、低碳技术发展落后、碳交易所发展路线不清晰、碳排放总量控制力度不足等。

1. 中国经济增长模式转变

我国的经济持续快速增长，主要是依靠各种生产要素投入实现规模生产的"粗放型"

经济增长。这种增长模式能在短期内促进经济的快速增长，但是消耗和成本都很高，还会出现产品质量和经济效益低下的情况，与减排的矛盾会制约碳市场构建进程。

2. 缺乏统一市场

自《京都议定书》生效以来，全球碳交易愈加活跃，各国纷纷根据国情建立碳市场，我国也一直尝试与国际接轨，构建中国统一碳市场，因构建步伐过慢，目前尚未建设完善的全国性市场，在全球碳交易规则制定、碳交易信息不充分，以及市场中丧失话语权。纵观全球碳市场发展进程，发达国家具有先行优势，而发展中国家如果不加速统一碳市场建设，将会面临更加严峻的竞争环境，甚至无法改变竞争劣势地位。

3. 碳金融体系建设起步晚

中国碳市场建设起步晚，目前还处于初级阶段，部分银行仅处理一些绿色信贷业务，只有民生银行和兴业银行等少数金融机构从事相关业务，大多数金融机构还没有真正开展碳交易业务，滞后的碳金融制度制约了碳市场的发展。相比发达国家成熟的金融体系，中国碳金融产品及其衍生品种类单一，不能满足多元化产品需求。国际碳金融产品多元化趋势与中国金融市场产品单一化之间的矛盾直接导致中国碳金融市场面临巨大的压力。同时，政府及国内金融机构对碳信用的价值、战略意义、操作模式、项目开发等尚不了解，中国碳市场体系不健全，进一步阻碍了国内金融机构对碳信用的参与度。

4. 低碳技术发展落后

目前我国低碳技术水平仍处在低位，制约了低碳经济发展，减缓了碳市场构建进程。受落后减排技术的影响，我国无法在短期对高耗能、高污染行业进行转变，中国在可再生能源与新能源行业、电力行业、冶金化工等行业都与发达国家存在差距。同时，低下的技术使得碳市场运作本身存在障碍，如碳捕集、监测等活动都必须有一定技术作支撑。

5. 碳交易所发展路线不清晰

我国交易所在业务方向的选择上存在一定的盲目性，主营业务往往是与碳排放权交易关联度不高的"边缘"项目，还有些是涉及低碳技术转让的项目，甚至还存在与碳交易无直接关系的投融资业务，存在跟风现象。我国减排的完整目标体系尚未建立，包括如何落实碳排放强度指标，如何分配减排任务等，因此，应该引入碳市场等市场机制，利用市场的价格信号及惩罚与补偿机制等手段来推进企业的节能减排。

6. 碳排放总量控制力度不足

目前我国尚未实行碳排放总量控制，碳配额价格较低，无论是买方还是卖方，大多都是命令式地为环境保护作贡献，导致自愿减排的需求不大。虽然近年来，国内各地都在搭建交易所，力图在自愿减排上有所作为，但是这数十家碳交易所数十年来仅仅完成了少量场内交易。由于全国碳市场碳配额总量设置宽松，部分企业初始分配的排放配额数量超过其实际的排放需求，以致不需要通过二级市场完成履约。宽松的总量设置和高配额分配降低了企业的资源环境约束压力，也导致我国碳配额价格远低于欧盟。国内要想形成交易规模，必须等到国外对中国减排指标需求停止，大力鼓励和促进清洁能源的使用和发展，对在正常排放情况下减少排放的企业出台鼓励政策。

8.4.2　立法约束力不足

在国外，碳排放权交易体系已经构建起了较为完备的法律框架，为碳市场的健康发展奠定了坚实的法律基础。然而，反观我国各试点地区，在立法层面却存在着明显的约束力不足问题。目前，大多数试点地区主要依赖于政府规章和规范性文件来指导碳交易实践，但这些文件的立法位阶相对较低，无法创设具有实体意义的权利和义务，这在很大程度上限制了碳市场的规范化和法治化进程。鉴于碳交易本质上是由政府创设的环境政策工具，因此，需要从法律层面明确市场参与各方的权利与义务，确保碳交易活动有法可依、有章可循。此外，尽管政策文件在数量上占据了优势，但政策作为非正式法源，虽然在实际操作中必须遵守，但其缺乏国家强制力的保障，导致约束效力有限。特别是碳排放权交易规则和 MRV 指南等重要文件，目前尚未以法律法规的形式予以明确，这导致相关政策在不断的试错和调整中前行。以配额分配方案为例，往往是在上一年的实践经验基础上对下一年的方案进行修改，这种频繁调整使得部分政策缺乏连续性和稳定性，不利于碳市场形成稳定的预期和信心。因此，加强碳市场的法治建设，提升政策文件的法律效力和约束力，已成为推动我国碳市场健康、稳定发展的当务之急。

8.4.3　MRV 机制有待补充

在碳排放权实施过程中，排放源测量、报告与核查是贯彻始终的重要性工作。严格的 MRV 制度及技术支撑体系，为碳市场提供真实、准确和可靠的数据，是碳交易制度的基础。目前，中国在 MRV 机制方面面临着多重挑战。在法律法规层面，尚未建立起一套完整的碳市场法律制度框架，这导致 MRV 机制在运行时缺乏坚实的法律支撑和保障。在技术标准方面，相关技术尚显稚嫩，难以为 MRV 机制提供及时、准确的信息支持。在工作流程方面，现有的机制运作尚未实现制度化和常态化，这影响了其运行效率和稳定性。同时，在能力建设方面，也暴露出专业人才匮乏的问题，尤其是缺乏熟悉 MRV 机制工作流程的专业人才，这制约了机制的有效运行和进一步发展。因此，为了推动 MRV 机制在中国的顺利实施，需要加快完善相关法律法规，提升技术水平，优化工作流程，并加强专业人才的培养和引进。因此，构建完善的 MRV 体系，通常需要做好以下五方面工作。

（1）构建完整的碳市场法律制度框架。从国家层面推动出台碳排放权交易管理条例，建立碳排放监测、报告与核查制度，同时制定发布企业碳排放报告管理办法、第三方核查机构管理办法等配套细则，进一步规范报告与核查的工作流程、要求和相关方责任，以及对第三方机构的管理。

（2）制定重点行业温室气体排放核算与报告指南、第三方核查指南及监测计划模板。明确数据监测、报告与核查的详细、具体的技术要求，统一度量衡，做到数据可追溯、可信赖、可比较。

（3）工作流程常态化、制度化。无论是国家、地方主管部门、企业还是第三方机构，都需要把这项工作纳入常态化工作流程，在资金、人力等方面做好必要的计划和准备。

（4）加强人才的专业培训。无论主管部门、企业，还是第三方机构，涉及这项工作的技术人员都需要熟悉掌握相关工作流程、要求及技术规范，相关主体需要对这些工作人员开展必要的培训。

（5）统一数据填报与核查系统。建设统一的电子报送数据平台，实现数据的在线填报与核查，大大提高 MRV 体系运行效率。

8.4.4　市场监管不足

至今，中国尚未引入第三方监管机构对配额分配和企业排放进行检测，这导致政策在公平、公正性方面难以得到全面保障。由于中国碳市场的推动涉及国家和地方多个部门，目前行政体系中多部门间的沟通与协调尚显不足，使得政府职能在监管中未能充分发挥。若政府职能发挥不充分，监管力度不足，而将全国碳市场的核查体系和信息披露完全依赖于第三方机构，则会导致交易中介和服务机构的法律授权模糊，容易滋生寻租行为，进一步阻碍监管制度的健全。此外，现行的监管制度对违约控排企业的惩罚力度偏轻，致使许多企业缺乏内部质量控制和碳排放监管体系，甚至发生篡改、虚报碳排放报告等违法行为。

为改善市场监管的薄弱环节，省级主管部门应依据国家相关规定，对碳市场参与的企业、机构等责任主体实施全程监管。建立"守信激励、失信惩戒"的管理机制，促进跨部门协同监管和联合惩罚机制的形成，确保对碳市场参与者的精准监管，有效实施激励与惩戒措施，切实维护市场秩序。同时，相关部门应加大对重点控排企业排放数据篡改和虚报行为的惩戒力度，提升碳市场信息的披露透明度，积极鼓励公众及行业协会的参与，形成有效的外部监督机制，共同推动碳市场的健康发展。

8.5　本 章 小 结

本章重点论述了碳市场有效运行所需的市场环境，通过对国内外碳市场的发展经验进行总结梳理，发现碳市场有效运行的市场环境需要具备强有力的市场法规支撑、碳排放数据的核算和完善的监测报告核查体系，并于 8.4 节总述了我国碳市场运营存在的问题和障碍，指出中国现有的碳市场在基础能力建设方面还存在一些关键的问题亟须解决，针对存在的问题需要多方协同合作，全面规范碳市场的运行机制，支撑市场运行的有效性和持续性。

第 9 章

碳市场的环境、经济与福利效应

知识目标

1. 了解碳市场社会经济效应评估方法；
2. 对碳市场的环境效应、经济效应与福利效应进行评估。

素质目标

1. 使学生掌握碳市场的经济学原理，深刻认识到经济学在社会生活中的应用；
2. 通过学习使学生能够熟练运用经济学理论分析碳市场的运行规律。

9.1 碳市场社会经济效应评估方法

《习近平谈治国理政》中明确指出："实现'双碳'目标是一场广泛而深刻的变革，不是轻轻松松就能实现的。"当前，我国依然面临发展不平衡的问题，经济发展和改善民生的任务较重。如何通过碳市场交易机制来提振整体经济状况，是一个备受关注的议题。因此，本节以社会角度为切入点，对碳市场社会经济效应评估方法进行了广泛的整理和归纳。同时，借助投入产出方法和一般均衡方法，介绍了社会层面的产出效应和财富再分配效应的测度原理，并总结了社会经济效应评估的一般规律。本节的核心内容主要包括：碳市场社会经济效应评估的内涵，碳市场社会经济效应评估的基本原则和流程，以及碳市场社会经济效应的主要评估方法梳理和原理介绍。

9.1.1 碳市场社会经济效应评估的内涵

对于碳市场的社会经济效应评估，可以分为广义和狭义两个方面。广义上的碳市场社会经济效应评估是指对碳市场交易制度实施后的经济效益进行评估和测度的行为总和，而狭义上的碳市场社会经济效应评估是指对碳市场交易制度实施后各主体节约的成本或获得的利益的评估和测度的行为总和。进行碳市场社会经济效应评估的主要目的包括以下几方面：一是分析不同主体之间的利益分配差异情况，以了解碳市场政策对各方的影响；二是衡量碳市场政策的实际效果和有效性，以便政府和相关机构能够调整政策以更好地达到减排目标；三是作为减排义务分配的参考标准，以确保各参与主体的公平性和合理性。

从广义的角度来看，对碳市场社会经济效应的评估主要涵盖以下三方面。

1. 财富再分配效应

由于碳市场的建立将外部环境成本内部化，这一行为不仅有助于改善生态环境，还将提升整体的社会财富水平，这一部分多出来的社会财富会进行再分配，这一过程涉及多个参与主体，总结起来主要涵盖三个主体。对于碳市场中的供给者和需求者而言，其间的碳配额交易是必要的，因为这是达到碳减排目标的关键过程。在这个过程中，供给者出售碳配额，需求者购买碳配额，这些交易过程促进了资源的流动和价值的转移，不仅有助于减少碳排放，还为参与者创造了经济机会。除了供给者和需求者之外，碳市场本身也会从中受益。市场运营商通过收取服务费用和执行环境外部成本内部化的措施，获得一定收入，这一收入不仅有助于维持市场的运行，还可以用于支持环保项目和创新，进一步促进了绿色经济的发展。同时，财富再分配效应并不是简单的均衡过程。不同主体之间的剩余可能会出现差异，这可能引发一些关于公平和正义的争议。因此，政府和相关机构需要在碳市场的设计和实施中考虑如何合理分配这些社会财富，以确保碳减排政策的公平性和可持续性。

2. 产出效应

产出效应主要涉及两类企业：一类是那些在生产过程中需要排放大量污染物和废弃物的企业；另一类是那些在生产过程中排放较少或不排放污染物和废弃物的企业。碳市场交易制度的实施对这两类企业可能产生不同的影响，这取决于它们的生产方式和碳排放水平。对于那些在生产过程中排放大量污染物和废弃物的企业来说，碳市场交易制度的实施可能会抑制它们的产出。这是因为这些企业需要购买碳配额来弥补其排放，这会增加它们的成本。为了降低成本，一些企业可能会考虑降低产量或改进生产工艺以减少碳排放，这将促使其采取更环保的做法，但也导致产量下降。对于那些在生产过程中排放较少或不排放污染物和废弃物的企业来说，碳市场交易制度的实施可能不会对它们的产出产生明显影响，甚至可能会促进它们的产出。这些企业不需要购买大量碳配额，因此成本相对较低。这使得它们在市场竞争中具有一定的优势，可能会吸引更多的投资和客户，从而促进了它们的生产活动。例如，对采矿业等行业来说，在碳市场实施后，这部分行业需要考虑是否需要缩减产量以防止过高的购买配额支出，而对于一些能耗较小的行业，则影响可能较小。因此，产出效应会造成碳市场中不同主体的减排成本差异。产出效应是碳市场社会经济效应中的一个重要因素，它影响着企业的经营策略和市场地位。理解这些效应有助于更好地评估碳市场政策的影响，并为企业和政府制定相应的应对策略提供指导。同时，碳市场也为推动产业转型和绿色发展提供了机会，鼓励企业采取更环保的生产方式，促进了经济的可持续增长。

3. 寻租效应

除上述两个方面以外，企业的寻租成本也要考虑在内，这部分主要涵盖的是初始碳排放配额的分配问题，这个问题牵涉到政策的公平性和效率性。建立碳市场的最初依据是科斯定理，该定理认为无论初始配额如何分配，市场最终会找到最有效的资源配置方

式。然而，现实中存在许多非理想的情况，科斯定理的完美假设并不成立。因此，初始
配额的分配问题成为一个具有挑战性的议题[1]。例如，一种常见的初始分配方法是采用
祖父法，即将碳排放配额分配给已有大量碳排放的企业，这可能导致一些行业或企业获
得过多的免费配额，而其他行业或企业可能会面临配额不足的问题，甚至可能造成部分
行业配额严重不足的情况。如果企业购买配额的成本超过了企业的寻租成本，那么可能
导致一定的腐败，在这种情形下科斯定理将失效或弱化。这种不平等的分配可能导致寻
租效应的出现，即一些企业试图通过购买和出售碳配额来牟取利益，而不是通过真正的
减排行动来控制成本和提高生产效率。寻租效应可能导致碳市场的扭曲和不公平，因此，
政府和监管机构需要制定合理的配额分配政策，以确保市场的公平性和有效性。这可能
包括更广泛的配额拍卖，以确保资源分配更加公平和透明。此外，监管机构需要密切关
注市场的运行，监测潜在的寻租行为，并采取措施来遏制不正当的行为。

综上所述，对碳市场社会经济效应的评估。在广义上主要包括以下三方面（表9-1）。

表 9-1　广义碳市场社会经济效应评估

社会经济效应	主　要　指　标	主　要　内　容
财富再分配效应	碳市场中各主体剩余差异	碳市场的建立使得财富通过碳排放配额的交易导致剩余差异
产出效应	碳市场中各主体减排成本	短期内，受碳市场建立的影响，企业其外部环境成本将影响企业自身产出，这会导致不同主体的减排成本差异；在长期，这一影响可能会由于碳市场交易机制的逐渐成熟而不显著
寻租效应	碳市场各主体初始配额比例；初始配额在各主体间的分配差异	碳市场的初始配额分配问题可能导致寻租问题，进而导致不同主体的初始配额分配差异

以上是碳市场社会经济效应评估的一些基本方面。此外，碳市场社会经济效应评估
可能也涉及区域经济发展差异、区域技术投资差异等，这些实质上是变相的财富再分配
效应（如把经济发展速度看作一种财富）。

由于目前我国碳市场发展还不是十分成熟，因此主要的研究时长为短期，即围绕碳
市场的财富再分配效应及产出效应的短期效应而展开，因此从狭义上对碳市场的社会经
济效应进行评估，主要包括以下两方面（表9-2）。

表 9-2　狭义碳市场社会经济效应评估

社会经济效应	主　要　内　容
各主体剩余	包括供给者剩余、需求者剩余及市场自身的剩余，一般采用双边市场博弈分析方法来分析碳市场中各主体的剩余分配情况
边际减排成本	也被称为污染物影子价格，指降低（增加）一单位污染物排放而造成的产出损失（增加）；一般用产出边际效应进一步计算的指标进行考察，进行产出水平的差异分析

---

[1] 由于建立碳市场的最初依据是科斯定理，因此部分学者认为初始的碳排放配额分配不会影响最终的分配结果，
但由于现实中不存在科斯定理中的完美假设，因此寻租成本也是需要查考的。建立碳市场具体原理及渊源可见
COASE, R. The problem of social cost[J]. Journal of Law and Economics,1960, 3: 1-44.

（1）各主体剩余。这包括碳市场的供给者剩余、需求者剩余，以及市场本身的剩余。通常，双边市场博弈分析方法被用来分析碳市场中不同主体之间的剩余分配情况。供给者剩余是指卖方从碳市场交易中获得的利润，需求者剩余则表示买方从碳市场中的交易中获得的利益，而市场本身的剩余则是由于交易而产生的利润。这些分析有助于理解碳市场对各方的经济影响，以及潜在的财富再分配效应。

（2）边际减排成本。边际减排成本也被称为污染物影子价格，它表示降低（或增加）一单位污染物排放所造成的产出损失（或增加）。通常，这是通过对产出边际效应进行计算来确定的。边际减排成本的分析可以帮助了解在碳市场实施后，不同企业或行业的减排成本差异。对于那些需要排放大量污染物或废弃物的企业，碳市场交易制度的实施可能会抑制它们的产出，从而导致较高的减排成本。而对于那些排放较少或不需要排放污染物的企业，影响可能较小，甚至可能促进它们的产出。这种分析有助于评估碳市场对不同经济体的影响。

事实上，仅仅采用上述两个狭义的指标描述碳市场的社会经济效应是有欠缺的，因为各个主体的财富分配差异、产出差异及寻租成本差异是由碳交易本身的机制设计及各主体的边际减排成本差异造成的。但有些效应难以量化，因此，目前从社会层面研究碳市场的社会经济效应主要涵盖的指标内容仍为需求者（供给者）剩余及边际减排成本。当然，随着碳市场发展的成熟，这一概念内涵也会得到深化。

9.1.2　碳市场社会经济效应评估的基本原则及基本流程

1. 碳市场社会经济效应评估的基本原则

在进行碳市场社会经济效应评估时，需要遵循以下三个基本原则，以确保评估的全面性和准确性。

1）横向比较与纵向比较相结合

评估不仅要考虑不同行业或地区之间的差异，还要结合同一行业或地区在不同时间点的具体情况进行评估。这样的综合比较有助于了解不同行业或地区的分配和发展情况，以便更好地理解碳市场对它们的影响。例如，比较同一地区在碳市场实施前后的碳排放情况，可以揭示出碳市场的实施效果。

2）总体差异与行业（区域）内差异相结合

在评估中，分析总体差异和分析行业（区域）内差异同样重要。不同个体或行业对总体效应的贡献程度可能会不同，不同个体贡献程度的差异很有可能影响最终减排义务分配。例如，在一个地区内，某些行业可能因其行业特性排放水平较高而受到更大的减排压力，而其他行业则可能天然相对较少受到影响。这种分析可以有助于政策制定者更好地调整碳市场政策，以平衡不同行业或地区的影响。

3）紧密贴合政策导向

理论贴合实际是我国政策制定与实施的重要原则之一，它确保政策的科学性和可行性。在评估中应当密切关注实际的碳排放目标和政策导向，确保评估结果与实际情况贴合。这意味着评估应当基于碳市场政策的具体目标和规定，以确保评估的理论分析与实际政策方向一致。例如，如果碳市场的主要目标是降低某地区的碳排放，那么评估应当集中在这一目标的实现情况上，以确保政策的有效性。

2. 碳市场社会经济效应评估的基本流程

对碳市场社会经济效应评估的主要流程如下。

1）确定评估对象

通常情况下，评估对象可以包括各个行业或特定地区，具体的选择取决于评估的目的和范围。就行业分类而言，我国大部分学者主要采用我国于 1984 年发布的《国民经济行业分类》标准，以工业内部的两位数代码进行行业分类，大致分为 41 类；国外学者主要采用 1998 年由标准普尔与摩根士丹利公司联合推出的行业分类系统或国际标准产业分类体系（ISIC），前者大致分为 11 类，后者分为 9 类。就省份分类而言，主要以行政区域划分为主，也有部分学者采用相关指标（如边际减排成本）绝对值计算的主观分类或客观聚类 SVM 方法进行分类。

2）确定评估方向

目前，国内外的学者在碳市场的社会经济效应评估中主要关注碳市场交易机制的产出效应，并将成本分析作为主要研究切入点。这一方向主要研究碳市场交易后不同行业的产出水平差异和发展变化，以及边际减排成本等关键指标的变化情况。此外，也有学者关注碳市场交易机制对不同行业或地区的财富分配效应，以及对区域经济发展、技术投资的潜在影响。还有一部分学者专注于研究碳市场交易对市场中不同主体的剩余分配产生的影响。此外，也有一部分学者研究企业及行业内部的行为及寻租成本，这部分的研究以国外的研究为主。

3）确定评估指标

就主要的研究方向产出效应而言，由于当前碳市场还不是非常成熟，主要的研究点从成本节约或市场各主体剩余分配的角度展开。另外，不同的指标可以提供不同的视角，尤其考虑到当前碳市场尚未完全成熟的情况，评估需要从多个角度出发主要选取的指标如边际减排成本、剩余、边际产出等。

4）设计交易情景

在这一部分，主要结合实际的经济情况及相关政策进行情景设计，主要涉及的内容有总体碳减排目标、初始配额分配比例、初始配额分配方法、政策和法规等。明确碳市场的总体碳减排目标，将直接影响碳市场的运行和影响力，例如，如果目标较为雄心勃勃，碳市场可能需要更严格的减排要求和更高的碳价格。初始配额的分配比例涉及公平性和效率的权衡。初始配额分配方法包括拍卖、免费分配、历史排放基准等不同方式，它们对碳市场的激励效应是不同的。政策和法规包括能源政策、环保法规、税收政策等，碳市场与其他政策和法规的协调对其有效运行至关重要。

5）仿真实验或均衡分析

在仿真实验中，一般通过计算各个行业（区域）的相关指标情况，进一步分析社会经济效应情况，最终计算得到福利差异。例如，在碳市场对各个省份的产出效应进行分析时，通过计算各个省份的边际减排成本函数，拟合出均衡交易量，最终计算出各个省份的边际减排成本差异。在均衡分析中，一般通过设计的交易情景和假设计算出最终的均衡量等指标，进而计算出各主体的剩余，说明剩余差异。

9.1.3 碳市场社会经济效应主要评估方法梳理及原理介绍

1. 投入产出分析方法（产出效应）

在产出效应分析中，主要从两个方面考虑碳排放的产出效应。一是产出的边际效应，即技术效率和投入不变的情况下，由于碳排放的增加或减少而导致产出变化的百分比。二是产出的绝对效应，即在技术效率和投入不变时，碳排放变化所引起的产出的变化量，是一个更具体的度量，说明实际产出在数量上的增加或减少。前者是一个边际的考察标准；后者是一个绝对量的考察标准。

对于产出的边际效应，用式（9-1）中 MP 指标衡量：

$$MP = \sqrt{\frac{Y_t(A,X_t,E_t)}{Y_t(A,X_t,E_t)} \times \frac{Y_{t+1}(A,X_{t+1},E_{t+1})}{Y_{t+1}(A,X_{t+1},E_{t+1})}} - 1 \qquad (9\text{-}1)$$

对于产出的绝对效应，用式 9-2 中 AP 指标衡量：

$$AP = Y_{t+1}(A,X_{t+1},E_{t+1}) - Y_t(A,X_t,E_t) \qquad (9\text{-}2)$$

在 MP 及 AP 指标中，Y_t 表示第 t 期的产出（产量），其是关于 X_t（第 t 期投入）、A（技术效率）及 E_t（第 t 期碳排放量）的函数。具体的函数形式会有一定的不同，一般而言采用 DDF 函数（方向距离函数）。在使用 DDF 函数时，一般选用工业增加值作为期望产出，碳排放量作为非期望产出。通过查阅各年《中国统计年鉴》及《中国能源统计年鉴》数据，可以得到我国 2006—2015 年的部分行业产出边际效应和产出绝对效应如下（表 9-3）。

表 9-3 我国 2006—2015 年部分行业产出效应情况（均值）

高碳强度行业 /（碳强度 ≥0.65）	碳强度 /(吨 / 万元)	绝对效应 / 亿元	边际效应 /%
石油加工、炼焦及核燃料加工业	59.96	112.00	5.27
电力、热力生产和供应业	30.52	177.20	2.87
黑色金属冶炼及压延加工业	12.69	299.72	4.97
燃气生产和供应业	6.95	−19.08	−13.44
煤炭开采和洗选业	7.88	200.75	6.67
通信设备、计算机及其他电子设备制造业	0.06	−88.70	−1.46
仪器仪表及文化、办公用机械制造业	0.07	−6.26	−0.81
烟草制品业	0.05	−71.10	−2.81
电气机械及器材制造业	0.14	425.19	11.19
皮革、毛皮、羽毛（绒）及其制品业	0.15	49.22	4.88

注：碳强度为碳排放量 ÷GDP 计算得出。

从表 9-3 可以看出，碳市场的产出效应对不同行业的产出产生了明显的影响，有些行业的产出增加，而有些行业的产出减少。这表明，仅凭行业的碳强度并不能完全预测其对边际产出或绝对产出的影响。因此，在实际分析中，通常需要深入挖掘各个行业的具体特征，以更准确地理解其影响机制。

除了上述两个指标外，还可以采用碳排放物影子价格（也称为边际减排成本）来解释产出效应。碳排放物影子价格，通常用 CP 指标表示，计算方式如下：

$$CP = \frac{Y_{t-1}MP}{Vol_t - Vol_{t-1}} \tag{9-3}$$

这里的 CP 描述某种碳排放物的影子价格，如为二氧化碳时，表示单位二氧化碳排放增加所造成的产出的增加量，其中 Vol_t 表示第 t 期的碳排放物的排放量。通过查阅各年《中国统计年鉴》及《中国能源统计年鉴》数据，可以得到我国 2006—2015 年部分行业二氧化碳影子价格情况（均值），如表 9-4 所示。

表 9-4　我国 2006—2015 年部分行业二氧化
碳影子价格情况（均值）　　　　　　　单位：吨 / 万元

高碳强度行业 /（碳强度 ≥0.65）	碳强度	影子价格
石油加工、炼焦及核燃料加工业	59.96	82.62
电力、热力生产和供应业	30.52	157.59
黑色金属冶炼及压延加工业	12.69	371.55
燃气生产和供应业	6.95	733.67
煤炭开采和洗选业	7.88	608.39
通信设备、计算机及其他电子设备制造业	0.06	83891.78
仪器仪表及文化、办公用机械制造业	0.07	62618.54
烟草制品业	0.05	40897.95
电气机械及器材制造业	0.14	34179.63
皮革、毛皮、羽毛（绒）及其制品业	0.15	29684.80

从上述表格中可以看到，较高的碳强度通常对应着较低的影子价格，这揭示了不同行业的碳强度特征很可能会影响到该行业的影子价格水平。较低的影子价格意味着相对较低的碳排放成本，这对企业和行业来说可能具有竞争优势。从影子价格的角度分析碳市场的产出效应，可以发现碳强度更低的行业实际上在碳市场中处于相对有利的地位。这是因为它们在单位产值或产出的碳排放方面表现较好，降低了碳成本，提高了竞争力。在实际的研究中，为了深入了解各个行业的相对状况，通常会采用数据包络分析（data envelopment analysis，DEA）方法，它是一种用于评估多个输入和输出指标之间效率的数学方法，可帮助确定行业内部的最佳表现和生产前沿。通过 DEA，可以确定哪些行业在资源利用方面更高效，哪些行业可以进一步改进其碳效率，并优化资源配置。为节省篇幅此处不再赘述，感兴趣的读者可自行查阅 MAXDEA 软件的有关内容。

2. 双边市场博弈分析方法（财富再分配效应）

比较静态博弈分析主要用于对碳市场的财富再分配效应进行分析，即对碳市场中供给者、需求者及市场的剩余分配情况进行分析。碳市场的实施会提高整体的财富水平，但是这部分提高的财富水平如何分配，具体分配情况如何是值得探讨的问题。因此，用各个主体获得的剩余情况来描述其财富分配情况。考虑到实际情况，同时为简便起见，在这里采用 Hotelling 模型来说明这个问题[1]。

首先，假设碳市场中有三个主体，即需求者、供给者及市场本身。同时在空间距离上，市场位于需求者的中间，即需求者位于市场的两侧。其次，把每个进入市场交易的需求者和供给者都看作一个节点，这些节点构成了整体的碳市场交易网络。假设需求者的数量标准化表示为 1，那么碳市场中需求者的效用可以表示为

$$u_d = u_{d_0} + \gamma Q_s - 2Q_d c_d - P_d \geq 0 \tag{9-4}$$

式中，u_d 为碳市场需求者获得的效用；u_{d_0} 为整个碳市场交易网络中需求者的自有价值，该部分效用为正效用；γQ_s 为碳市场交易网络中由于供给者的用户数量提供给需求者的效用，其中 γ 表示单位网络外部性并且 $\gamma \in [0,1]$，Q_s 表示碳市场交易网络中供给者的数量，该部分效用为正效用；Q_d 可以描绘单个需求者到市场的距离，由于需求者位于市场的两侧，因此，$2Q_d$ 表示碳市场中需求者的数量；c_d 表示需求者的单位距离交易成本，$-2Q_d c_d$ 表示距离交易成本给予碳市场需求者的效用，该部分效用为负效用；P_d 表示的是碳市场对需求者收取的交易费用，该部分效用为负效用。

通过上述效用公式，可以推导出碳市场中需求者的需求函数式：

$$P_d = u_{d_0} + \gamma Q_s - 2Q_d c_d - u_d \tag{9-5}$$

对于供给者而言，由于出卖碳配额就会有收入（效用），因此主要考虑供给者的成本，假设供给者的数量标准化为 1，供给者的供给函数可以表示为

$$Q_s = 1 - kP_s - c_s \tag{9-6}$$

式中，k 表示供给者的供给函数弹性；P_s 表示碳市场对供给者收取的交易费用；$-kP_s$ 表示供给者的可变成本为负，可变成本会减少市场中供给者的数量；c_s 表示供给者的固定成本。为了后续分析的便利，在这里将式（9-6）变换为

$$P_s = \frac{1 - Q_s - c_s}{k} \tag{9-7}$$

通过对上述需求函数及供给函数的推导，可以画出图 9-1，用来表示在碳市场中进行交易后，需求者、供给者及市场本身得到的剩余，以及需求者、供给者各自的交易费用。

通过图 9-1，可以很明晰地看出碳市场中各个主体的剩余分配情况。P' 表示不存在交易成本时的碳市场均衡费用，由于手续费用、交易摩擦等交易成本的存在，需求者将

[1]　原始模型见 ARMSTRONG M. Platform competition in two-sided markets[J]. RAND Journal of Economics,2006,37(3): 668-691.

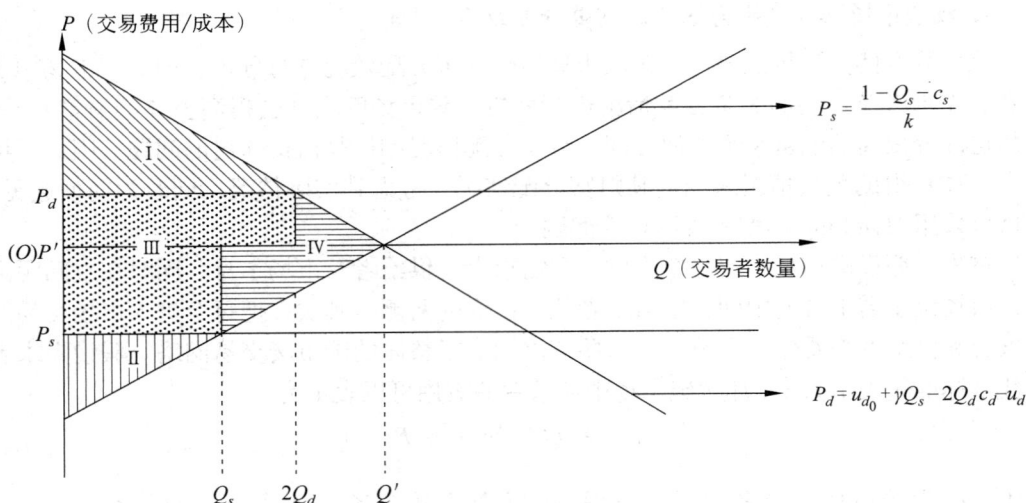

图 9-1　碳市场中各个主体的剩余分配情况

会以 P_d 的交易费用进行交易，交易者的数量为 $2Q_d$；供给者将以 P_s 的交易费用进行交易，交易者的数量为 Q_s；最终由于交易成本的存在，需求者的剩余为图 9-1 中的斜杠阴影部分衡量（区域 I），供给者的剩余为图 9-1 中的竖杠阴影部分衡量（区域 II），市场自身的剩余为图 9-1 中的散点阴影部分衡量（区域 III），剩余损失为图 10-1 中横杠阴影部分（区域 IV），这一部分损失是由于交易成本和交易摩擦存在而导致的浪费。需求者、供给者及市场本身的剩余可以表示为

$$TD = \int_0^{2Q_d} (u_{d_0} - Q_d c_d + \gamma Q_s - P_d) \mathrm{d}Q_d \tag{9-8}$$

$$TS = \int_0^{Q_s} \left(\frac{1 - Q_s - c_s}{k} - P_s \right) \mathrm{d}Q_s \tag{9-9}$$

$$TM = 2(u_{d_0} - Q_d c_d + \gamma Q_s) \times Q_d + \frac{1 - Q_s - c_s}{k} \times Q_s \tag{9-10}$$

以上三个数学式描述了碳市场中三个主体的剩余分配情况。那么，什么是总体剩余最大的时候呢？事实上，这里需要同时考虑需求者、供给者及市场自身。可以得到总体剩余最大化函数 TT 函数，即

$$TT = TD + TS + TM \tag{9-11}$$

在这里，问题被转化为了求 TT 函数极值点的问题，用 TT 函数分别对 Q_d 以及 Q_s 求偏导，使其等于 0，得到

$$\frac{\partial TT}{\partial Q_d} = 2(u_{d_0} - Q_d c_d + \gamma Q_s) = 0 \xrightarrow{\gamma \in [0,1]} Q_d' = \frac{\gamma Q_s + u_{d_0}}{c_d} = 0 \tag{9-12}$$

$$\frac{\partial TT}{\partial Q_s} = \frac{1 - Q_s - c_s}{k} + 2\gamma Q_d \xrightarrow{\gamma \in [0,1]} Q_s' = 1 - c_s + 2\gamma Q_d = 0 \tag{9-13}$$

$$\begin{cases} Q_d = \dfrac{\gamma Q_s + u_{d_0}}{c_d} = 0 \\[2mm] Q_s = 1 - c_s + 2\gamma Q_d = 0 \end{cases} \xrightarrow{\gamma \in [0,1]} \begin{cases} Q_d' = \dfrac{u_d + \gamma(1 - c_s)}{c_d - 2k\gamma^2} \\[2mm] Q_s' = 1 - c_s + \dfrac{2\gamma u_d + 2\gamma^2(1 - c_s)}{c_d - 2k\gamma^2} \end{cases} \qquad (9\text{-}14)$$

$$\begin{cases} Q_d' = \dfrac{\gamma Q_s + u_{d_0}}{c_d} = 0 \\[2mm] Q_s' = 1 - c_s + 2\gamma Q_d = 0 \\[2mm] P_d = u_{d_0} + \gamma Q_s - Q_d c_d \\[2mm] P_s = \dfrac{1 - Q_s - c_s}{k} \end{cases} \xrightarrow{\gamma \in [0,1]} \begin{cases} P_d' = 0 \\[2mm] P_s' = \dfrac{-2\gamma u_d - 2\gamma^2(1 - c_s)}{c_d - 2\gamma^2 k} \end{cases} \qquad (9\text{-}15)$$

在式（9-12）和式（9-13）中，$2Q_d'$ 表示总体剩余最大化时需求者数量，Q_s' 表示总体剩余最大化时供给者数量。在式 9-14 中，Q_d' 及 Q_s' 被表示为更严格的数学式。P_d' 表示总体剩余最大化时的需求者碳市场交易费用，P_s' 表示总体剩余最大化时的供给者碳市场交易费用。通过对最终均衡交易费用及数量的计算，可以得到在总体剩余最大时，碳市场需求者、供给者、市场本身的剩余分配情况为

$$TD' = 2Q_d'(u_{d_0} + \gamma Q_s' - c_d Q_d') \qquad (9\text{-}16)$$

$$TS' = Q_s'\left(\dfrac{2 - Q_s' - 2c_s}{2k} - P_s' \right) \qquad (9\text{-}17)$$

$$TM' = 2Q_d'P_d' + P_s'Q_s' \qquad (9\text{-}18)$$

上述推导过程用各个主体的剩余分配情况说明了碳市场实施后需求者、供给者及市场本身的财富再分配情况。从上述分析中可以发现，碳市场的实施能提高整体的剩余水平。如果想要使总体的剩余最大，那么碳市场应当对碳市场的需求者收取 0 手续费，对供给者实施补贴。当然，该分析简化了很多实际中的复杂情形，实际的手续费收取和补贴实施具备一定现实问题，但是对如何更好发挥碳市场的财富再分配效应具有一定现实意义。

3. 定性分析方法（寻租效应）

定性分析方法主要用于考虑寻租效应情况下的初始免费配额分配制度设计问题，主要涵盖的方面为初始配额分配原则、初始配额分配方法、初始配额分配比例等。

部分学者认为，根据科斯定理，在完全竞争市场下，碳市场会进行自我调整进而达到彻底的市场出清，在这种情况下碳排放权的初始分配对碳市场交易的效率和最终的结果不构成影响。因此，这种情况下可以不用考虑企业的寻租成本，无论怎样分配初始的碳排放配额都是一样的，这种情况下寻租效应是不存在或弱化的。

也有部分学者认为，在实际非完全竞争市场下，由于交易成本的存在，排放权的初始分配会影响市场运行过程中的效率，进而影响最终的结果。在这种情况下，如何获取更多的初始碳排放权很有可能就是企业寻租的根源，部分企业可能出于与政府个别官员

的良好关系从中受益，这会导致碳市场的效率受到较大影响。就如何抑制寻租效应的不良影响，目前主流的碳排放权初始配额设计制度有以下几种方法。

（1）祖父法：根据企业历史排放量免费分配初始碳排放权配额。

（2）拍卖法：设计好总的碳排放量，再划分为一定的等份通过拍卖进行分配。

（3）基于产出法：根据企业的产出量或产出价值免费分配初始碳排放权配额。

（4）基于人口法：根据企业所在地的人口数量，或企业雇员数量免费分配初始碳排放权配额。

（5）混合分配法：根据上述多种指标采取加权计算得到的指标值进行分配。

上述分配方法都有一定的利弊，说一种方法一定优于另外一种是不现实的。我国在碳市场的试点和建立过程中采取的方法是混合分配法，不同地区的实施方法也有一定的差异。

在针对寻租效应的分析方面，主要的研究重点是政府的政策制定如何弱化碳市场的寻租效应，涉及的研究方法主要为定性研究方法及规范性分析。感兴趣的读者可以参考碳市场免费配额相关的文献，此处不再做进一步介绍。

9.2 碳市场的环境效应

9.2.1 碳市场环境效应的定义及主要衡量指标

碳市场环境效应被定义为碳市场建立后对一个国家（地区）的环境方面正外部性的总和。碳市场的环境效应主要通过以下指标衡量，总结为表 9-5。

表 9-5   碳市场环境效应主要衡量指标

指 标 名 称	指 标 定 义	指标类型
碳排放量差额	当期碳排放量 − 上期碳排放量（衡量当期环境效应）	绝对指标
碳排放强度差额	当期碳排放强度 − 上期碳排放强度（衡量当期环境效应）	绝对指标
碳排放量减排率	（当期碳排放量 − 上期碳排放量）/ 上期碳排放量（衡量当期环境效应）	相对指标

上述指标都是负向指标，越小说明减排的效果越好，即环境效应越好。在实际的应用中，这一碳排放量主要选取的碳排放物指标为二氧化碳，这三个指标可以用于衡量不同层面不同主体的环境效应，如碳市场实施后省份层面企业的环境效应等。

9.2.2 碳市场环境效应的影响因素及测度原理

1. 基于微观（企业）视角的碳市场环境效应影响因素分析

在这里，采用减排量作为衡量碳市场环境效应的指标。可以用式 9-19 表示企业在 t 期的碳排放量。

$$\begin{cases} E_t = q_t + (p_t - q_t)(1 - R_t) & (p_t > q_t) \\ E_t = q_t & (p_t \leqslant q_t) \end{cases} \tag{9-19}$$

式中，E_t 表示一个企业在 t 期的最终碳排放量；q_t 表示一个企业在 t 期分配得到的免费配额；p_t 表示一个企业在 t 期产出的碳排放量；p_t-q_t 表示一个企业在 t 期无法被免费配额涵盖的碳排放量；R_t 则表示一个企业的减排意愿；$1-R_t$ 表示企业的非减排意愿。

式（9-19）说明由于外部环境成本内部化了，企业只会对超出自身免费配额部分的排放量进行减排处理，对免费配额中的排放量企业将采取熟视无睹的策略。而如果企业的免费配额能涵盖其产出排放量，那么企业将遵循自身收益最大化的原则，将最终的排放量控制在自身的免费配额量上。

假设初始状态下企业的免费配额正好覆盖其生产的碳排放量（最终排放量等于其免费配额），并将式（9-19）中的 E_t 对 $1-R_t$ 求偏导得到下式：

$$\begin{cases} E_t = q_t + (p_t - q_t)(1-R_t) \\ \dfrac{\partial E_t}{\partial(1-R_t)} = \dfrac{\partial q_t}{\partial(1-R_t)} - \dfrac{\partial(p_t-q_t)}{\partial(1-R_t)}(1-R_t) - (p_t-q_t) \end{cases}$$

$$\xrightarrow{pollut_t=quota_t} \frac{\partial E_t}{\partial(1-R_t)} = (p_t-q_t)\left\{ \frac{1-R_t}{q_t} \times \frac{\partial p_t}{\partial(1-R_t)} - \frac{1-R_t}{p_t-q_t} \times \frac{\partial(p_t-q_t)}{\partial(1-R_t)} - 1 \right\} \quad (9\text{-}20)$$

式中，$\dfrac{1-R_t}{q_t} \times \dfrac{\partial p_t}{\partial(1-R_t)}$ 为企业生产碳排放量对非减排意愿弹性；$-\dfrac{1-R_t}{p_t-q_t} \times \dfrac{\partial(P_t-q_t)}{\partial(1-R_t)}$ 为企业超出配额排放量对非减排意愿弹性。式（9-20）表明通过政策手段鼓励或强制性提高企业的减排意愿不一定能减少企业最终的碳排放量，这取决于企业生产碳排放量对非减排意愿弹性与企业超出配额排放量对非减排意愿弹性之和是否大于 1。在这里，因为免费配额高于企业的生产碳排放量，那么企业不会进行污染治理，因此，只考虑企业的生产碳排放量高于免费配额的情况。

（1）如果企业经分配得到的免费配额很低，那么可能导致企业生产碳排放量对非减排意愿弹性过高，进而导致两个弹性之和相对 1 更大，此时提高企业的减排意愿会使得企业最终排放量提高。

（2）如果企业经分配得到的免费配额很高，那么可能导致企业超出配额排放量对非减排意愿弹性过高，进而导致两个弹性之和相对 1 更大，此时提高企业的减排意愿会使得企业最终排放量提高。

（3）如果企业经分配得到的免费配额适中，使得两个弹性之和相对 1 更小，此时提高企业的减排意愿会使得企业最终排放量减少。

因此，过高或者过低的免费配额都会导致企业的自主治理污染行为失去应有的作用，在免费配额定得过高或者过低时，提高企业的治理意愿并不会减少企业的最终排放量。综上所述，从微观层面考察环境效应，企业生产的碳排放量、企业获得的免费配额及企业自身治理意愿会同时影响环境效应的情况，因此需要综合考察这些变量。在微观视角上，可以总结得到表 9-6 描述的环境效应影响因素。

表 9-6　环境效应影响因素（微观视角）

因 素 名 称	对环境效应影响（正向、负向或中性）
免费配额、企业自身治理意愿	免费配额过低时提高企业治理意愿，由于两弹性之和 <1，负向； 免费配额过高时提高企业治理意愿，由于两弹性之和 <1，负向； 免费配额适中时提高企业治理意愿，由于两弹性之和 >1，正向或中性
企业生产的碳排放量	负向

2. 基于宏观视角的碳市场环境效应影响因素分析

仍采用减排量作为衡量碳市场环境效应的指标。首先需要考虑如何得到全国（或一个地区）的边际减排成本曲线（MAC）。目前，针对 MAC 曲线的具体函数形式，如何选择的看法不一，主要的函数形式有二次函数、对数函数及幂函数形式等。考虑到方便起见，这里采用著名经济学家诺德豪斯（Nordhaus）提出的对数函数形式[1]。

假设单个省份（地区）的 MAC 曲线满足下式：

$$\begin{cases} MAC_i = \delta + \gamma \ln(1 - R_i) \\ E_{it-1}(1 - r_i) = E_{it} \end{cases} \quad (9\text{-}21)$$

式中，MAC_i 表示第 i 个省份的边际减排成本；δ 表示截距项；γ 表示系数，R_i 为第 i 个省份的减排率。由于全国的 MAC 曲线是由所有省份的 MAC 曲线汇总而来，即每个省份会占据全国 MAC 曲线的一部分，因此用 r_i 表示第 i 个省份减排率在全国 MAC 曲线上的起始点，E_{it-1} 表示第 i 个省份第 $t-1$ 期（当期）的碳排放量，E_{it} 表示第 i 个省份第 t 期（下一期）的碳排放量，如图 9-2 所示。

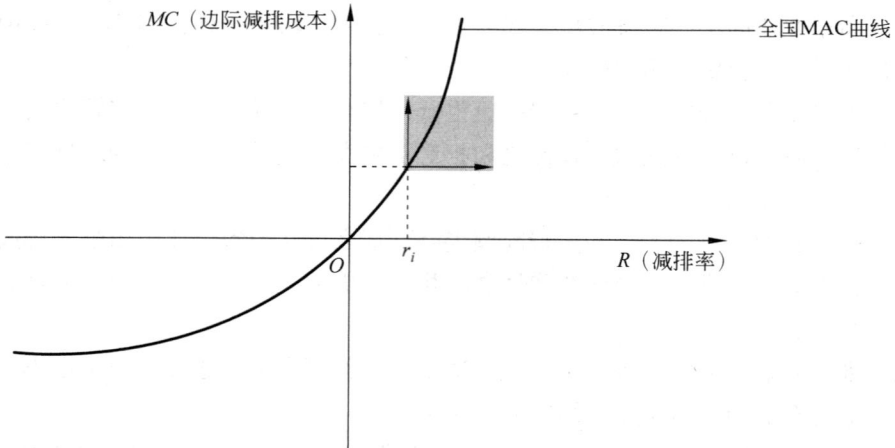

图 9-2　MAC 曲线

在图 9-2 中，图中阴影部分代表的是任取的一个省份 i 的 MAC 曲线可能的趋势范围，其原点会落在全国 MAC 曲线上，这个落点的减排率会被表示为 r_i。通过很多个省

[1]　见 NORDHAUS W D. The cost of slowing climate change: A survey[J]. Energy Journal, 1991(12)：37-65.

份的 MAC 曲线便可以组合形成这条全国 MAC 曲线，全国 MAC 曲线的原点表示的是全国平均技术水平下的边际减排成本。引入全国 MAC 曲线后，单个省份的式（9-21）能进一步写成减排量的形式，具体如下：

$$MAC_i = MAC(R_i + r_i) - MAC(r_i) = \gamma \ln\left(1 - \frac{R_i}{1 - r_i}\right)$$

$$\xrightarrow{E_{it-1}(1-r_i)=E_{it}} MAC_i = \gamma \ln\left[1 - \frac{E_{it} - E_{it-1}}{E_{it-1}(1 - r_i)}\right] \tag{9-22}$$

式中，E_{it}–E_{it-1} 实际上表示的是第 i 个省份第 t 期的减排量（为负），单个省份的 MAC 曲线可以表示为与省份自身减排量的关系式。因此，对于单个省份而言，其减排成本与减排量之间的关系可以通过对单个省份 MAC 曲线进行积分得到，即

$$TEC_{it} = \int_0^{E_{it}-E_{it-1}} \gamma \ln\left[1 - \frac{x}{E_{it-1}(1 - r_i)}\right] dx$$

$$= -\gamma \left[E_{it-1}(1 - r_i) - (E_{it} - E_{it-1})\right] \ln\left[1 - \frac{E_{it} - E_{it-1}}{E_{it-1}(1 - r_i)}\right] - \gamma(E_{it} - E_{it-1})$$

$$\xrightarrow{E_{it}-E_{it-1}=e_i} TEC_{it} = -\gamma \left\{E_{it-1}(1 - r_i) - (e_i)\right\} \ln\left[1 - \frac{e_i}{E_{it-1}(1 - r_i)}\right] - \gamma(e_i) \tag{9-23}$$

式中，E_{it}–E_{it-1} 被命名为 e_i 表示一个省份在第 i 期的减排量（为负），其越小则表示一个省份的环境效应越好；TEC_{it} 则表示第 i 个省份第 t 期的减排成本。

式（9-23）说明了一个省份的环境效应主要影响因素为当期碳排放量及减排成本。如果一个省份想要维持减排成本 TEC_{it} 不变的情况下提高其下一期的环境效应（即 E_{it}–E_{it-1} 变小），那么则需要降低其当期碳排放量，但是这会涉及产出减少问题；而如果一个省份想要维持其当期产出不变（E_{it-1} 不变）的情况下提高下一期的环境效益，那么省份的减排成本会扩大。因此，政府应当通过补贴的方式降低部分省份的减排成本，这样才能更好地促进省份减排，扩大环境效应。全国的分析和省份是类似的，因为全国 MAC 曲线是每个省份 MAC 曲线的和，可以总结得到在宏观视角描述的影响环境效应因素（见表 9-7）。

表 9-7　环境效应影响因素（宏观视角）

因 素 名 称	对环境效应影响（正向、负向或中性）
当期碳排放量	控制减排成本不变，影响为负向
减排成本	控制当期碳排放量不变，影响为负向

9.2.3　我国碳市场环境效应情况

图 9-3 描绘了我国 2010—2020 年的碳排放量情况，包括碳排放总量（亿吨）、碳排放总量增速（%）及碳排放总量全球占比情况（%）。数据来源为中国碳核算数据库。

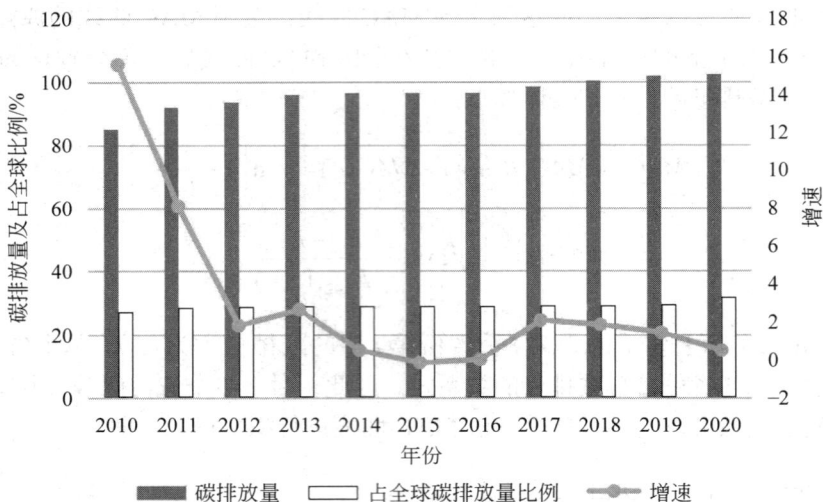

图 9-3   我国 2010—2020 年的碳排放量情况

从图 9-3 中可以看到，我国的碳排放量在 2012 年之后呈现增速放缓趋势，增速在 2015—2017 年有一定回升，但是在 2017 年逐步建立统一碳市场后，增速进一步放缓。在 2010—2020 年，我国碳排放总量大致在 100 亿吨左右波动，占全球碳排放量的比例在 28% 左右波动，略有提升。总的来看，如果用碳排放量的差额来衡量我国环境效应情况，实际上不容乐观。但是由于我国是一个发展中大国，同时碳市场自身的发展也需要时间，从增速上来看，我国在 2020 年之后逐渐出现负增长，会有较好的环境效应。

9.3   碳市场的经济效应

9.3.1   碳市场经济效应的定义及主要衡量指标

碳市场经济效应被定义为碳市场建立后对一个国家（地区）的经济方面正外部性的总和。碳市场的经济效应一般分为三个层面进行衡量，主要包括微观效应、中观及宏观层面。三个层面主要通过以下指标衡量，总结见表 9-8。

表 9-8   碳市场经济效应主要衡量指标

指 标 名 称	指 标 定 义	指标层次
技术效率	（企业产出 - 企业投入）/ 企业规模效率	微观
行业碳排放结构	高碳强度行业（工业）增加值 / 总 GDP	中观
碳排放量对经济增长率的影响	国民收入增加值对碳排放量增加值弹性	宏观

上述指标在各个层面不是唯一的指标，只是举例说明。上述指标除第二个指标外都是正向指标，经济增长率一般会放在与碳排放量的模型中进行研究，从而导出经济增长率与碳排放量的关系来进行碳市场的经济增长效应衡量。在实际应用中，这三个指标可以用于衡量不同层面不同主体的经济效应，下面会进行更加具体的介绍。

9.3.2　碳市场经济效应机理分析

1. 基于微观（企业）视角的碳市场经济效应分析

在微观（企业）层面，碳市场的经济效应主要关注单个企业的产出、投入成本及减排成本等问题，其中包括企业创新效应和产出效应。企业创新效应描述了以下情况：因为企业的二氧化碳排放受到了限制，企业面临更高的排放成本，这促使企业在管理生产过程中作出改变，进行科学技术创新以降低排放强度。由于碳市场是基于市场交易的政策，相较于早期命令式环境政策，其能在很大程度上促使企业进行技术创新。

实际上，企业创新效应当与本章 9.1 节中产出效应结合来分析。企业创新效应与产出效应密切相关，特别是在分析碳市场对企业的影响时。由于需要内部化排污成本，企业必须减少排放量。企业需要权衡是通过减少产量以减少排放成本，还是通过增加技术投资降低排放强度以降低排放成本。可以引入下面这种较为简单的单个企业生产函数来说明这个问题：

$$\begin{cases} (Y_i, b_i) = A_i S_i X_i \\ b_i = \alpha(1 - A_i) Y_i \\ S_i = \beta Y_i \end{cases} \tag{9-24}$$

式中，Y_i 为第 i 个企业的期望产出（即产品产量）；b_i 为第 i 个企业的非期望产出（即碳排放量）；A_i 为第 i 个企业的技术效率；S_i 为第 i 个企业的规模效率；X_i 为第 i 个企业的投入。

在这里，企业的期望产出和非期望产出是严格绑定的，用通俗的话来说，即一单位的产品产量总会绑定一定单位的碳排放量，这一绑定的数量 $\alpha(1 - A_i)$ 是由企业的生产技术 A_i 决定的（α 只是一个系数）。企业的生产技术越先进，一单位的期望产出绑定的非期望产出便越少。企业无法在控制非期望产出不变的情况下提高期望产出。

在短期内，企业如果想要减少碳排放量，最好的方式是减少投入进而减少非期望产出。但在技术效率不变的情况下，这会导致产量的减少，企业会蒙受一定的经济损失。同时，由于规模效率的原因，Y_i 的减少会导致规模效率的减少（β 是一个系数），更小的规模效率意味着企业生产一单位产品需要更多的投入。因此，企业会同时面临产量减少及规模效率减少的双重损失，如果这部分损失要比企业的减排成本少，那么企业会选择这种短期的缩减产出模式。

但从长期来看，企业通过缩减期望产出的方式达到减排效果实际上得不偿失，这会在一定程度上造成企业无法生产满足市场需求的商品，并逐渐使得企业利润降低，以至于企业不得不退出市场。长期而言，企业必须通过提升自身的生产技术进而达到减排要求。企业进行技术创新有三个好处：一是企业可以提高 A_i 进而使得一单位的投入有更高的产出，节省企业的生产成本；二是企业进行技术创新后更高水平的 A_i 代表着一单位的期望产出绑定了更少的非期望产出，使得企业可以在损失更少期望产出下达到更好的减排效果；三是企业也许可以得到更高水平的规模效率（如果企业扩大了生产），这部分的作用是和第二个好处类似的。

　　总体而言，碳市场对企业经济效应好的方面是为企业带来创新效应，该效应主要是长期的；碳市场对企业经济效应不好的方面是本章 9.1 节中提到的产出效应，该效应主要是短期的。事实上这只是一般性的分析，具体由于各个企业所处行业的不同产出效应和企业创新效应都可能出现扭转或中性的情况。值得注意的是，对于部分资本回报周期较短的企业而言，这部分企业很有可能不会考虑企业的长期存续，因此，碳市场对这一部分企业很有可能不会具备企业创新效应，这时候的企业创新效应是失效（中性）的。

　　可以将微观层面碳市场经济效应总结为表 9-9。

表 9-9　微观层面碳市场经济效应

效　应	具 体 作 用
产出效应	使企业产量损失及规模效率减小
企业创新效应	使企业技术效率增加；节省企业生产成本并使得企业更容易达成减排目标；可能使得企业规模效率增加（产出扩大）

2. 基于中观（产业）视角的碳市场经济效应分析

　　碳市场的经济效应在中观层面主要关注产业结构的调整问题。可以用价格效应、竞争效应及支持产业效应三个效应衡量，总结为表 9-10。

表 9-10　中观层面碳市场经济效应

效　应	具 体 作 用
价格效应	对碳排放量定价的价格可以使资本回报周期较短的企业调整存续周期或退出市场，同时通过产出效应淘汰无法进行技术创新的落后企业，进而调整产业结构
竞争效应	进行了技术创新的企业有着更低的平均成本，同时可以通过减少排放量在碳市场中获得补贴，其更强的竞争优势可以使得落后的对手逐步退出市场，进而调整产业结构
支持产业效应	被淘汰的企业会使得所有产业的上下游关系改变，附加值更高碳排放强度更低的整体产业链会受益，进而调整产业结构

　　表 9-10 说明了碳市场经济效应在中观层面的主要效应，值得注意的是，上述三个效应很有可能受以下两个因素影响，进而造成上述三个效应的作用得到促进、抑制或彻底失效（中性），两个影响因素如下。

　　1）初始配额分配因素

　　初始配额分配包括初始配额总量确定及初始配额比例分配两个方面。就初始配额的总量确定而言，其在很大程度上决定了碳市场对企业的约束力。如果初始配额总量过高，企业将面临较低的排污成本，这可能导致价格效应和竞争效应的减弱。实际上，这会减弱企业采取减排措施的动力，因为企业不会感到明显的经济压力。这种情况下，碳市场可能无法充分发挥减排潜力，因为企业没有足够的激励来采取更环保的做法。初始配额比例分配涉及将碳排放配额分配给不同企业或行业的过程。如果这个过程不公平，部分企业可能会试图通过各种手段来获取额外的碳排放配额，以降低其碳成本，其中包括寻租行为。这种情况下，碳市场的整体效率可能会受到损害，因为市场变得不公平和不透明。这还可能导致市场的失效，因为企业可能不再受到约束，而是试图规避政策，从而减弱了减排措施的有效性。同时，初始配额比例分配也在一定程度上会导致不同行业的价格效应和支持产业效应的差异，进而影响最终的产业结构。

2）政府行为及个体预期因素

政府可以通过发布政策、舆论宣传等手段来引导碳市场的发展和企业行为。然而，政府的行为可能产生两种主要效应。首先，政府的政策可能会改变企业对碳市场的期望，从而影响其行为。例如，政府可能宣布未来将采取更加严格的碳排放限制政策，这可能会促使企业更积极地采取减排措施，以应对未来的规定。其次，政府行为也可能导致企业寻求规避政策的方式，以降低碳成本。这种情况下，碳市场的中观层面的三个效应，即价格效应、竞争效应和支持产业效应，可能会减弱或失效。另一个重要的因素是政府的财政政策，包括补贴、降税和贴息等。这些政策可以对不同产业的企业产生财务影响，导致产业间的财富转移。例如，政府可以向低碳产业提供补贴，以鼓励其发展，这可能会加强这些产业的价格效应，推动其增长。相反，高碳产业可能受到降税政策的利好，导致其价格效应相对减弱，但在短期内保持竞争力。这种财富转移可能会对最终的产业结构产生深远影响。

3. 基于宏观（整体）视角的碳市场经济效应分析

碳市场的经济效应在宏观层面主要关注经济增长问题，就该部分而言，一般认为碳市场的经济效应在宏观层面的效应分为以下四类。

1）碳市场中性

碳市场对各个企业和行业的影响是多样化的，各种效应可能在一定程度上相互抵消，从而在宏观层面呈现出中性效应。这意味着碳市场的建立对整体经济增长的影响相对平衡，不会显著推动或阻碍经济增长。

2）碳市场促进经济增长

碳市场可以激励企业进行创新，特别是在减排技术和可再生能源领域。这种创新可以提高企业的生产效率，最终促进经济增长。此外，在中观层面，碳市场还有助于优化产业结构，使其更加环保和可持续。这种效应可能是长期可持续的。

3）碳市场抑制经济增长

碳市场通过产出效应等机制，导致企业的成本上升，从而导致总体产出下降，企业的利润受到冲击，碳市场建立的排放约束可能对整体经济增长产生抑制作用。这种效应在初期可能更为显著，特别是在碳市场规模相对较小的情况下。

4）碳市场与经济增长呈现倒 U 形关系

碳市场与经济增长之间的关系有时候呈现倒 U 形的特点。在碳市场刚刚建立和发展的初期，它可能对经济增长产生抑制作用，因为企业需要适应新的环境政策，成本可能上升。然而，随着碳市场的成熟和规模的扩大，它可以更有效地推动企业采用低碳技术，优化生产方式，最终促进了经济增长。这种关系类似于库兹涅茨曲线，表明碳市场的效应与市场的发展阶段密切相关。

9.4 碳市场的福利效应

9.4.1 碳市场福利效应的定义及测度

在本章 9.1 节中已经探讨过建立碳市场后在单一（垄断）碳市场情形下由于社会财富水平上升带来的各主体分配情况。碳市场的建立意味着外部环境成本被纳入内部，这将提高整体社会财富水平。额外产生的社会财富需要进行再分配，而这个过程涉及碳市场的三个主要参与者：碳市场的流动性供应方、碳市场的流动性需求方，以及碳市场自身。

但是，本章 9.1 节探讨仅仅是为了说明各个主体的情况，并没有单独站在碳市场自身的角度上来看待碳市场的福利效应。碳市场的剩余实际上是由于内部化外部环境成本带来的收益，因此，可以将碳市场的福利效应定义为碳市场自身的剩余。下文将从碳市场自身的角度出发，使用碳市场自身的剩余来说明碳市场的福利效应。鉴于现实市场情况的多样性，将主要探讨非受限垄断市场、受限垄断市场及双寡头竞争市场情况下的碳市场福利效应。

9.4.2 非受限垄断情形及受限垄断情形下碳市场福利效应分析

在本章 9.1 节中已经探讨过垄断情形下的碳市场自身剩余情况，但是在要求所有主体剩余最大化的情况下求出的，在这里下面的指标符号继续沿用本章 9.1 节中的含义，请参考本章 9.1 节。

对于非受限垄断情形而言，由于潜在的碳市场流动性需求者最大数量为 1，因此在 $Q_d < 1/2$ 时（非受限情况下），可以求得碳市场自身剩余最大化为

$$
\begin{cases}
\text{Max } TM \\
\text{s.t.} \quad Q_d < \dfrac{1}{2} \\
TM = 2(u_{d_0} - Q_d c_d + \gamma Q_s)Q_d + \dfrac{1 - Q_s - c_s}{k}Q_s \\
P_s = \dfrac{1 - Q_s - c_s}{k} \\
P_d = u_{d_0} + \gamma Q_s - Q_d c_d
\end{cases}
\xRightarrow{\text{偏导}}
\begin{cases}
\dfrac{\partial TM}{\partial Q_d} = 2u_{d_0} - 4Q_d c_d + 2\gamma Q_s = 0 \\
\dfrac{\partial TM}{\partial Q_s} = \dfrac{1 - 2Q_s - c_s}{k} + 2\gamma Q_d = 0
\end{cases}
$$

$$
\xRightarrow{\text{求解}}
\begin{cases}
Q_d' = \dfrac{2u_{d_0} + \gamma(1 - c_s)}{2(2c_d - \gamma^2 k)} \\
Q_s' = \dfrac{k\gamma u_{d_0} + c_d(1 - c_s)}{2c_d - \gamma^2 k}
\end{cases}
\xRightarrow{TM\text{式}} \text{Max}\,TM = \dfrac{Q_s'^2 - 2k\gamma Q_d' Q_s'}{k}
\tag{9-25}
$$

从式（9-25）的推导中可以发现，在非受限垄断条件下碳市场通过更改手续费用的方式使自身剩余达到最大，即福利效应最大。在达到福利效应最大后，在短期内由于手续费用难以调整，因此短期内福利效应最大化具备黏性，在短期内对最终 Max TM 式

进行分析可以将影响因素总结见表 9-11。

表 9-11 碳市场福利效应影响因素（非受限垄断情形短期）

指 标	偏作用方向（假设该项增加）	作 用 路 径
k 供给函数系数	$(-)$	$k \overset{\triangle}{\to} TM$ 不会导致原福利效应最大化偏离
γ 单位网络外部性	$(-)$	$\gamma \overset{\triangle}{\to} TM$ 不会导致原福利效应最大化偏离

在短期内原福利效应最大化不会偏离，但是供给函数系数和单位网络外部性的上升会对福利效应产生负面影响。在长期中，碳市场自身会进行手续费用调整，进而会通过对交易者数量的影响改变最终的福利。因此，原始的福利效应最大化处会偏离，在长期内对最终 Max TM 式求偏导可以将影响因素总结如表 9-12。

表 9-12 碳市场福利效应影响因素（非受限垄断情形长期）

指 标	偏作用方向（假设该项增加）	作 用 路 径
u_{d_0} 自有价值	$\begin{cases} k\gamma \leqslant 0.5(+) \\ 0.5 < k\gamma < 1(不定) \end{cases}$	$u_{d_0} \overset{\triangle}{\to} Q'_d, \quad Q'_s \overset{\triangle}{\to} TM$ 会导致原福利效应最大化偏离
c_d 需求者单位距离交易成本	$\begin{cases} k\gamma \leqslant 0.5(-) \\ 0.5 < k\gamma < 1(不定) \end{cases}$	$c_d \overset{\triangle}{\to} Q'_d, \quad Q'_s \overset{\triangle}{\to} TM$ 会导致原福利效应最大化偏离
c_s 供给者单位距离交易成本	$\begin{cases} k\gamma \leqslant 0.5(-) \\ 0.5 < k\gamma < 1(不定) \end{cases}$	$c_s \overset{\triangle}{\to} Q'_d, \quad Q'_s \overset{\triangle}{\to} TM$ 会导致原福利效应最大化偏离
k 供给函数系数	$\begin{cases} k\gamma \leqslant 0.5(+) \\ 0.5 < k\gamma < 1(不定) \end{cases}$	$k \overset{\triangle}{\to} Q'_d, \quad Q'_s \overset{\triangle}{\to} TM$ 会导致原福利效应最大化偏离 $k \overset{\triangle}{\to} TM$ 不会导致原福利效应最大化偏离
γ 单位网络外部性	$\begin{cases} ku_{d_0} > 1 - c_s \\ 且\, k\gamma \leqslant 0.5(+) \\ 其他\,(不定) \end{cases}$	$\gamma \overset{\triangle}{\to} Q'_d, \quad Q'_s \overset{\triangle}{\to} TM$ 会导致原福利效应最大化偏离 $\gamma \overset{\triangle}{\to} TM$ 不会导致原福利效应最大化偏离

表 9-12 清晰描述了在非受限垄断长期情形下，各个变量对碳市场福利的作用方向及作用路径。在长期由于不同的条件限制和不同的作用路径，各个变量最终对福利效应的影响可能是多方面的，有可能导致福利改善或恶化。但是上述垄断情形没有考虑一种特殊情况，即在一定情况下垄断是受限的，当 $Q_d = 1/2$ 时，式（9-25）的最优化情况将无法达到，因为此时碳市场中需求者的数量为 $2Q_d = 1$，这时候垄断情形是受限的。可以求得受限垄断情形下碳市场自身剩余最大化为

$$
\begin{cases}
\text{Max } TM \\
\text{s.t.} \quad Q_d = \dfrac{1}{2} \\
TM = (u_{d_0} - c_d + \gamma Q_s) + \dfrac{1 - Q_s - c_s}{k} Q_s \xrightarrow{\text{偏导}} \dfrac{\partial TM}{\partial Q_s} = \dfrac{1 - 2Q_s - c_s}{k} + \gamma = 0 \\
P_s = \dfrac{1 - Q_s - c_s}{k} \\
P_d = u_{d_0} + \gamma Q_s - c_d
\end{cases} \tag{9-26}
$$

$$
\xrightarrow{\text{求解}}
\begin{cases}
Q'_d = 1 \\
Q'_s = \dfrac{1 - c_s + k\gamma}{2}
\end{cases}
\xrightarrow{\text{代入}TM\text{式}} \text{Max} TM
$$

$$
= \frac{2u_{d_0} - c_d + \gamma(1 - c_s + k\gamma)}{2} + \frac{1 - c_s - k\gamma}{2k} \times \frac{1 - c_s + k\gamma}{2}
$$

$$
= u_{d_0} - c_d + \frac{Q'_s}{k}
$$

从式（9-26）的推导中可以发现，在受限垄断条件下要求碳市场福利效应最大，在短期对最终 Max TM 式进行分析可以将影响因素总结见表 9-13。

表 9-13　非受限垄断情形短期碳市场福利效应影响因素

指　　标	偏作用方向（假设该项增加）	作　用　路　径
u_{d_0} 自有价值	（＋）	$u_{d_0} \xrightarrow{\triangle} TM$ 不会导致原福利效应最大化偏离
c_d 需求者单位距离交易成本	（－）	$c_d \xrightarrow{\triangle} TM$ 不会导致原福利效应最大化偏离
k 供给函数系数	（－）	$k \xrightarrow{\triangle} TM$ 不会导致原福利效应最大化偏离

在短期内原福利效应最大化不会偏离，但是需求者单位距离交易成本和供给函数系数的上升会对福利效应产生负面影响，自有价值会对福利效应产生正面影响。在长期，对最终 Max TM 式进行分析可以将影响因素总结如表 9-14。

表 9-14　非受限垄断情形长期碳市场福利效应影响因素

指　　标	偏作用方向（假设该项增加）	作　用　路　径
u_{d_0} 自有价值	（＋）	$u_{d_0} \xrightarrow{\triangle} TM$ 不会导致原福利效应最大化偏离
c_d 需求者单位距离交易成本	（－）	$c_d \xrightarrow{\triangle} TM$ 不会导致原福利效应最大化偏离
c_s 供给者单位距离交易成本	（－）	$c_s \xrightarrow{\triangle} Q'_s \xrightarrow{\triangle} TM$ 会导致原福利效应最大化偏离
k 供给函数系数	不定	$k \xrightarrow{\triangle} Q'_s \xrightarrow{\triangle} TM$ 会导致原福利效应最大化偏离

续表

指　　标	偏作用方向（假设该项增加）	作　用　路　径
γ 单位网络外部性	（+）	$\gamma \overset{\triangle}{\to} Q_s' \overset{\triangle}{\to} TM$ 会导致原福利效应最大化偏离

表 9-14 清晰描述了在长期的受限垄断情形下，各个变量对碳市场福利的作用方向及作用路径。从上述所有分析来看，可以发现各个因素在不同条件下对最终的福利效应影响方向及路径都有较大差异，需要结合具体情景来分析，不能一概而论。

9.5　本　章　小　结

本章介绍了碳市场的社会经济效应评估方法以及碳市场的环境效应、经济效应与福利效应。

评估碳市场社会经济效应的主要目标为分析各主体利益分配的差异状况，衡量政策的效果及有效性，以及作为减排义务分配的参考标准。广义上的碳市场社会经济效应评估是指对碳市场交易制度实施后的经济效益进行评估和测度，具体可以从财富再分配、产出以及寻租三个方面评估广义碳市场的社会经济效应。狭义上的碳市场社会经济效应评估是指对碳市场交易制度实施后各主体节约的成本或获得的利益进行评估和测度，具体可以从各主体剩余与边际减排成本两方面入手对其进行评估。在对碳市场社会经济效应进行评估时，应当遵循横向比较与纵向比较相结合、总体差异与行业（区域）内差异相结合、紧密贴合政策导向三个基本原则，确定评估方向与评估指标，然后设计交易情景，采用投入产出分析、双边市场博弈分析、定性分析等评估方法进行仿真实验或均衡分析。

碳市场的环境效应被定义为碳市场建立后对一个国家（地区）的环境方面正外部性的总和，可从碳排放量差额、碳排放强度差额、碳排放量减排率三个方面进行衡量。污染物减排的效果越好，环境效应越好。从微观层面考察环境效应，企业生产的碳排放量、企业获得的免费配额及企业自身治理意愿等因素会同时影响环境效应的情况；而当期碳排放量与减排成本均为宏观层面的碳市场环境效益影响因素。

碳市场经济效应指碳市场建立后对一个国家（地区）的经济方面正外部性的总和，可从技术效率、行业碳排放结构、碳排放量三个角度分析其对经济增长率的影响。碳市场的经济效应微观（企业）层面视角应当重点关注单个企业的产出、投入成本及减排成本问题，主要包括企业创新效应及产出效应。碳市场的经济效应在中观（产业）层面主要关注产业结构的调整问题，可从价格效应、竞争效应及支持产业效应三个方面衡量。碳市场的经济效应在宏观层面主要关注经济增长问题，可分为碳市场中性、碳市场促进经济增长、碳市场抑制经济增长、碳市场与经济增长呈现倒 U 形关系四大类。

碳市场的福利效应可被认为是外部环境成本内部化之后碳市场自身的得益。碳市场的建立将外部环境成本内部化，这一行为将提升整体的社会财富水平，这一部分多出来的社会财富会进行再分配，这一过程主要涵盖三个主体，即碳市场的流动性供给者、碳市场的流动性需求者及碳市场自身。自有价值、需求者单位距离交易成本、供给者单位距离交易成本、供给函数系数以及单位网络外部性等因素均会对碳市场的福利效应产生影响。

第10章

中国碳市场运行的保障体系

知识目标

1. 了解熟悉我国碳市场现有的保障体系、相关保护措施；

2. 分别探讨我国碳市场法律与监管保障、资金和人才保障、信息与技术保障及环境保障如何发挥各自的作用。

素质目标

对我国碳市场保障体系有充分的了解，深刻认识到我国碳市场运行所需的条件。

10.1　法律与监管保障

10.1.1　明确碳排放权交易的基本法律行为

碳排放权交易是一种通过市场机制减少温室气体排放的政策工具，其目的在于将国家设定含碳温室气体污染物排放的总量限制，并将工业部门，以及相应企业纳入碳排放交易体系中，通过对这些企业和部门授予一定数量的碳排放许可，实现减碳目标。若企业在生产过程中产生的碳排放量小于规定的许可量，则可以将剩余的碳排放量作为一种权利出售给市场上的其他企业以赚取利润。反之，若企业的碳排放量超过分配的许可限额，需要从市场上购买其他企业剩余的碳排放权以达到国家规定的碳排放标准。如若企业未经购买直接进行超额排放，将会受到相应的处罚。

在全国交易市场与地方交易市场共存的情况下，由于缺乏完善的法律法规基础，碳排放权交易面临较大的法律风险。地方碳排放权交易所除了受"一办法，三规则"的监管外，还要遵守一些细节性的政府规章以及法规。进行交易的各方应当在事前了解交易地区的制度法规，判断交易主体是否符合规定，以避免各地区交易规则差异给交易带来的后续风险。另外，还需注意的是交易机构在交易过程中仅起到搭建平台与提供服务的作用，并不会识别具体交易存在的风险，《碳排放权交易管理办法（试行）》也只针对交易市场正常秩序的维护，不具有控制交易市场风险的作用。

10.1.2　建立碳排放总量目标和碳排放量评价法律机制

作为相关主管部门实施的主要行政行为，碳排放总量控制是碳排放权交易法律制度的重要基础。我国对碳排放总量的严格控制赋予了碳排放权稀缺资源的属性，从而促使各企业参与碳排放权交易。然而，目前我国仍然缺乏实施碳排放总量控制方案相关的法律法规。因此，有必要制定相关法律法规，明确总量控制的目标、涵盖的行业、统计种类、统计制度，以及总量监测核查制度等内容，以确保总量控制指标得以全面贯彻落实。碳排放权交易的立法应该采取渐进的方式，根据实际情况有针对性地展开，形成由局部到整体的发展格局，鼓励各试点地区根据自身需求建立地方性的规章制度。随着交易制度逐渐成熟，可以依据各地在碳市场发展中积累的经验制定全国性的碳排放权交易管理办法。除了对含碳温室气体的排放、分配、交易和管理进行规定外，权利义务和法律责任也是法律法规中应该明确规定的内容。

完善碳排放量统计核算工作必须考虑国家层面和地方层面协同发力，国家对碳达峰碳中和领导小组下设置各类碳排放量核算部门的职能进行不断优化与完善，推动科研机构与相关部门深入合作，广泛开展碳排放量统计核算工作，统计地方符合排放标准的温室气体排放量并及时上报。各地区也应当参照国家的做法建立碳排放核算领导小组，指挥各相关部门协同推进碳排放量统计核算工作，完善地方统计核算制度体系。此外，中央与地方之间应当建立常态化的衔接传导机制，确保上下级统计的碳排放数据口径保持一致，着力保障数据的真实性和完整性，为我国碳排放总量目标的制定、分解及碳减排措施的制定提供数据支撑。

10.1.3　完善碳排放权交易市场基本法律制度

制度和规则有助于确保碳排放权交易市场的透明性、公平性和合法性，有利于推动企业大力开展碳减排工作。完善碳交易法治体系可从以下四个方面入手。

（1）建立健全中国特色的碳排放权交易法律体系。在制定碳排放权交易法律方面，首要任务是对当前的法律政策进行全面细致的审查，明确和强化交易各方的权利与责任，确保法律条款能够清晰界定违反碳排放权交易规则的法律责任，并确立监管机构的权威角色与职责。在此过程中，积极借鉴国际先进国家在碳排放权交易法律建设方面的成熟经验，结合中国国情，确保法律体系的权威性和可操作性，为地方立法提供有力的指导与支持。重点关注碳市场活跃的地区，结合其实际情况，采取灵活多样的立法形式，包括综合法律框架与专项立法相结合，以适应不同地区的发展需求。制定专门法规的同时不断改进相关政策规定，如行业规章、指南和标准，确保法律体系的适应性和灵活性。

（2）建设严格高效的碳排放权交易法治实施体系。首先，需要明确碳排放权交易实施的法治主体，交易参与者作为碳排放权交易活动的直接执行者，必须严格遵循碳排放权交易法律法规，确保交易行为合法合规；监管机构承担着监督和管理碳市场的重任，需要根据法律规定，对交易活动进行严格的监管和执法，确保市场的公平、公正和透明；其他机构也应纳入其中，为交易参与者和监管机构提供专业的咨询和服务，保障碳排放权交易活动的顺利进行。其次，各级政府需要致力于提升碳排放权交易的法治化水平，改进政府参与碳排放权交易的程序，建立法治化的政府决策机制，防止腐败和滥用职权的现象发生，确保政府的法律行为合法合规。最后，建立透明度高、信息披露全面的制度，加强对违规行为的监督和调查，提升市场的公信力，降低交易风险，促进碳市场的健康发展。

（3）建立一套科学严密的碳排放权交易法治监督体系。体系的建立与完善可以充分借鉴世界上先进的碳市场监督管理经验，并结合各地的实际情况，逐步分批次推进，确保体系的不断完善与充实，充分调动各方参与法治监督的积极性。在推动碳排放权交易法治监督体系建设的过程中，还需依法健全和完善与碳排放权交易相关的自律组织、行政机构和司法监管机构，确保碳排放权交易活动在法律框架内规范进行；加强宣传教育，提高社会大众对碳排放权交易法治监督的意识，以营造一个人人都参与实现"双碳"目标的良好社会氛围。

（4）建设有力的碳排放权交易法治保障体系。建立全面的法治保障制度，明确定义碳排放权交易的法律框架和规则，并规划清晰的路径，确保制度的稳定性和可预测性。改善法治保障体系所需的内外部环境，减少法律漏洞和不确定性，确保法规的一致性和协调性，提高法治环境的透明度和可操作性。充分发挥法治保障体系中各项资源要素的潜在价值和能力，确保其能够有效地支持碳市场的运作。建立有效的法治保障体系监测和执行机制，确保法律规则得到切实执行，违规行为得到严惩，维护市场秩序和公平竞争。设立合法性审查机制，确保碳排放权交易法律决策科学性、合法性与有效性。

10.1.4　碳市场监管保障体系

1. 我国碳市场监管具体内容

从建立 9 个试点碳市场到全国碳市场的设立，我国已逐渐形成了一个多维监管体系，该体系由政府颁布政策制度规范、由数字平台提供技术支撑、由监管机构组织开展监督审查工作，覆盖了碳市场交易主体和交易行为的方方面面。具体来看，我国碳市场监管体系主要由监管政策、监管部门、监管对象、监管内容、监管措施、监管保障系统这六个部分的要素组成，表 10-1 对各部分要素进行了简要梳理。

表 10-1　我国碳市场监管要素情况表

监管政策	《碳排放权交易管理暂行条例》《碳排放权交易管理暂行办法》《全国碳排放权交易第三方核查机构及人员参考条件》《全国碳排放权交易第三方核查参考指南》《温室气体自愿减排交易管理暂行办法》
监管部门	国家发展改革委、生态环境部（碳市场主管部门，负责统筹协调、政策设定与顶层设计）、证监会（业务监督）、统计部门（数据处理统计）、财政部门（财政支持）、金融部门（碳金融业务监管）、交易所（交易平台与日常监督）、工商税务部门、执法部门（违规处罚）、社会公众监督等
监管对象	市场主体，包括重点排放单位、核查机构、交易机构、第三方机构、金融机构等； 市场行为，包括配额分配、价格调控、系统安全、风险管理、信息披露等
监管内容	主体准入监管、风险管控、市场运作管理、市场保障、市场主体管理、价格调控机制等
监管措施	警告、限期改正、社会公开、行政处罚、依法承担赔偿责任、罚款、限制账户交易、依法追究法律责任等

续表

监管保障系统	全国碳排放权交易登记系统，可进行碳排放权创建登记、配额分配、清缴履约等；全国碳排放权交易系统，即碳排放权场内交易平台，由交易所进行监管把控；全国温室气体排放数据报送系统，即企业进行上报碳排放数据的系统，与全国碳排放权交易登记系统连接，便于核查统计与管理

2. 碳市场监管体系

如图 10-1 所示，展示了我国碳市场监管体系的核心要素，并总结了各主体的义务责任关系。政府管理部门、碳排放交易所、第三方机构、减排单位是碳市场运行的核心参与主体。其中，政府管理部门需设计碳市场的运行机制，制定政策法规，发放排放配额、监管排放单位等义务，并委托第三方机构进行核查、委托碳排放交易所实施监管和委托服务；碳排放交易所需要制定交易规则、帮助减排单位创建并维护交易系统，以保证碳交易的顺利运行，并及时将碳交易信息反馈给政府管理部门；减排单位作为碳减排政策的实施主体，其交易请求需要向碳排放交易所进行申报，并向政府管理部门和第三方机构提供碳排放信息以供核查；第三方机构则需要负责核查排放单位的数据，并提交核查报告给政府管理部门。

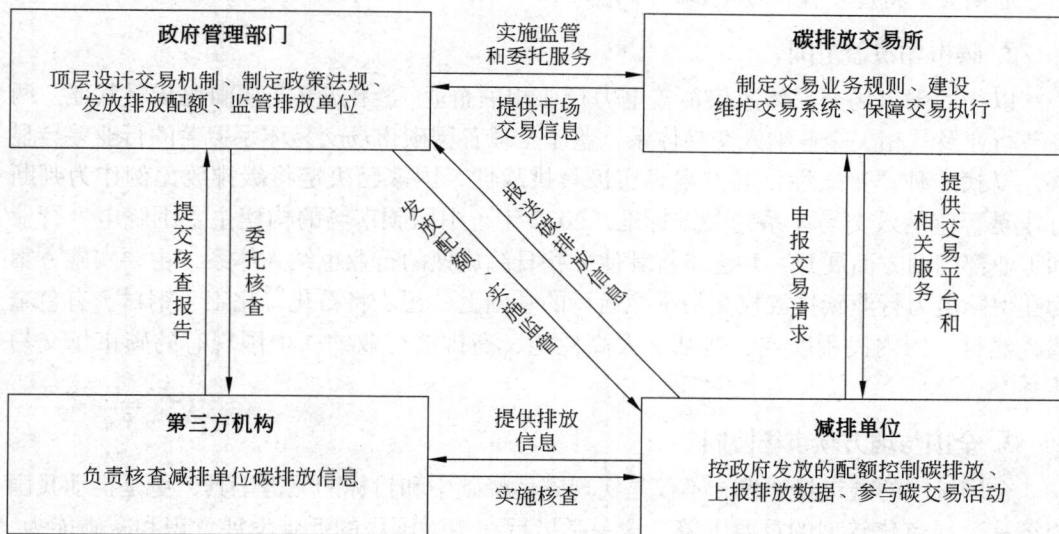

图 10-1　碳市场监管体系

3. 我国碳市场监管政策保障

2016 年为碳排放监管政策颁布的"黄金之年"，为了提升碳排放监管强度，完善监管体系，国家发展改革委发布了一系列文件，其中包括《全国碳排放权交易覆盖行业及代码》《全国碳排放权交易企业碳排放补充数据核算报告模板》《全国碳排放权交易企业碳排放汇总表》《全国碳排放权交易第三方核查机构及人员参考条件》《全国碳排放权交易第三方核查参考指南》等。这些文件为全国碳市场的工作奠定了坚实的基础，详尽地规划了碳排放交易主体的涵盖范围，并明确规定了碳排放的核算方法。这一举措初步建立了全国碳市场运行所需的部门规章、规范性文件和技术规范，为全国碳市场的建设、运行和监管提供了依据。

10.1.5   政策保障

1. 碳金融工具

2020 年 9 月通过的《中国（北京）自由贸易试验区总体方案》中指出要在北京城市副中心探索设立全国自愿减排碳交易中心，方案中提到北京绿色交易所将借鉴其他国家领先的碳市场建设经验，开发一些符合我国实际情况的新型碳金融工具，如碳期权、碳期货等。此外，发展碳排放限额交易、探究绿色资产的地域迁移也是当前努力的方向。当务之急是碳市场要提升交易的活跃度，当前阶段碳市场的交易内容仅仅涉及碳排放额的现货交易，交易品种与交易方式过于单一，这不利于提振碳市场的活跃程度，因此，在传统碳排放权交易的基础上发掘更多衍生的交易产品是一项可行的解决方案。2021 年 4 月，广州成立了广州期货交易所，该期货交易所以碳排放权期货作为发行的首款产品，具有极强的创新性，也标志着碳排放权期货、电力期货已经被视为未来交易产品开发重要的研究方向。随着市场机制不断成熟与完善，各类碳金融衍生品（掉期、抵消信用、远期等）将逐步在市场上推广和完善。

2. 碳市场覆盖范围

以往的碳市场交易体系仅覆盖电力行业相关企业，"十四五"期间逐步将其他"两高"行业及其相关企业纳入交易体系。鉴于全球各国碳市场交易体系覆盖的行业差异显著，寻找一种"普适性"的方案确实极具挑战性，国家已决定将碳排放比例作为判断行业是否应纳入交易体系的关键标准。2022 年，中国碳市场的构建主要围绕电力行业和工业部门两方面展开，并逐步将其他一些日趋成熟的行业也纳入体系，主要实施方案为在保障电力行业碳排放权交易平稳运行的基础上，逐步将石化、化工、钢材、有色金属、建材、国内民用航空、造纸七大高耗能、高排放行业纳入中国现有的碳市场交易体系。

3. 全国与地方碳市场协同

全国统一的碳市场建设，不仅是实现碳达峰碳中和目标的关键工具，更是推动我国经济社会绿色化转型的重要引擎。这一举措旨在增强国民的低碳发展意识和减碳能力，进一步促进我国经济的绿色可持续发展。全国碳市场与地方碳市场之间在某种意义上是一种互补的关系，全国碳市场遵循的是"抓大放小"的原则，覆盖范围均为排放工业大户，而地区碳市场根据地区的实际特点，设置更低的门槛，将更多行业纳入市场交易。碳市场完善的过程也是相关政策规则不断出台的过程，由于地方碳市场影响力小，规模不大，新政策出台的可控性更强。因此，很多政策规则可以优先选择在我国部分地区进行试点，待各地区在实践中完善改进后，最终可在全国碳市场实施与推广。随着碳市场的不断发展，中央与地方交易制度与规则的兼容性逐渐增强，时机成熟以后二者可实现深度融合，最终形成协调统一的市场。

10.2　资金与人才保障

10.2.1　政府设立碳交易保障资金系统，鼓励企业技术创新节能减排

全国碳市场是实现碳达峰碳中和目标的国家核心政策之一，是由政府主导的公益市场。因此，在市场运行初期，中央或地方政府需要提供支持资金来维护碳市场的运行。政府在支持碳交易时可以采取以下方式。

（1）制定碳定价政策：对碳排放权进行定价，为碳市场创造价值，使碳排放成本更为明确，激励企业和个人减少碳排放。

（2）分配碳排放权额度：根据国家减排目标和企业的历史排放数据来分配碳排放额度，确保排放权的合理分配，为市场参与者提供参与的机会。

（3）建立碳市场基础设施：加大对碳市场基础设施建设的投资力度，包括交易平台、清算机构和监管机构，确保市场的高效运作和监管。

（4）提供培训和教育：为市场交易主体提供培训服务，帮助企业等市场参与者了解碳市场的运作方式、风险管理策略和合规要求。

（5）制定透明度和报告要求：要求企业定期开展排放核查和排放报告，以确保排放数据的准确性和可追溯性，提高市场的透明度。

（6）设立碳市场激励措施：综合利用税收优惠、专项资金补助、技术支撑等激励措施鼓励企业采取减排行动。

（7）推动国际合作：政府可以与其他国家或国际组织合作，共同推动碳市场的发展和合作，促进世界碳市场联结和碳交易合作。

（8）监管和执法：政府机构应负责对碳市场交易行为进行监管，打击市场操纵和欺诈行为，确保市场的公平和合规性。

（9）政策调整和更新：政府应根据市场运作情况和国家减排目标不断调整和更新碳市场政策，以适应实际情况的需求。

10.2.2　建设碳交易机制需要与金融服务配套，吸收社会资金开展筹资投资

2021 年以前，中国碳市场主要在试点地区进行建设，整体上处于探索阶段。在项目运营初期，碳市场覆盖范围仅限于部分规定需要控制排量的企业，其他专业机构投资者及个人投资者没有步入碳市场交易的机会，虽然降低了市场炒作投机风险，但对市场资金规模的扩大和市场活跃度的提高均带来了不利的影响，同时资金长期流动性无法得到保障。从 2021 年 7 月起，全国碳市场正式落地运营，市场化程度越来越高，仅依靠政府提供资金扶持已经不能满足碳市场的资金需求。因此，要实现碳市场的顺利开展与运行，需要碳金融衍生品的加入和碳金融体系的资金支撑。党的二十大报告提出"要积极稳妥推进碳达峰碳中和"，将碳达峰碳中和作为一场广泛而深刻的经济社会系统性变革，深刻揭示了这一问题的复杂性和长期性。要加快低碳经济转型下的碳交易体系建设，

必须构建中国的碳金融体系。

目前碳市场与金融机构合作开发的碳产业投资项目有以下几种。

1. 碳基金

碳基金是一种投资工具，拥有广义和狭义两种概念。广义的碳基金由政府、金融机构、企业或个人设立，通过全球购买核证的自愿减排量，并将资金投入温室气体减排项目或低碳发展相关活动，以获取回报。狭义的碳基金是指一种特殊的投资方式，通过预付资金资助碳减排项目或进行股权投资，以获取碳信用或现金回报。目前国内已经成立了多种类型的碳基金，涵盖广泛的投资领域。

表 10-2 列举了我国一些典型的碳基金名称，并介绍了创始机关部门以及基金的用途。

表 10-2   我国碳基金概况

基金名称	创始部门、单位、机关	用途
中国绿色碳基金	国家林草局、中国石油天然气集团、中国绿化基金会、嘉汉林业（中国）投资有限公司	固定大气中二氧化碳的植树造林、森林管理及能源林基地建设等活动
嘉碳开元平衡基金	深圳嘉碳资本管理有限公司	对深圳、广东、湖北三个碳市场的碳配额开展交易工作
嘉碳开元投资基金	深圳嘉碳资本管理有限公司	对风电、光伏、生物质、沼气发电、林业碳汇等项目开展投资
海通宝碳 1 号集合资产管理计划	海通资管	对全国范围内的核证自愿减排量进行投资

2. 碳债券

碳债券是一种绿色金融工具，旨在筹集资金以支持低碳和气候友好型项目，如可再生能源、能源效率提高、清洁交通、碳捕集和封存、森林保护等，有益于推动温室气体减排和应对气候变化。发行碳债券的企业、机构或政府承诺将筹集到的资金用于具体的低碳项目，并报告项目的碳减排效益。中国发行的首款企业碳债券是由中广核风电有限公司发行，由浦发银行承担主要的销售责任，该碳债券总价值为 10 亿元人民币，根据利率类别可将该碳债券分为两部分，其中浮动部分与发行人的五家风电项目公司在债券有效期内实现的碳减排量相关联。2021 年 7 月 1 日，中国实施了《绿色债券支持项目目录（2021 年版）》和《银行业金融机构绿色金融评价方案》两项举措，二者分别对国内绿色项目标准进行了统一，将绿色债券纳入银行绿色金融业务的评价体系，完善了绿色债券市场的激励方案与认定标准。这一系列举措有利于推动低碳和绿色债券市场的发展，支持可持续发展项目。截至 2023 年年末，国内共累计发行 448 只碳中和债券，总金额达 6385.43 亿元，可见碳债券的市场规模在全国碳市场启动以后得到了进一步增长。

3. 碳质押和碳抵押

碳质押和碳抵押是两种与碳资产相关的融资工具。抵押和质押都是指将某种财产或资产用作担保，以支持借款或债务。碳抵押是指将碳排放权或其他碳相关资产作为担保，以获取融资，当债务人未能履行债务时，债权人有权出售这些碳资产以偿还债务。碳质押也是将碳排放权或其他碳相关资产作为担保，但与碳抵押不同，债权人实际占有这些碳资产，当债务人未能履行债务时，债权人可以出售或处置这些碳资产，并使用所得款项来偿还债务。上海和广东的碳市场已经制定了与碳质押相关的业务规则，使碳质押成为一种比较规范化的融资工具。如湖北宜化集团于 2014 年与兴业银行签订的"碳排放权质押贷款协议"，这是中国首个碳资产质押贷款项目。在这个项目中，湖北宜化集团使用其拥有的碳排放配额作为担保，获得了 4000 万元的质押贷款。

4. 碳信托

碳信托作为一种时兴的融资工具，充分利用了碳资产在金融市场中的融通作用，它将碳资产委托给证券公司或信托公司进行管理，并在委托行为发生时约定固定的收益率。证券公司或者信托公司利用手中持有的碳资产在其他金融机构进行抵押融资，再将融资所得用于投资金融市场。证券公司或者信托公司通过以上方式获得的一部分收益用于支付企业的收益率所得，另一部分用于偿还其他金融机构的贷款利息，剩余的部分则成为本身的利润所得。如"云信绿色嘉元 1 号集合资金信托计划"，该计划将信托形式与碳配额以及碳减排交易相融合，打造了一种环境友好型的新型金融工具。

5. 绿色信贷

绿色信贷的目的在于抑制"两高"产业的无序扩张，主要目标是在金融业和可持续发展之间实现相对平衡，核心内容是通过提高企业获得贷款门槛的方式，将符合环境监测标准、具有良好污染治理效果，以及生态保护意识较强的企业视为信贷资格发放的对象。自 2007 年颁布《关于落实环保政策法规防范信贷风险的意见》以来，中国对绿色信贷业务的发展日益重视，后续也出台了许多的相关政策与制度文件。

10.2.3 碳市场人才现状

碳市场的运转离不开相关工作人员所提供的碳排放核算、捕集、管理、咨询等服务，碳经济、碳金融、碳交易等相关人才的配合支持推动了碳市场的运行。因此，"双碳"目标的实现于我国而言不仅是政治素养、经济发展、管理理念的角逐，更是人才的较量。在此背景下，对复合型人才的强烈需求是我国碳市场蓬勃发展所面临的重大挑战。目前，我国"双碳"人才市场潜力大、缺口大、需求种类多，加大政策保障力度，完善人才培育体系，加快人才队伍建设至关重要。

欧盟碳市场受管制的企业可以通过购买发展中国家的碳减排项目所产生的减排量来抵消其自身的碳排放量，激励了中国企业积极参与国际碳减排项目，进而促进了中国碳相关领域的人才积累。目前，我国在碳领域深耕的专业人士也大多源自 CDM 项目清洁发展机制。欧盟于 2013 年停止向中国等国家购买碳减排量，致使我国为数不多的碳相关从业者大量流失，剩余从业者相继转入区域碳市场。面对全国碳市场覆盖面扩张和已覆盖行业、企业的扩张，碳市场人才需要更加多元、需求更加紧迫，但现实是具备"双碳"理论知识和具有实际经验的人远远不能满足需求。通过各类求职网站发布的信息可以发现，新能源、环保领域对高学历青年人才需求、薪资待遇大幅增加，同期需求量远远超出其他行业水平，其中碳中和领域的职位需求同比增长 408.26%；"十四五"规划也指出，近五年我国对"双碳"领域的人才数量需求预计在 55 万～100 万人。目前，我国对"双

"碳"人才具体需求见表 10-3。

表 10-3   "双碳"人才种类与要求

种 类	要求与职责	备 注
碳资产管理运营人才	熟悉当前国内外碳排放相关政策法规,为企事业单位碳排放制定交易方案,为相关群体碳排放权的购买、出售、抵押等提供咨询、管理;以降低碳成本为目标开发和管理碳资产	此类人员在碳市场需求最多、涉及职责范围最广,对推动全国性碳市场的有序运转起着十分重要的作用
碳经济人才	了解相关理论并掌握基本技能,具备从事国家低碳经济政策分析与研究,支撑制定国家碳中和规划与发展战略、行业发展规划、能源企业发展规划,碳金融资产分析、管理及开发等金融活动的能力;具备从事我国碳规划与发展、碳产业政策、碳市场与贸易、气候变化谈判、国际关系及碳管理规划的能力;参与政府政策制定、企业碳排放管理和碳市场分析预测等	该专业人才是集国民经济、区域经济、产业经济、能源经济、环境经济和金融于一体的复合型人才,其培养是为了用经济手段治理气候环境、应对全球气候变化
碳金融人才	服务于限制温室气体排放等技术和项目的直接投融资、碳权交易和银行贷款等金融活动;既要掌握金融工程基础理论,还要广泛涉猎能源、环境、金融、会计、工商管理等多学科领域	
碳中和与碳能源技术人才	这类专业人才应该深入能源电力和全国碳交易领域的各大行业和企业(包括石化、化工、建材、有色金属、钢铁、造纸、电力、航空等相关行业),工作聚焦在化石能源的绿色开发、低碳利用以及减污降碳等关键碳减排技术领域	该专业人才主要研究节能减排、能源替代等核心技术,掌握环境科学、能源工程、经济学等多个领域的知识
其他碳相关人才	碳法治人才须熟悉碳市场的运转规则,还要精通"双碳"政策、法律和实务操作,为碳市场运行提供法律上的人员保障;碳国际化人才需要具备国际化视野,参与国际化交流,促进低碳经验的国际化学习与交流;碳汇计量评估师要运用碳计量方法学,从事森林、草原等生态系统碳汇计量、审核、评估;碳汇开发员从事林业、蓝碳碳汇项目相关 CCER、VCS 等减排项目的开发,编制、审定报告及项目监测报告;碳市场交易员按照《碳排放权交易管理办法(试行)》等文件规定,以及碳排放权交易机构的相关规则,制定企事业单位碳排放交易方案,进行企事业单位碳排放权的购买、出售、抵押等各项操作	其他碳相关人才深耕各自专业领域,是完善碳市场必不可少的关键

10.2.4   碳市场的人才保障

事实上,"十一五"规划首次提出节能减排目标以来,我国低碳减排的决心越来越大,低碳人才已经逐步开始积累。其中不仅包括早期从事 CDM 项目的碳市场工作者,也包括地方试点碳市场上线交易人才积累。面对如此庞大的中国碳市场,实现碳达峰碳中和的目标这一共识已经达成,但如何为低碳发展提供保障这一问题迫在眉睫。

为填补人才缺口,各大高校大力培育、储备低碳人才。教育部发布的《高等学校碳中和科技创新行动计划(2021)》《加强碳达峰碳中和高等教育人才培养体系建设工作方案（2022）》，为高等院校"双碳"行动提供了可行、有效的措施。方案要求高校以高等教育高质量发展为国家碳达峰碳中和培育专业人才，提高相关专业人才质量，为碳市场稳步运行提供有力的人才保障。具体包括以下方面：将绿色低碳理念融入教育教学体系，积极开展绿色低碳志愿活动；加大低碳领域学科建设与人才培养力度，同时注重相关领域学科建设；加强"双碳"及其相关领域教学资源建设，培养高素质师资队伍；开展碳达峰碳中和人才国际联合培养，鼓励高校积极吸引海外人才。为响应政策号召，助力我国早日实现"双碳"目标，清华大学、复旦大学、中央财经大学等众多高校分别成立绿色金融研究中心、上海能源与碳中和战略研究院、双碳与金融研究中心等"双碳"项目研究院，主要用于实现低碳利用和新能源开发、高层次人才培养等项目。

除此之外，社会各界也为碳相关人才准入提供了保障措施。2021年3月，人力资源社会保障部最新修订的《中华人民共和国职业分类大典》将碳排放管理员、碳汇计量评估师等职业纳入其中，进一步明确了碳相关从业者的合法合规性；2021年8月19日，全国首期碳排放权交易市场碳排放交易员培训班正式开班，碳交易管理咨询专业技能人才培训及考核已经成功开展多期。这些举措将极大满足未来市场人才需求，为培养全方位复合型专业人才贡献力量，为碳市场人才建设注入活力。

10.3　信息与技术保障

10.3.1　信息保障

平稳高效的市场离不开准确及时、安全可靠的信息传递。我国碳市场是全球规模最大的碳市场，准确可靠的信息数据是其规范运行的生命线。不断强化数据管理的机制方法，确保有效发挥市场机制，对我国实现碳达峰碳中和目标意义深远。我国碳市场数据信息保障体系由碳数据的监测与核查，碳排放数据报送、登记、交易和企业碳排放信息披露三大部分组成。

1. 碳数据的监测与核查

1）碳数据监测

数据监测是指采取一系列技术和管理措施，测量、获取、分析、记录能源、物料等数据，数据的质量将直接影响碳排放的准确度和可靠度，是准确计算企业碳排放的基础。但在碳市场第一个履约周期中，个别企业或一些技术服务机构暴露出不按要求监测数据、数据造假等问题，严重影响了碳市场的数据质量，阻碍了全国碳市场的规范运行。

为应对全国碳市场第一个履约周期中出现的数据质量问题，生态环境部已经明确了一系列保障措施，以确保数据质量。这些措施如下。①加强法律法规建设：制定并尽快出台《碳排放权交易管理暂行条例》，完善碳排放相关活动的司法解释和案件审理指导意见，从法律层面夯实碳排放监管基础。②建立长效联合监管与能力建设机制：详细规定数据质量要求，改进监管方式并严格规定技术服务机构的经营范围；完善碳排放管理员等碳排放管理职业资格核验机制，设立内部能力建设和质量审核标准。③建立统一、规范的技术规范体系：实现数据的信息化存证、不可篡改和加密，通过在线交叉验证、在线核查、异常数据识别和预警等手段加强数据的质量监管。④全国及地方碳排放统计核算制度：明确相关部门和地方政府在能源活动和工业生产等领域基础数据的收集责任，组织全国及各省级地区年度碳排放总量核算，以确保碳排放数据的一致性和可信度。

　　2）碳数据核查

　　碳数据核查是碳交易体系中一个至关重要的环节，为碳排放配额的分配和交易提供了基础。碳数据核查是指独立的服务机构对参与碳排放权交易的碳排放单位提交的温室气体排放报告进行审查，并生成核查报告的过程，以确保碳排放单位的数据准确有效，并且要对审查结果负责。只有通过引入第三方审查，才能有效地避免偏见和利益冲突，从而使碳排放数据核查报告更加客观、专业和可靠。经过碳核查的数据不仅是监督企业碳排放及后续碳减排工作的关键依据，同时也是国家实现"双碳"目标所必需的重要基础数据。图 10-2 展示了在碳交易流程中各部门单位的职责分工，其中核查机构的主要职责包括审核企业的碳排放报告、核实企业的碳排放量，并如实将审查结果提交给省级主管部门进行审定。

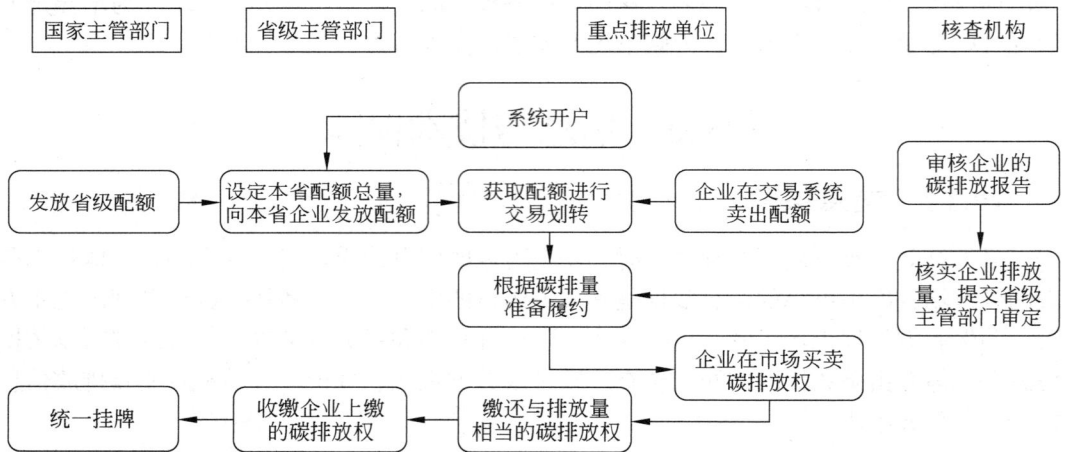

图 10-2　碳交易流程中各部门单位责任分工

　　目前我国碳核查的主要方式为通过政府购买服务，选取资质审核通过后的第三方机构对重点排放单位的碳排放数据进行全面核算查证，并由机构对核查结果负责。未来在全国碳市场范围内，省级生态环境主管部门将通过委托系统内的技术支撑单位和采用政府购买服务方式委托社会技术服务机构两种方式进行委托核查工作。为确保第三方核查人员的质量、碳核查机构的标准，以及碳核查数据的规范性，国家发展改革委和生态环境部发布了一系列相关政策文件，包括《全国碳排放权交易第三方核查机构及人员参考条件》（2016 年）、《碳排放权交易管理办法（试行）》（2020 年）、《企业温室气体排放报告核查指南（试行）》（2021 年）等。各地方政府也将根据实际情况制定地方规章，因地制宜建立核查人员资质审批流程。此外，相关法律法规和各试点省市也发布了相关规定，核查中发现碳排放数据造假行为，排放主体将会面临罚款、行政违法、民事违约，甚至刑事犯罪的处罚。上述政策举措表明，我国碳市场"国家—省级—市级"的监管体系逐步形成，加之法律约束，我国碳核查初步具备有力的实施平台。

2. 碳排放数据报送、登记、交易

为保证我国碳市场的顺利运作和数据信息实现安全传输监管，我国碳市场由碳排放权注册登记系统、交易系统、全国温室气体排放数据报送系统三大系统组成。市场依托"互联网＋碳交易"平台发挥作用，利用互联网技术连接碳排放管理部门、减排单位与监管部门，并通过电子化进行碳排放交易权交易，实现信息融会贯通，保障交易安全与信息流动效率。三大系统流程如图 10-3 所示。

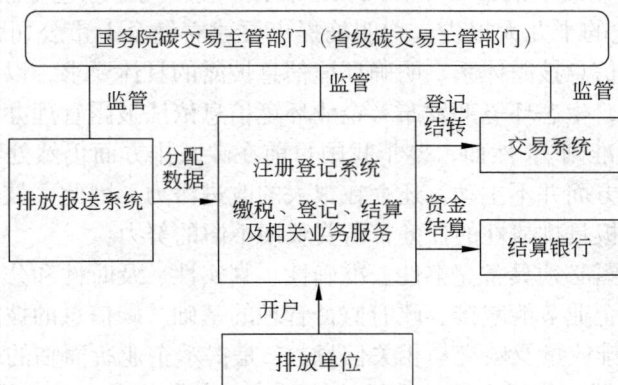

图 10-3　碳排放权交易三大系统流程图

（1）全国碳排放权交易登记系统指为各类市场主体提供碳排放配额法定权登记、实现配额分配、核查数据登记、清缴及履约等业务管理的电子系统。其主要作用有：为市场参与主体提供开户与账户管理、碳资产管理、资金管理、业务管理、交易划转等；为主管部门用户提供用户管理、配额管理、履约管理、信息查询、监督管理等；为登记结算管理机构用户提供用户管理、登记管理、清结算管理、分佣管理、业务管理、监督管理等。

（2）全国碳排放权交易系统是用于市场撮合交易的系统，具体交易规则（如连续交易、定价点选择、竞价销售）由交易所上传至该系统，主管部门和金融监管部门在此过程中主要扮演监管角色。交易系统的主要职责有以下两方面：一方面是与配额登记注册系统对接，以便实现配额的流转登记；另一方面是与银行账户对接，以方便资金的转移。

（3）全国温室气体排放数据报送系统用于排放单位向主管部门报告有关碳排放数据信息，具体包括排放单位账户、核查单位账户、政府管理账户三种账户，是政府进行碳市场管理的数据基础。排放数据报送系统由综合管理、数据报告与监测、核算方法与规则管理、数据质量控制与审核、数据分析与发布五大子系统构成，是集重点排放单位温室气体排放数据报告与审核、国家、省（市）级生态环境主管部门温室气体排放报告管理、温室气体排放方法学管理、排放数据综合分析与发布等需求于一体的综合性温室气体管控工具，服务用户包括国家及地方主管部门、重点企业、技术支撑机构及社会公众等。由于报送信息的复杂性，电子化系统更能准确灵活地识别管理信息，故当前报送系统几乎都采取可通过互联网进行安全访问的电子数据库系统形式。

3. 企业碳排放信息披露

全国碳市场的有序开展必须依赖于碳信息的提供与支持，需要企业或集团根据自愿或政府及其他相关组织的要求，在其生产活动中计算温室气体排放的总量，并将编制的碳排放信息报告在特定范围内公开披露。当前由于企业环境信息披露并不是强制任务，主动披露环境信息的企业数量仍然较少，且形式和内容不一，信息披露的可信度有待提升。关于环境信息披露政策的起源可追溯至 2008 年 5 月，《环境信息公开办法（试行）》规定企业应当及时、准确地披露企业的环境信息。随后，中共中央和国务院相继发布《生态文明体制改革总体方案》（2015 年）、《关于构建绿色金融体系的指导意见》（2016 年），以及党的十九大报告，均明确提出要建立健全上市公司强制性环保信息披露机制。为了完善信息披露体系、明确环境信息披露的具体要求，以积极推进我国实现碳达峰碳中和目标，生态环境部发布《企业环境信息依法披露管理办法》和《企业环境信息依法披露格式准则》。然而，鉴于我国目前在碳减排方面仍然处于探索阶段，国内企业在碳信息披露方面并不主动，还存在很大的改进潜力。因此，鼓励企业自愿披露碳信息是一项重要且极具挑战性的任务，需要长期不懈的努力。

碳排放信息披露必须具备完整性、准确性、真实性、及时性和公开性，拥有更多相关可比的碳信息是企业节能减排、政府监督管理的基础。碳信息的披露主要从以下方面展开：一是披露碳排放量及碳交易相关信息；二是揭示企业所面临的碳风险，以及应对这些风险的战略计划，包括企业的碳排放情况、碳交易状态、碳减排成本、减排绩效、碳交易盈亏及碳审计等；三是分析碳风险对债务人偿债能力的潜在影响；四是阐述企业面临的碳风险以及碳活动对企业财务和社会影响的情况；五是详细说明企业采取的碳减排措施及相关绩效数据等信息。

10.3.2　技术保障

1. 提升碳市场技术支撑，完善"互联网+"技术整合

中国碳市场的构建与运行离不开强大高效的技术支撑与推动，其涉及的碳排放检测和新能源开发利用等技术，构成了维护中国碳市场运行的技术支撑体系。在低碳发展层面，钢铁、煤炭、石油加工、水泥等产业需要利用原料脱碳技术、工艺清洁技术、CCUS（碳捕集、利用与封存）技术严格控制碳增量，实现高碳排放重点行业的碳达峰目标；在监测层面，大数据、人工智能等技术对固定碳源排放进行有效检测，通过科技监督实现碳减排；在新能源领域，我国致力于建立国家级清洁能源实验室，以确保自主掌握光伏、风电、核电等关键核心技术，从而构建一个新型安全可靠的清洁电力替代系统。同时，我国积极推进资源节约，通过研发碳循环利用技术、各类废弃物再利用技术及节能环保技术，推动绿色技术的不断进步，从而实现各个行业向更绿色、低碳的方向升级。注重科研院所与高校、政府、重点减排行业的三方合作，形成机制协同、技术联动的新格局，促进低碳前沿技术研究，推动碳市场的绿色技术创新与迭代。

随着现代化信息技术发展，互联网技术在碳市场健康运行的过程中也发挥了举足轻重的作用。从搭建登记注册平台、交易系统平台等依托型网络系统，到执行市场信息搜集和价格分析等任务，整个网络支撑系统都离不开强大的技术支持。碳交易涉及多

方主体：政府、企业和咨询机构，以多方业务平台和应用系统为支撑的区块链碳交易平台，以碳配额为基础，通过区块链技术实现各参与者配额数据永久记录，防止数据被篡改和删除。在获得碳排放配额后，企业有两种选择。一是在市场上购买排放权，或将多余的排放指标转让给需要的企业，这一过程可以通过在线上订单和线上履约进行，进一步促进互联网技术与碳交易的紧密协作。这一平台不仅有效防止了交易参与者的违约行为，还提供了动态的实时监测数据，有助于监控碳排放情况，一旦企业出现超排等情况，能够立即触发预警机制。二是还可以考虑开发互联网金融平台，利用互联网金融技术，进行碳产品和碳金融产品的交易，为公众提供一个可信赖的途径参与碳减排行动。通过建立碳金融项目库和建设银行企业合作平台等方式，可以有效地实现碳金融项目与金融机构之间的无缝对接。将"互联网+碳交易+金融机构"的三方技术整合应用，促进碳交易产品和交易主体的多样化，提高交易的效率，最大化收益，同时降低风险。这一技术合作将成为我国碳市场发展的质的飞跃。

2. 规范行业减排技术标准，探寻技术治理新模式

基于碳市场技术支撑体系，建设中国碳减排标准和认证体系。该体系旨在协助企业和各级管理者科学判断最经济有效的碳减排措施，同时确保碳市场的运行得到可量化的技术支持。具体而言，该体系包括以下几个要点：一是建立相关数据库和资料库，支持标准制定和认证工作；二是推动基准能耗和实际能耗的比对工作，以确保数据的准确性和一致性；三是制定与碳排放量和减排量相关的计量检测方法，评估和核实减排成果；四是完善碳排放量和减排量的认证工作；五是创建与国际接轨的科学机制和体系，用全球高标准市场技术规范我国碳市场运行。尽管国际通用体系不能完全适用于中国的具体情况，但它仍然具备许多科学基础，其中包括相关性、完整性、一致性、透明性和准确性这五大基本原则，为我国提供了一个完备的框架用于评估和认定各行各业的温室气体排放情况。

2021年12月，我国首个以"新三可"方法体系（可监测、可核查、可支撑）为主导的温室气体及碳中和监测核查评估系统——中国气象局碳监测核查支持系统（CCMVS）建成。该系统既能为碳排放总量变化、自然碳汇变化提供全面客观的监测与核查，也有助于认识各重点排放源的碳排放潜力，便于政府及相关方进行管理、分配、决策。与此同时，环境管理部门也在实施信息化改革，借助信息化技术向"互联网+"环境治理转变，一方面加强了信息公开和信用监管，另一方面建立了统一的碳核查机构监管系统，统筹管理碳核查机构企业、从业人员信息和碳核查数据。

10.4　环　境　保　障

10.4.1　国际碳市场环境保障

为应对气候变化，《京都议定书》建立了三种基于市场机制的国际合作机制，这三种"灵活机制"主导着全球碳市场的大部分份额。如今全球已经有32个碳市场在38个国家级辖区和31个次国家级辖区开展运营，覆盖温室气体排放量达到约10亿吨二氧化碳当量，占全球排放总量的 17%。截至 2023 年，已有超过 130 个国家和地区提出了零碳和碳中和的气候目标。

国际碳行动伙伴组织（ICAP）于 2023 年 3 月发布的《全球碳排放权交易：ICAP 2023 年进展报告》显示，全球碳市场在多重挑战下展现出了巨大的弹性与韧性，在波动中稳步发展。2022 年上半年以来，地缘政治局势紧张，全球能源危机爆发，能源价格猛增，通货膨胀压力持续扩大，能源相关商品价格指数在各交易地区不同程度上涨，但相比之下，配额价格指数变化幅度较小，整体价格体系稳定。

面对复杂的国际局势，社会各界齐心协力为维护全球碳市场平稳运行贡献力量。随着相关机制的不断完善健全，全球碳市场覆盖的政府层级、地域范围逐步扩大，且收益频频刷新历史纪录。全球碳市场发展表现出如下特征：第一，碳市场在不同政府层级稳定运营，从城市、省州、国家到超国家的运行体系已经形成，但尚未形成统一的碳市场；第二，随着碳市场的不断扩张，配额价格的持续增长、配额拍卖比例日益增长，使得全球碳市场收益屡创新高；第三，全球碳排放权交易体系在地域范围上逐步扩展；第四，碳排放权市场发展局面稳中向好。

10.4.2　我国碳市场环境保障

目前，我国的碳市场主要涵盖政府分配给企业的碳排放配额和核证的自愿减排量两类基本产品。碳市场的发展有两大标志性事件：一是 2017 年 12 月印发的《全国碳排放权交易市场建设方案（发电行业）》标志着全国碳排放交易体系正式启动；二是 2021 年 7 月 16 日全国碳市场上线交易正式启动，且当日实现碳排放配额总成交量 400 万吨以上，总成交额超过 2 亿元，超过了全国试点地区启动首日线上成交量的总和。截至 2023 年年底，我国当前的碳市场已累计成交量达到 4.4 亿吨，累计成交额已达 249 亿元，充分彰显了市场参与者对碳交易活动的积极性，碳市场充满生机。

为进一步改善碳市场运行的交易环境，应对复杂的碳交易机制，生态环境部于 2023 年 7 月 17 日发布《关于全国碳排放权交易市场 2021 年、2022 年度碳排放配额清缴相关工作的通知》，对第二个履约周期的具体行动作出安排。我国已逐步具备碳市场扩容的市场运行、交易规模和市场流动性条件。从交易行业来看，我国首批纳入碳排放权交易的企业均为发电企业，已覆盖的 2000 多家发电企业碳排放占全国排放总量的 40%，钢铁、有色金属、建材、石化、化工、造纸和航空等高排放行业也将被列入碳市场行业覆盖范围；从交易规模来看，目前全国碳市场主要覆盖单位为年碳排量超过 2.6 万吨的大型企业，而对中小型企业的覆盖面较小；从交易方式来看，我国仅开通了强制性减排通道。因此，未来碳市场的发展将集中在进一步完善碳市场体系、提高市场透明度，实现更高效广泛的碳减排。这些举措不仅有助于激发全社会的合力，共同应对气候变化，还为社会和企业提供了一个全新的平台，对我国实现碳达峰碳中和目标产生了独特影响。

10.4.3　碳市场的绿色金融环境保障

"双碳"目标提出以来，我国绿色金融已经进入快速发展阶段，多层次的绿色金融市场体系已经逐渐建立。生态环境部相关数据显示，截至 2023 年 4 月末，碳减排支持工具余额近 4000 亿元，以再贷款形式支持金融机构发放贷款 6700 亿元，带动碳减排量超过 1.5 亿吨，可见，碳金融在碳市场发展过程中具有重要作用。碳金融作为绿色金融的一个分支，在实现"双碳"目标过程中发挥了重要作用。为了进一步推动经济社会的绿色低碳转型，实现低碳目标，我国债券市场也相继推出了可持续发展挂钩债券、转型债券等创新型债券新品种，向碳市场提供更全面、深入的金融支持。

从政策推动的角度来看，生态环境部、发展改革委等五个部委于 2020 年 10 月联合发布了《关于促进应对气候变化投融资的指导意见》，明确气候投融资的重要地位。随后，中国人民银行推出支持碳减排等关键技术领域发展的碳减排支持工具。2021 年 12 月，生态环境部等九部门联合发布《关于开展气候投融资试点工作的通知》，并组织编制《气候投融资试点工作方案》，气候融资试点工作正式启动。2022 年，银保监会发布《银行业保险业绿色金融指引》，明确银保监会的绿色金融发展路线。同年 5 月，银行间市场交易协会发布《关于开展转型债券相关创新试点的通知》，推出"转型金融"产品。2023 年，中国人民银行再次扩大碳减排支持工具的政策惠及面。这一系列政策和措施共同构建了促进绿色金融和应对气候变化的支持体系。

随着碳减排金融市场政策不断成熟，我国金融市场发展水平也在不断提高。从市场扩容的角度，金融机构拥有越来越多参与碳市场相关业务的空间，化工和有色金属行业也已被纳入全国碳市场专项研究项目，扩容计划有效推进。在转型金融发展方面，转型金融呈现出数量多、规模大的特征。可持续发展挂钩债券成长态势最好，2023 年上半年共发行 14 只，新增规模 94.5 亿元。其指标设置也具有一定的多样性，既有节能减排、能效提升等常见指标，也有绿色建筑竣工面积、充电桩数量等新型指标。

在"双碳"目标的驱动下，全国碳市场发展渐趋稳定、绿色金融创新工具迭出，未来绿色低碳投资融资需求体量十分庞大。根据多家研究机构测算，2023 年上半年，我国境内外新增绿色债券发行数量 221 只，发行规模近 5000 亿元，境内外绿色债券存量规模在 3.5 万亿元左右。要想实现"双碳"目标，我国所需的资金投入将超百亿元，并且其中绝大部分只能通过社会渠道融资实现。生态环境部门将与其他相关部门合作，共同创建气候投融资试点，协助试点地区建立"政银企"信息对接平台。同时，在积极培育碳减排项目的过程中，推动试点地区建立气候投融资项目库，促进碳减排与资金的有效对接，改善碳市场环境，确保碳市场的正常运行。

10.5　本章小结

在各项保障下，我国碳市场建设初期整体表现稳定，取得了不凡成就。本章结合碳市场的实际情况，从四大维度探讨了我国碳市场现有保障体系、相关保护措施，以及未来的改良计划，为激发碳市场交易活力总结经验。

10.1 节重点介绍了我国碳市场法律与监管保障，这两类保障是我国碳市场保障体系发挥作用的关键所在。法律保障部分对当前我国碳市场法律体系作出具体情况说明，指出在现有法律保障中，我国已明确碳排放权基本法律行为，在碳排放总量控制与评价方面也设有较为完善的相关法律保护机制，同时该部分就如何更进一步完善碳排放权交易市场法律制度提出相关建议。监管保障部分说明监管保障是法律保护、行政监督与经济干预三种手段的结合，对碳排放权交易的整个过程进行监督管理。当前全国碳市场已经初步建立，整体监管框架基本形成，交易市场各项程序的监督体系也在不断完善，高效的监管体系为我国如期实现"双碳"目标创造了不可或缺的保障条件。

10.2 节介绍碳市场运行的资金和人才保障。资金保障主要围绕政府设立资金保障系统和碳交易金融配套服务两方面展开。中央或地方政府采取的主要方式有加大对减排项目的专项资金支持、提供相应税收优惠政策、加大财政奖补；碳市场与金融机构合作开发的碳产业投资项目主要有碳基金、碳债券、碳质押、碳抵押、碳信托、绿色信贷，碳市场人才具体细分为碳资产管理运营类、碳经济类、碳中和与碳能源技术类等。一流人才是我国碳排放权交易市场的核心竞争力，现如今我国碳市场依然存在人才缺口大、人才类型复杂且整体要求高、人才队伍建设逐步扩大的特点，社会各界应积极推进碳市场人才保障措施，培养储备满足碳市场需求的复合型人才。

10.3 节介绍碳市场的信息与技术保障，准确信息数据是维持碳市场健康运行的生命线，我国碳市场数据与信息保障体系由碳数据信息的监测与核查、碳排放权交易系统（报送、登记、交易）、企业碳排放信息环境披露三部分组成，三大部分环环相扣，确保碳市场数据信息真实有效。技术保障分为提升碳减排技术创新、跟进"互联网＋碳交易＋金融机构"技术合作、建设行业减排技术标准认证体系三方面，加强碳减排技术保障体系的建立，将对碳市场创新与迭代起到巨大的助推作用。

10.4 节是碳市场的环境保障，具体分为国际碳市场环境、国内碳市场交易环境、碳金融环境这三部分。碳减排压力成因于全球性环境问题，当前国际碳市场深度广度持续加强，国际合作发展稳中向好；我国坚持积极响应"双碳"号召，从各方面不断支持完善碳排放权交易市场，推进全国温室气体自愿减排交易市场的建立。碳市场的金融环境是我国金融体系下碳市场活动主体各种要素的集合，健康的碳市场绿色金融环境将为有效实现经济发展与环境保护双赢局面提供保障。

参 考 文 献

[1] World Bank Group. State and Trends of Carbon Pricing 2021[EB/OL]. (2021-06-14)[2023-07-25].https://documents.worldbank.org/en/publication/documents-reports/documentdetail/771941622009013802/state-and-trends-of-carbon-pricing-2021.

[2] Yamin F. Climate Change and Carbon Markets[M]. Oxford：Taylor &Francis，2012.

[3] 曾云敏，赵细康 . 资源环境产权交易 [M]. 北京：世界图书出版公司，2016.

[4] 常凯 . 中国碳交易经济效率及其试点市场效率评价 [M]. 北京：科学出版社，2019.

[5] 陈洪波，段茂盛 . 全球碳市场发展报告（2024）[M]. 北京：社会科学文献出版社，2024.

[6] 范定祥 . 我国碳排放控制的经济效应及实施模式研究 [M]. 北京：世界图书出版公司，2014.

[7] 范英，莫建雷 . 中国碳市场：政策设计与社会经济影响 [M]. 北京：科学出版社，2015.

[8] 谷晓飞，王宪明 . 中国碳排放交易系统构建：来自欧盟的经验 [M]. 北京：经济科学出版社，2021.

[9] 郭苏建，周云亨 . 中国绿色低碳转型发展 [M]. 杭州：浙江大学出版社，2017.

[10] 胡鞍钢 . 中国实现 2030 年前碳达峰目标及主要途径 [J]. 北京工业大学学报（社会科学版），2021，21(3)：1-15.

[11] 姜晓川 . 我国碳排放权初始分配制度研究 [M]. 北京：中国政法大学出版社，2018.

[12] 蒋琰 . 碳信息披露研究 [M]. 南京：南京大学出版社，2017.

[13] 蓝虹，束兰根 . 碳交易市场概论 [M]. 北京：中国金融出版社，2019.

[14] 李继峰，张亚雄，蔡松锋 . 中国碳市场的设计与影响理论模型与政策 [M]. 北京：社会科学文献出版社，2017.

[15] 刘燕华，李宇航，王文涛 . 中国实现"双碳"目标的挑战、机遇与行动 [J]. 中国人口 . 资源与环境，2021，31(9)：1-5.

[16] 刘亦文 . 能源消费、碳排放与经济发展的一般均衡分析与政策优化 [M]. 北京：中国经济出版社，2017.

[17] 刘亦文 . 市场激励型环境政策工具的生态治理效应研究 [M]. 北京：中国经济出版社，2023.

[18] 彭玉镏，吴艳艳 . 碳交易与碳金融基础 [M]. 北京：化学工业出版社，2023.

[19] 齐绍洲，程思，杨光星 . 全球主要碳市场制度研究 [M]. 北京：人民出版社，2022.

[20] 齐绍洲，禹湘 . 碳市场经济学 [M]. 北京：中国社会科学出版社，2021.

[21] 齐绍洲 . 低碳经济转型下的中国碳排放权交易体系 [M]. 北京：经济科学出版社，2016.

[22] 史学瀛，李树成，潘晓滨 . 碳排放交易市场与制度设计 [M]. 天津：南开大学出版社，2014.

[23] 史学瀛，潘晓滨，李树成 . 气候政策与碳排放交易制度理论与实践 [M]. 天津：南开大学出版社，2019.

[24] 苏建兰 . 中国碳市场交易构建框架和运行机制研究 [M]. 北京：经济科学出版社，2018.

[25] 孙永平，张彩平，刘习平，等 . 碳排放权交易概论 [M]. 北京：社会科学文献出版社，2016.

[26] 唐人虎，陈志斌 . 中国碳排放权交易市场：从原理到实践 [M]. 北京：电子工业出版社，2022.

[27] 王济干，吴凤平，张婕，等 . 中国碳排放初始权和谐配置方法研究 [M]. 北京：科学出版社，2020.

[28] 王璟珉，彭红枫 . 中国碳排放权交易市场报告（2023—2024）[M]. 北京：社会科学文献出版社，2024.

[29] 王文，刘锦涛，赵越 . 碳中和与中国未来 [M]. 北京：北京师范大学出版社，2022.

[30] 王文堂，吴智伟，邓复平 . 企业碳减排与碳交易知识问答 [M]. 北京：化学工业出版社，2017.

[31] 魏庆坡 .《巴黎协定》遵约机制背景下中国减排政策协同研究 [M]. 北京：中国政法大学出版社，2023.

[32] 吴大磊 . 美国区域温室气体减排行动（RGGI）的实践与借鉴 [M]. 北京：世界图书出版公司，2016.

[33] 夏良杰 . 低碳供应链运营协调与优化 [M]. 北京：人民邮电出版社，2016.

[34] 张宁 . 中国碳市场建设初探：理论、国际经验与中国的选择 [M]. 北京：中央编译出版社，2013.

[35] 张伟伟 . 中国碳市场的机制设计、市场对接及减排绩效 [M]. 北京：社会科学文献出版社，2019.

[36] 张希良，张达，余润心 . 中国特色全国碳市场设计理论与实践 [J]. 管理世界，2021，37(8)：80-95.

[37] 张希良 . 马爱民 . 中国全国碳市场总体方案与关键制度研究 [M]. 北京：中国市场出版社，2023.

[38] 郑爽 . 国际碳市场发展及其对中国的影响 [M]. 北京：中国经济出版社，2013.

[39] 中节能碳达峰碳中和研究院 . 碳市场透视（2021）：框架、进展及趋势 [M]. 北京：企业管理出版社，2022.

[40] 中节能碳达峰碳中和研究院 . 碳市场透视 [M]. 北京：企业管理出版社，2022.

[41] 周宏春 . 世界碳交易市场的发展与启示 [J]. 中国软科学，2009(12)：39-48.

[42] 周开乐，史学瀛，潘晓滨，等 . 能源碳中和概论 [M]. 北京：科学出版社，2022.

[43] 朱民 . 范式变更：零碳金融和宏观政策 [M]. 北京：科学出版社，2024.

[44] 朱信贵 . 国际碳排放权交易定价机制研究 [M]. 北京：世界图书出版公司，2016.

[45] 邹亚生，魏薇 . 碳排放核证减排量 (CER) 现货价格影响因素研究 [J]. 金融研究，2013(10)：142-153.